“十四五”国家重点出版物出版规划重大工程

量子科学出版工程（第三辑）

国家出版基金项目

NATIONAL PUBLICATION FOUNDATION

Quantum Entanglement,

Thermal Vacuum,

and Thermodynamic Properties

in Mesoscopic Circuits

范洪义　吴　泽　范　悦　著

# 介观电路中的量子纠缠、热真空和热力学性质

中国科学技术大学出版社

## 内 容 简 介

　　书中用新方法(不变本征算符方法、纠缠态表象方法、有序算符内的积分技术、广义热真空态、系综平均意义下的Hermann-Feynman定理)研究介观多回路LC(电感-电容)电路中的量子纠缠、热真空和热力学性质,以发展热环境下介观电路的量子理论.主要内容包括Liouville定理的量子相空间推广,有电容-电感耦合的多电路所处的量子基态、辐射频率、量子纠缠、电路元件的能量分布、噪声和量子起伏、热真空态以及扩散与耗散所导致的演化、熵变等.

　　由于介观量子电路的热行为一定会呈现在未来的量子计算机中,本书除了可供学习量子统计的人阅读,也可供研制量子计算机和量子信息设备的人员参考.本书对于从事电工电路教学的教师也是一本扩大研究视野的读物.

**图书在版编目(CIP)数据**

介观电路中的量子纠缠、热真空和热力学性质/范洪义,吴泽,范悦著 .—合肥:中国科学技术大学出版社,2022.3

(量子科学出版工程.第三辑)

国家出版基金项目

"十四五"国家重点出版物出版规划重大工程

ISBN 978-7-312-05426-6

Ⅰ.介⋯　Ⅱ.① 范⋯ ② 吴⋯ ③ 范⋯　Ⅲ.介观物理—电路—量子论　Ⅳ.TM13

中国版本图书馆CIP数据核字(2022)第045415号

介观电路中的量子纠缠、热真空和热力学性质

JIEGUAN DIANLU ZHONG DE LIANGZI JIUCHAN, RE ZHENKONG HE RELIXUE XINGZHI

**出版**　中国科学技术大学出版社

安徽省合肥市金寨路96号,230026

http://press.ustc.edu.cn

https://zgkxjsdxcbs.tmall.com

**印刷**　合肥华苑印刷包装有限公司

**发行**　中国科学技术大学出版社

**开本**　787 mm×1092 mm　1/16

**印张**　11.5

**字数**　243千

**版次**　2022年3月第1版

**印次**　2022年3月第1次印刷

**定价**　68.00元

# 序

    微电子学和纳米技术的飞速发展,尤其是高新技术如隧道扫描显微镜(STM)等的发展和应用,使得电路集成度大幅度提高,电子器件日益小型化,其集成单元间的空间尺寸已达原子量级. 显而易见,当荷电粒子的非相干长度达到 Fermi 波长量级时,以粒子的整体平均运动为基础的经典器件的物理学将不再适用,或者说当电子输运尺度达到电子两次非弹性碰撞之间的尺度时必须考虑电路和器件的量子效应,由此对介观物理量的量子特性的研究变得越来越重要. 这对于进一步设计微电路、压低噪声具有重要意义. 通常把尺度相当于或小于粒子的相位相干长度 $L_0$ 的小尺度体系称作介观体系 (mesoscopic system). 这是一个比微米小,但比原子、分子大的物质世界. 由于微加工技术的进步,以介观体系为研究对象的介观物理也就成为一个十分活跃的前沿领域,介观电路的运行机制则是介观物理的一个重要分支.

    经典的电工电子学是建立在电磁学基础上的,人们普遍关心的是根据 Kirchhoff 定律求出电路的电流、电压、阻抗损耗和电功率等. 1900 年, Planck 在对黑体辐射的研究中发现了其辐射能量 $\varepsilon$ 是不连续的, 且与光的频率成比例, $\varepsilon = \hbar\omega$, 其中 $\hbar = 1.05457266(63) \times 10^{-27}$erg·s(尔格·秒)是一个自然界的常量. 能量子 $\hbar\omega$ 的发现使得人们对物质世界的认识焕然一新,并出现了"量子化"这一术语. Bohr 随后对原子轨道进行量子化,用离散能级解释光谱线系,顺理成章地提出了原子半径的表达式 $\frac{\hbar^2}{me^2} = \frac{e^2}{mc^2}\left(\frac{\hbar c}{e^2}\right)^2$ $\left(\frac{\hbar c}{e^2} \approx 137.036,\text{为精细结构常数}\right)$, 初步解释了原子光谱的规律. Dirac 初入道时曾对原子中电子的 Bohr 轨道进行研究,为了理解在相互作用下 Bohr 轨道是如何形成的问题,他苦苦工作了两三年,但劳而无功,不了了之. 直到他看了 Heisenberg 的文章后才意识到"我赖以出发的基本观念是错误的". 在 Heisenberg 的理论中,对原子和光之间的相互作用产生明显的吸收频率和发射频率的观察,是量子力学表述的基本出发点,理论上只有那些连接两个 Bohr 轨道的值(跃迁矩阵元)才会出现,这导致了坐标算符与动量算符不可以交换,Heisenberg 与 Born 等揭示了坐标-动量的基本对易关系

$$[Q, P] = i\hbar$$

这里 $Q$ 和 $P$ 分别是量子力学坐标算符和动量算符. 它不但是量子动力学的基础和量子理论的核心,也是不确定关系的理论源头. 受 Heisenberg 的文章的启示,Dirac 想到了经典泊松 Poisson 与量子对易括号的相似之处,也想到了经典力学的 Hamilton 形式在量子化时所起的作用,这是他对量子理论的第一个贡献. 然后他花了一年时间发明了 ket-bra(左矢–右矢)符号,建立了能反映波粒二象的能统一 Heisenberg 与 Schrödinger 的两种陈述的理论体系,并且抽象出表象理论,该理论的要点是完备性. Dirac 钟爱符号法,认为它是"永垂不朽"的. 而如今处理介观电路的量子效应时,我们就必须讨论介观电路作为一个量子系统的能态与能级(特征频率)、噪声和量子起伏. 我们注意到电流相互作用(由 Ampère 力支配,见 Biot-Savart 定理)导致的电感耦合和电容耦合在量子化后分别相当于动量耦合和坐标关联,所以两个回路以上的介观电路必然存在内禀的量子纠缠,建立纠缠态表象对研究介观电路量子理论将提供新的研究方法和途径,有望将传统的电工电子学发展为量子电工学.

介观电路的量子化始于 20 世纪 80 年代. Louisell 首先考虑了 LC(电感-电容)单回路的量子化,他把介观 LC 电路的电荷量子化为谐振子的"坐标",电流乘上电感量子化为"动量",求得了真空态的量子噪声,量子化能量只是 $\omega\hbar$ 的整数倍(除去零点能). 在此基础上,人们逐渐扩充了介观电路的讨论范围,如电路处于相干态、压缩态的时间演化和其他与热耗散有关的问题. 范洪义和梁先庭首先讨论了有限温度下介观电路的量子化效应,但以往的研究没有涉及两个以上回路的含内禀的量子纠缠耦合 LC 电路,也忽略了复杂回路组合作为一个整体组件的辐射频率. 范洪义和潘孝胤给出的有互感耦合的两个回路的量子化,第一次通过理论计算指出了量子压缩效应存在于介观电路量子化理论中. 相应地,我们可以看到电容耦合或电感耦合在量子化以后就导致压缩态的产生,通过外源的瞬间触发,系统也会产生某种压缩态. 由于在量子光学中已经知道双模压缩态也是纠缠态,所以量子纠缠对于有耦合的多回路的电路来说是其内禀性质. 本书将首先用量子力学纠缠态表象去导出有耦合的两个回路的电路的辐射频率,即要从传统的电路经典理论发展出一套立足于量子纠缠的介观电路量子化理论. 因为介观量子电路一定会出现在未来的量子计算机中,所以写出一本涉及介观电路的量子纠缠理论的著作是非常必要的.

连续变量量子纠缠是 1935 年由 Einstein，Podolsky 和 Rosen（EPR）提出的. 量子纠缠反映了多体（包括两体）系统各部分之间的不可分离性和量子关联. 纠缠态不能表示成纯直积形式的量子态,故对处于相互纠缠状态的两个子系统之一进行测量,就意味着另一个子系统会立即坍缩到某一特定状态,且这一过程似乎不受光速的限制.

受 Einstein 等人量子纠缠思想的启发,范洪义用他自己发明的有序算符内的积分（IWOP）技术,在国际上率先建立了连续变量的纠缠态表象,它的 Schmidt 分解能够正确地反映相互纠缠的两个子系统,并且从它的表达式可以清楚地看到,对一个子系统进行测量,另一子系统会立即坍缩到相应的状态. 在纠缠态表象中,量子纠缠现象可以得到最自然的体现. 顺便指出,EPR 论文中只给出两粒子的纠缠波函数,而并未给出量子态矢量,范洪义指出此态矢量是归一化为奇异函数的.

研究介观电路的量子化,要着眼于能级、跃迁、频率、耗散和扩散等,故须从量子 Hamilton 量出发,从分析力学过渡到量子力学是可靠的途径. 我们必须先将经典电路理论纳入分析力学的框架,建立 Hamilton 形式,再加上量子化条件,使之变成算符.

在对角化介观电路的量子 Hamilton 量时需用幺正变换,范洪义提出的有序算符内的积分技术可以对 ket-bra 符号实现积分,能将经典变换直接映射到量子算符,结合表象理论,不但使得 Hamilton 算符对角化,而且可以找到相应的幺正变换算符,确定电路处在什么量子态,从而系统地发展了幺正变换理论. 接着,用纠缠态表象解 Schrödinger 方程,求出波函数与量子态.

另外,电路元件的发热引起温度和熵的变化,需要解析地解主方程,这也需在纠缠态表象中进行.

本书的主要内容如下:

（1）解较为复杂的介观电路,不但找到其作为本征态的量子纠缠态（也是压缩态）的具体形式,而且给出复杂电路的特征频率和量子涨落,以便于实验验证.

（2）探索以往用 Kirchhoff 定律无法导出的新物理量.

（3）由于介观电路有耗散,利用纠缠态表象解若干量子主方程,并用于研究量子耗散效应和外电磁场对介观电路的扩散效应.

（4）由于电路有热损耗,利用纠缠态表象处理有限温度下介观电路的量子纠缠特性.

（5）利用数-相量子压缩（纠缠）的观点研究介观电路的量子纠缠.

（6）利用系综平均意义下的 Hellmann-Feynman 定理（或范洪义–陈伯展定理）分析介观电路中元件的能量分布.

（7）利用纠缠态表象分析含有 Josephson 结的介观电路,给出超导 Josephson 结

Hamilton 量的非线性 Bose 算符表示.

（8）利用量子力学的含时谐振子理论处理含时的 LC 电路.

以上研究将凸显量子化介观电路中无处不在的量子纠缠，找出能级（特征频率）、量子涨落和新物理量，发展出一套系统的立足于分析力学中介观电路的量子化理论，为传统的电工电子学开拓新的研究方向.

拟解决的关键科学问题如下：

（1）找出复杂介观量子电路的 Hamilton 量.

（2）选择合适的纠缠态表象，求解复杂介观量子电路的 Schrödinger 方程.

（3）解释 Schrödinger 方程解的物理意义，探索是否有新的物理量出现、其物理意义如何.

（4）构建多模纠缠态表象，并将其用于解三个耦合电感电路的量子化问题.

# 目　录

量子科学出版工程(第三辑)
Quantum Science Publishing Project (III)

介观电路中的量子纠缠、热真空和热力学性质
Quantum Entanglement, Thermal Vacuum, and Thermodynamic Properties in Mesoscopic Circuits

# 第1章

# 介观 LC 电路量子化的几种物理解释

## 1.1　LC 电路的分析力学描述

### 1.1.1　以电容上的电荷 $q$ 为正则坐标的叙述

此 LC 电路包括一个开关,事先已给电容充上电,然后合上开关,让电路处于自由振荡状态. 由电磁学的知识我们知道 LC 电路的振荡频率是 $\omega = 1/\sqrt{LC}$,电荷做周期变化,

$$\ddot{q} + \omega^2 q = 0, \quad \omega = 1/\sqrt{LC} \tag{1.1}$$

$\mathrm{d}q/\mathrm{d}t$ 代表电流,将回路电压方程

$$L\ddot{q} + \frac{q}{C} = 0 \tag{1.2}$$

与 Lagrange 方程

$$\frac{\mathrm{d}}{\mathrm{d}t}\frac{\partial \mathcal{L}}{\partial \dot{q}} - \frac{\partial \mathcal{L}}{\partial q} = 0 \tag{1.3}$$

并列起来分析,就可以看出应该将 $q$ 作为正则坐标,$\partial \mathcal{L}/\partial q = -q/C$,通过电感的磁通量 $LI$ 作为正则动量 $\partial \mathcal{L}/\partial \dot{q}$,

$$\frac{\partial \mathcal{L}}{\partial \dot{q}} = L\dot{q} = LI \equiv \varPhi \tag{1.4}$$

由式(1.1),可知此电路的 Lagrange 函数是

$$\mathcal{L} = \frac{L}{2}\dot{q}^2 - \frac{q^2}{2C} = T - V$$

与谐振子动力学做类比:

$$\text{电量}q \leftrightarrow \text{位移}x$$
$$\text{电流}\dot{q} = I \leftrightarrow \text{速度}\dot{x}$$
$$\text{电感}L \leftrightarrow \text{振子质量}m$$
$$\text{电容倒数}\frac{1}{C} \leftrightarrow \text{弹簧弹性系数}$$

把 $q$ 视为广义坐标,$\dot{q}$ 是广义速度. LC 电路的 Hamilton 量 (不含外源) 是

$$\mathcal{H} = T + V = \frac{q^2}{2C} + \frac{L}{2}\dot{q}^2 = \frac{CU^2}{2} + \frac{\varPhi^2}{2L}, \quad \varPhi = LI, \quad U = \frac{q}{C} \tag{1.5}$$

它包括电容储存能量 $q^2/(2C)$ 与电感储存能量 $\varPhi^2/(2L)$. 根据哈密顿正则方程得到

$$\dot{\varPhi} = -\frac{\partial \mathcal{H}}{\partial q} = -\frac{q}{C} = -U \tag{1.6}$$

$$\dot{q} = \frac{\partial \mathcal{H}}{\partial \varPhi} = \frac{\varPhi}{L} = I \tag{1.7}$$

式(1.6)与 Faraday 定律结果自洽.


## 1.1.2　以磁通量 $\varPhi$ 为正则坐标的叙述

并联 LC 电路附带无穷大阻抗的外电流源 $I(t)$:把电容上的能量作为动能,$T = \frac{1}{2}CU^2$,$U = q/C = -\dot{\varPhi}$ 是电容上的电压,把电感上的能量 $\frac{1}{2L}\varPhi^2$ 作为势能,$\varPhi$ 代表磁通量,Lagrange 量是

$$\mathcal{L} = \frac{1}{2}C\dot{\varPhi}^2 - \frac{1}{2L}\varPhi^2 + I(t)\varPhi \tag{1.8}$$

若以 $\Phi$ 为正则坐标,则正则动量是

$$p = \frac{\partial \mathcal{L}}{\partial \dot{\Phi}} = C\dot{\Phi} \tag{1.9}$$

由 Lagrange 方程

$$\frac{\mathrm{d}}{\mathrm{d}t}\frac{\partial \mathcal{L}}{\partial \dot{\Phi}} - \frac{\partial \mathcal{L}}{\partial \Phi} = 0 \tag{1.10}$$

和式（1.9）给出

$$\dot{p} + \frac{\Phi}{L} = I(t) \tag{1.11}$$

由经典力学的 Legendre 变换给出 Hamilton 量,故从式（1.9）和式（1.6）又得

$$\mathcal{H} = p\dot{\Phi} - \mathcal{L} = \frac{p^2}{2C} + \frac{\Phi^2}{2L} - I(t)\Phi = \frac{1}{2C}C^2U^2 + \frac{\Phi^2}{2L} - I(t)\Phi = \frac{CU^2}{2} + \frac{\Phi^2}{2L} - I(t)\Phi \tag{1.12}$$

与式（1.5）自洽.

## 1.1.3　以电容耦合的双 LC 电路

设 $\Phi_i (i = 1, 2)$ 代表磁通量, $C_0$ 是耦合电容. 我们根据式（1.6）可写下此系统的 Lagrange 量

$$\mathcal{L} = \frac{1}{2}C_1\dot{\Phi}_1^2 + \frac{1}{2}C_2\dot{\Phi}_2^2 + \frac{1}{2}C_0\left(\dot{\Phi}_1 - \dot{\Phi}_2\right)^2 - \frac{\Phi_1^2}{2L_1} - \frac{\Phi_2^2}{2L_2} \tag{1.13}$$

用矩阵写为

$$\mathcal{L} = \frac{1}{2}\dot{\Phi}\mathcal{M}\dot{\Phi} - \frac{1}{2}L^{-1}\Phi$$

其中

$$\mathcal{M} = \begin{pmatrix} C_0 + C_1 & -C_0 \\ -C_0 & C_0 + C_2 \end{pmatrix}$$

$$L^{-1} = \begin{pmatrix} L_1^{-1} & 0 \\ 0 & L_2^{-1} \end{pmatrix}$$

参照式（1.9）,引入

$$\dot{\Phi} = \mathcal{M}^{-1}p \tag{1.14}$$

便给出 Hamilton 量的简洁形式

$$\mathcal{H} = \frac{1}{2}p\mathcal{M}^{-1}p + \frac{1}{2}\Phi L^{-1}\Phi$$

## 1.2　介观 LC 电路量子化反映 Faraday 定律与 Heisenberg 方程的自洽

　　Louisell 是第一个把介观 LC 电路量子化的物理学家, 把电感磁通 $\Phi$ 量子化为算符 $\hat{\Phi}$, 与电荷 $\hat{Q}$ 共轭, 加入量子化条件,

$$\left[\hat{\Phi}, \hat{Q}\right] = -\mathrm{i}\hbar \tag{1.15}$$

那么就只有一个确定量, $Q^2/(2C) + LI^2/2 \sim n\omega\hbar$, $\omega = \sqrt{(LC)^{-1}}$, 而电容 $C$ 和电感 $L$ 上的能量是不确定的. 所以量子哈密顿量 (以下略去 "$\wedge$") 是

$$\mathcal{H} = \frac{Q^2}{2C} + \frac{LI^2}{2} = \frac{Q^2}{2C} + \frac{\Phi^2}{2L}$$

对照量子谐振子哈密顿量

$$\frac{1}{2}m\omega^2 q^2 + \frac{P^2}{2m}$$

我们看出 $\Phi$ 对应 $P$, $L$ 对应 $m$. 若定义

$$P_i = \frac{\sqrt{M_i\omega_i\hbar}}{\sqrt{2}\mathrm{i}}\left(a_i - a_i^\dagger\right)$$

则可知

$$\Phi = \mathrm{i}\sqrt{\frac{\hbar\omega L}{2}}\left(a^\dagger - a\right) = \mathrm{i}\sqrt{\frac{\hbar}{2}}\sqrt{\frac{L}{C}}\left(a^\dagger - a\right)$$

另外, $Q^2/(2C)$ 对应 $m\omega^2 q^2/2$, 即 $1/C$ 对应 $m\omega^2$, 故而 $\sqrt{\dfrac{\hbar}{2m\omega}} \to \sqrt{\dfrac{\hbar\omega C}{2}}$. 若定义

$$Q_i = \sqrt{\frac{\hbar}{2M_i\omega_i}}\left(a_i + a_i^\dagger\right)$$

则它就对应

$$Q = \sqrt{\frac{\hbar\omega C}{2}}\left(a + a^\dagger\right) = \sqrt{\frac{\hbar}{2}}\sqrt{\frac{C}{L}}\left(a + a^\dagger\right)$$

于是引入相应的介观电路的湮灭算符和产生算符

$$a = \mathrm{i}\sqrt{\frac{1}{2L\hbar\omega}}\Phi + \sqrt{\frac{1}{2C\hbar\omega}}Q$$

$$a^\dagger = -\mathrm{i}\sqrt{\frac{1}{2L\hbar\omega}}\varPhi + \sqrt{\frac{1}{2C\hbar\omega}}Q$$

则 $\left[a,a^\dagger\right] = 1$. 根据 Heisenberg 方程有

$$\mathrm{i}\frac{\mathrm{d}\varPhi}{\mathrm{d}t} = \frac{1}{\hbar}\left[\varPhi,\mathcal{H}\right] = \frac{1}{\hbar}\left[\varPhi,\frac{Q^2}{2C}+\frac{\varPhi^2}{2L}\right] = \frac{1}{\hbar}\left[\varPhi,\frac{Q^2}{2C}\right] = -\mathrm{i}\frac{Q}{C} \tag{1.16}$$

这与经典电磁学的 Faraday 定律

$$-\frac{\mathrm{d}\varPhi}{\mathrm{d}t} = U = \frac{Q}{C} \tag{1.17}$$

自洽,可见以上介观 LC 电路量子化符合 Faraday 定律. 若引入 Bose 湮灭算符 $a$ 和产生算符 $a^\dagger$,则式中 $\left[a,a^\dagger\right]=1$, $\omega L=(\omega C)^{-1}$, $\omega = 1/\sqrt{LC}$ 是 LC 电路的振荡频率. LC 电路等效于一个量子谐振子

$$\mathcal{H} = \omega\hbar\left(a^\dagger a + \frac{1}{2}\right) \tag{1.18}$$

LC 电路的量子涨落也等效于一个量子谐振子的量子涨落,零点能是 $\hbar/2$. 于是该量子化体系的真空态为 $|0\rangle$,满足 $a|0\rangle = 0$. 总结以上讨论,得

$$\begin{aligned}
Q &= \sqrt{\frac{\hbar\omega C}{2}}\left(a + a^\dagger\right) = \sqrt{\frac{\hbar}{2}\sqrt{\frac{C}{L}}}\left(a + a^\dagger\right) \\
\varPhi &= \mathrm{i}\sqrt{\frac{\hbar\omega L}{2}}\left(a^\dagger - a\right) = \mathrm{i}\sqrt{\frac{\hbar}{2}\sqrt{\frac{L}{C}}}\left(a^\dagger - a\right)
\end{aligned} \tag{1.19}$$

# 1.3  以数-相共轭观点解释 LC 电路量子化

我们还可以数-相共轭的观点来理解介观 LC 电路量子化. 为了讲清楚这一点,先介绍量子相算符.

在经典谐振子理论中,相位是振动的三要素(振幅、相位、频率)之一. 那么在量子论中,应该存在相位算符. 量子相位算符最早由 Dirac 定义. 对照一个复数 $\alpha$ 的极分解 $\alpha = |\alpha|\,\mathrm{e}^{\mathrm{i}\theta}$,他将 Bose 湮灭算符做极分解, $a = \sqrt{N}\mathrm{e}^{\mathrm{i}\phi}$, $N = a^\dagger a$ 是数算符,设 $a$ 有本征态 $|\alpha\rangle$(称为相干态), $a|\alpha\rangle = \alpha|\alpha\rangle$,则 $\langle\alpha|N|\alpha\rangle = |\alpha|^2$,所以 $\sqrt{N}$ 对应 $|\alpha|$,那么 $\mathrm{e}^{\mathrm{i}\phi}$ 就代表相算符. 由于 $a|0\rangle = 0$($|0\rangle$ 是真空态),为了避免出现 $N^{-1/2}|0\rangle$ 的尴尬,Susskind

和 Glogower 将 $\mathrm{e}^{\mathrm{i}\phi}$ 定义为

$$\mathrm{e}^{\mathrm{i}\phi} = (N+1)^{-1/2}\,a, \quad \mathrm{e}^{-\mathrm{i}\phi} = a^\dagger\,(N+1)^{-1/2}$$

容易证明

$$\mathrm{e}^{\mathrm{i}\phi}\mathrm{e}^{-\mathrm{i}\phi} = 1, \quad \mathrm{e}^{-\mathrm{i}\phi}\mathrm{e}^{\mathrm{i}\phi} = 1 - |0\rangle\langle 0|$$

故 $\mathrm{e}^{\mathrm{i}\phi}$ 与 $\mathrm{e}^{-\mathrm{i}\phi}$ 不可交换.

我们从新的角度审视相算符,指出相算符可以作为量子谐振子 Heisenberg 方程的解而被引入. 由式(1.18)和 Heisenberg 方程得到

$$\frac{\mathrm{d}}{\mathrm{d}t}a^\dagger = -\mathrm{i}\left[a^\dagger, \mathcal{H}\right] = \mathrm{i}\omega a^\dagger \tag{1.20}$$

设此方程有如下的解:

$$a = f(N)\,\mathrm{e}^{\mathrm{i}\phi}, \quad a^\dagger = \mathrm{e}^{-\mathrm{i}\phi}f(N) \tag{1.21}$$

($\mathrm{e}^{\mathrm{i}\phi}$ 是待定的算符),代入式(1.20),有

$$\frac{\mathrm{d}}{\mathrm{d}t}a^\dagger = -\mathrm{i}\left[\mathrm{e}^{-\mathrm{i}\phi}, \mathcal{H}\right]f(N) = \mathrm{i}\omega\mathrm{e}^{-\mathrm{i}\phi}f(N) \tag{1.22}$$

这就要求

$$\left[\mathrm{e}^{-\mathrm{i}\phi}, N\right] = -\mathrm{e}^{-\mathrm{i}\phi}, \quad \left[\mathrm{e}^{\mathrm{i}\phi}, N\right] = \mathrm{e}^{\mathrm{i}\phi} \tag{1.23}$$

联立式(1.21)与式(1.23),得到

$$a^\dagger a = \mathrm{e}^{-\mathrm{i}\phi}f^2(N)\mathrm{e}^{\mathrm{i}\phi} = f^2(N-1)\mathrm{e}^{-\mathrm{i}\phi}\mathrm{e}^{\mathrm{i}\phi} \tag{1.24}$$

$$aa^\dagger = f(N)\mathrm{e}^{\mathrm{i}\phi}\mathrm{e}^{-\mathrm{i}\phi}f(N) \tag{1.25}$$

这两个方程的最简单解是

$$\mathrm{e}^{\mathrm{i}\phi} = \frac{1}{\sqrt{N+1}}a, \quad f(N) = \sqrt{N+1} \tag{1.26}$$

或

$$a = \sqrt{N+1}\mathrm{e}^{\mathrm{i}\phi} \tag{1.27}$$

而 $\sqrt{N+1}$ 比拟为振幅,$\mathrm{e}^{\mathrm{i}\phi}$ 代表相算符. $a$ 的这种振幅-相分解可以从相干态表象中看得更清楚. 由于相干态 $|\alpha\rangle$ 是 $a$ 的本征态,故

$$a\,|\alpha\rangle = \mathrm{e}^{\mathrm{i}\theta}|\alpha|\,|\alpha\rangle$$

而 $\langle \alpha | N | \alpha \rangle = |\alpha|^2$，当 $|\alpha|$ 大时，$\langle \alpha | \sqrt{N+1} | \alpha \rangle \sim |\alpha|$，这就是为什么 $\mathrm{e}^{\mathrm{i}\phi}$ 对应 $\mathrm{e}^{\mathrm{i}\theta}$. $\mathrm{e}^{\mathrm{i}\phi}$ 用 Dirac 符号表示为

$$\mathrm{e}^{\mathrm{i}\phi} = \sum_{n=1}^{\infty} |n-1\rangle \langle n| \tag{1.28}$$

$$\left(\mathrm{e}^{\mathrm{i}\phi}\right)^{\dagger} = a^{\dagger} \frac{1}{\sqrt{N+1}} = \sum_{n=0}^{\infty} |n+1\rangle \langle n| \tag{1.29}$$

$|n\rangle = \dfrac{a^{\dagger n}}{\sqrt{n!}} |0\rangle$ 是数态. 可以引入相态

$$\left| \mathrm{e}^{\mathrm{i}\varphi} \right\rangle = \sum_{n=0}^{\infty} \mathrm{e}^{\mathrm{i}n\varphi} |n\rangle \tag{1.30}$$

它是 $\mathrm{e}^{\mathrm{i}\phi}$ 的本征态,

$$\mathrm{e}^{\mathrm{i}\phi} \left| \mathrm{e}^{\mathrm{i}\varphi} \right\rangle = \mathrm{e}^{\mathrm{i}\varphi} \left| \mathrm{e}^{\mathrm{i}\varphi} \right\rangle$$

并组成完备关系

$$\frac{1}{2\pi} \int_0^{2\pi} \mathrm{d}\varphi \left| \mathrm{e}^{\mathrm{i}\varphi} \right\rangle \left\langle \mathrm{e}^{\mathrm{i}\varphi} \right| = 1 \tag{1.31}$$

可以证明相干态是使得数-相测不准关系取极小的态. 以上是借助湮灭算符的极分解的思想来研究相算符的. 相算符 $\mathrm{e}^{\mathrm{i}\phi}$ 不是幺正的,姑且将它 Hermite 化,引入

$$\cos\phi = \frac{\mathrm{e}^{\mathrm{i}\phi} + \mathrm{e}^{-\mathrm{i}\phi}}{2} \tag{1.32}$$

并算出

$$[N, \cos\phi] = -\mathrm{i}\sin\phi, \quad [N, \sin\phi] = \mathrm{i}\cos\phi \tag{1.33}$$

于是有数-相测不准关系

$$\Delta N \Delta \cos\phi \geqslant \frac{1}{2} |\langle \sin\phi \rangle|, \quad \Delta N \Delta \sin\phi \geqslant \frac{1}{2} |\langle \cos\phi \rangle| \tag{1.34}$$

物理上,"相"是可观测量,在下一节中我们将说明相角算符和磁通的关系.

# 1.4　从量子力学波函数观点分析介观电路量子化

式（1.17）中的 $U$ 是介观电路电容器上的电压,若我们以量子力学波函数的观点来看,则它与 $\mathrm{d}t$ 时间间隔内电容器两极板上波函数的相差有关. 记电容器的两个极板上的

波函数分别为

$$\psi_i = \phi_i \mathrm{e}^{\mathrm{i}E_i t/\hbar} = \phi_i \mathrm{e}^{\mathrm{i}\omega_i t} = \phi_i \mathrm{e}^{\mathrm{i}\theta_i} \quad (i=1,2), \quad Q_i = \omega_i t \tag{1.35}$$

$\mathrm{e}^{\mathrm{i}\theta_i}$ 代表两个极板上的相,注意到电容器的两极板能隙对应于此波函数的相,为

$$E_1 - E_2 = eU = -\hbar\,(\theta_2 - \theta_1)\,/\mathrm{d}t = -\hbar\mathrm{d}\theta/\mathrm{d}t \tag{1.36}$$

记 $e$ 是一个电子的电量,于是结合 Faraday 定律

$$eU = \frac{-\mathrm{d}\Phi}{\mathrm{d}t}e \tag{1.37}$$

比较式(1.36)与式(1.37),就清楚地给出相角算符和磁通的关系

$$e\Phi = \hbar\theta$$

这说明介观 LC 电路的电荷数-磁通对易关系对应量子光学的数-相对易关系,以下详细分析之.

考虑到电量等于移动电荷数 $n$ 乘单个电子的电量 $e$, Lagrange 量可以写为

$$\mathcal{L} = \frac{Le^2}{2}\left(\frac{\mathrm{d}n}{\mathrm{d}t}\right)^2 - \frac{e^2 n^2}{2C}$$

因此如把电荷数 $n$ 看作正则坐标,则相应的正则动量是

$$p' = \frac{\partial \mathcal{L}}{\partial \dot{n}} = Le^2 \dot{n}$$

电流

$$I = e\dot{n} = \frac{\Phi}{L}$$

其中 $\Phi$ 是电感中的磁通量. 结合以上两式得到

$$p' = e\Phi = \hbar\theta, \quad \Phi = \frac{\hbar}{e}\theta$$

以下恢复"∧". 把电荷数 $n$ 量子化为数算符 $\hat{n}$, $\hat{Q} = e\hat{n}$ 为电荷算符, 电感磁通量子化为 $\hat{\Phi}$,改写式(1.5)中的哈密顿量为

$$\mathcal{H} = \frac{e^2 \hat{n}^2}{2C} + \frac{\hat{\Phi}^2}{2L}, \quad \frac{\hat{\Phi}^2}{2L} = \frac{Le^2}{2}\left(\frac{\mathrm{d}\hat{n}}{\mathrm{d}t}\right)^2 \tag{1.38}$$

用 $[\hat{\Phi}, e\hat{n}] = -\mathrm{i}\hbar$ 及 Heisenberg 方程,给出

$$\frac{\mathrm{d}\hat{\Phi}}{\mathrm{d}t} = -\frac{\mathrm{i}}{\hbar}\left[\hat{\Phi}, \frac{e^2 \hat{n}^2}{2C}\right] = -\frac{e\hat{n}}{C} \tag{1.39}$$

$$\frac{\mathrm{d}\hat{n}}{\mathrm{d}t} = -\frac{\mathrm{i}}{\hbar}\left[\hat{n}, \frac{\hat{\Phi}^2}{2L}\right] = \frac{\hat{\Phi}}{eL} \tag{1.40}$$

由于 $e\Phi = \hbar\theta_i$，或 $p' = \hbar\theta$，故

$$\left[\hat{n}, \hat{\theta}\right] = \left[\frac{\hat{Q}}{e}, e\hat{\Phi}/\hbar\right] = \mathrm{i} \tag{1.41}$$

这就是数-相对易关系，相应的不确定关系是 $\Delta\hat{n}\Delta\hat{\theta}_i \geqslant 1/2$. 由此 $e\hat{\Phi}/\hbar \equiv \hat{\theta}$ 可看作介观 LC 电路的相角算符. 介观 LC 电路的量子化完全可以用电荷数-磁通的观点解释，正则坐标和动量分别对应电荷数和电容器两极板上波函数的相差. 对 $\mathrm{d}\hat{n}/\mathrm{d}t$ 再用一次 Heisenberg 方程，得

$$\frac{\mathrm{d}^2\hat{n}}{\mathrm{d}t^2} = -\frac{\mathrm{i}}{\hbar}\left[\frac{\hat{\Phi}}{eL}, \frac{e^2\hat{n}^2}{2C}\right] = -\frac{\hat{n}}{LC} \tag{1.42}$$

其解为

$$\hat{n}(t) = \hat{n}(0)\mathrm{e}^{\mathrm{i}t/\sqrt{LC}} = \hat{n}(0)\mathrm{e}^{\mathrm{i}\omega t} \tag{1.43}$$

反映了电路中电子数的振荡行为.

以上我们就用数-相量子化方案诠释了介观电路量子化.（注意：此处电容的穿隧电流没有考虑在内.）

# 1.5　有互感耦合的双 LC 电路的数-相量子化

现在考虑有互感耦合的双 LC 电路（图 1.1），互感记为 $M$，每个回路的电荷是离散性的，可写成 $q_i = en_i$ $(i = 1,2)$，其中 $n_i$ 是穿过电感 $L_i$ 的电子数，在电感 $L_1$ 和 $L_2$ 储存的总能量（看作动能）为

$$\begin{aligned} T &= \frac{1}{2}L_1 I_1^2 + \frac{1}{2}L_2 I_2^2 + MI_1 I_2 \\ &= \frac{1}{2}L_1 e^2 \dot{n}_1^2 + \frac{1}{2}L_2 e^2 \dot{n}_2^2 + Me^2 \dot{n}_1 \dot{n}_2 \end{aligned} \tag{1.44}$$

储存于电容 $C_1$ 和 $C_2$ 的能量（视为势能）为

$$V = \frac{q_1^2}{2C_1} + \frac{q_2^2}{2C_2} = \frac{1}{2C_1}e^2 n_1^2 + \frac{1}{2C_2}e^2 n_2^2 \tag{1.45}$$

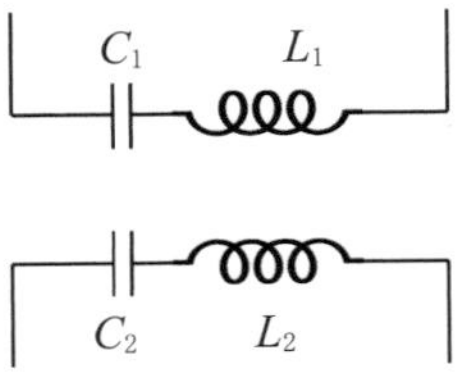

**图 1.1　有互感耦合的双 LC 电路**

因此系统的 Lagrange 函数表达式为

$$\begin{aligned}
\mathcal{L} &= T - V \\
&= \frac{1}{2}L_1 e^2 n_1^2 + \frac{1}{2}L_2 e^2 n_2^2 + M e^2 n_1 n_2 - \frac{1}{2C_1}e^2 n_1^2 - \frac{1}{2C_2}e^2 n_2^2
\end{aligned} \tag{1.46}$$

相应地,正则动量表达为

$$p_1 = \frac{\partial \mathcal{L}}{\partial (en_1)} = L_1 e\dot{n}_1 + M e\dot{n}_2 = L_1 I_1 + M I_2 \tag{1.47}$$

$$p_2 = \frac{\partial \mathcal{L}}{\partial (en_2)} = L_2 e\dot{n}_2 + M e\dot{n}_1 = L_2 I_2 + M I_1 \tag{1.48}$$

记 $\Phi_i$ 和 $\Phi_{i,j}$($i,j = 1,2, i \neq j$)是由自感和互感引起的磁通量通过第 $i$ 个电感的值. 式(1.47)和式(1.48)即为

$$p_i = (\Phi_i + \Phi_{i,j}) = \Phi_{i,T} \tag{1.49}$$

这样自然地看到正则动量 $p_i$ 为磁通量 $\Phi_{i,T}$.

另外,由式(1.38)可知磁通量也可量子化为

$$\hat{\Phi}_{i,T} = \frac{\hbar}{e}\hat{\theta}_i \tag{1.50}$$

可见粒子数算符 $\hat{n}_i$ 和磁通量算符 $\hat{\Phi}_{i,T}$ 的对易关系是

$$\left[\hat{n}_i, e\hat{\Phi}_{j,T}\right] = \left[\hat{q}_i, \hat{\Phi}_{j,T}\right] = \mathrm{i}\hbar\delta_{ij} \quad (i,j = 1,2) \tag{1.51}$$

与期望的形式完全符合, $\hat{q}_i$ 是电荷算符. 反解式(1.47)和式(1.48),可得

$$I_1 = \frac{L_2 p_1 - M p_2}{L_1 L_2 - M^2}, \quad I_2 = \frac{L_1 p_2 - M p_1}{L_1 L_2 - M^2} \tag{1.52}$$

代入式(1.44)后,利用 $\hat{n}_i$ 和 $\hbar\hat{\theta}_i$ 以及式(1.49)和式(1.50),得到哈密顿算符的形式

$$\begin{aligned}
\mathcal{H} &= T + V \\
\hat{\mathcal{H}} &= \frac{\hbar^2}{2D}\left(\frac{\hat{\theta}_1^2}{L_1} + \frac{\hat{\theta}_2^2}{L_2}\right) - \frac{M\hbar^2}{D L_1 L_2}\hat{\theta}_1\hat{\theta}_2 + \frac{e^2}{2C_1}\hat{n}_1^2 + \frac{e^2}{2C_2}\hat{n}_2^2
\end{aligned} \tag{1.53}$$

其中 $D = 1 - M^2/(L_1 L_2)$.

利用 Heisenberg 方程，可得粒子数算符方程

$$\frac{\mathrm{d}\hat{n}_1}{\mathrm{d}t} = \frac{1}{\mathrm{i}\hbar}[\hat{n}_1, \hat{\mathcal{H}}] = \frac{\hbar}{DL_1}\hat{\theta}_1 - \frac{M\hbar}{DL_1 L_2}\hat{\theta}_2 \tag{1.54}$$

$$\frac{\mathrm{d}\hat{n}_2}{\mathrm{d}t} = \frac{1}{\mathrm{i}\hbar}[\hat{n}_2, \hat{\mathcal{H}}] = \frac{\hbar}{DL_2}\hat{\theta}_2 - \frac{M\hbar}{DL_1 L_2}\hat{\theta}_1 \tag{1.55}$$

和相算符方程

$$\frac{\mathrm{d}\hat{\theta}_1}{\mathrm{d}t} = \frac{1}{\mathrm{i}\hbar}[\hat{\theta}_1, \hat{\mathcal{H}}] = -\frac{e^2}{\hbar C_1}\hat{n}_1, \quad \frac{\mathrm{d}\hat{\theta}_2}{\mathrm{d}t} = \frac{1}{\mathrm{i}\hbar}[\hat{\theta}_2, \hat{\mathcal{H}}] = -\frac{e^2}{\hbar C_2}\hat{n}_2 \tag{1.56}$$

利用式（1.50），可将式（1.54）和式（1.55）转化为

$$\frac{\mathrm{d}\hat{\varPhi}_{1,T}}{\mathrm{d}t} = -\frac{e}{C_1}\hat{n}_1 = -\hat{V}_1, \quad \frac{\mathrm{d}\hat{\varPhi}_{2,T}}{\mathrm{d}t} = -\frac{e}{C_2}\hat{n}_2 = -\hat{V}_2 \tag{1.57}$$

式（1.57）是在有耦合电感下 Faraday 定律的算符形式，$\hat{V}_i$（$i = 1, 2$）是电压算符. 由式（1.54）～式（1.56），可得

$$\frac{\mathrm{d}^2\hat{n}_1}{\mathrm{d}t^2} = G\hat{n}_2 + F\hat{n}_1, \quad \frac{\mathrm{d}^2\hat{n}_2}{\mathrm{d}t^2} = J\hat{n}_1 + K\hat{n}_2 \tag{1.58}$$

其中

$$G = \frac{Me^2}{DL_1 L_2 C_2}, \quad F = -\frac{e^2}{DL_1 C_1}, \quad J = \frac{Me^2}{DL_1 L_2 C_1}, \quad K = -\frac{e^2}{DL_2 C_2} \tag{1.59}$$

把式（1.58）中的两个方程联立，写为矩阵形式，并引入 $U^{-1}$ 作用于该矩阵而使之对角化，得

$$\frac{\mathrm{d}^2}{\mathrm{d}t^2} U^{-1}\begin{pmatrix} \hat{n}_1 \\ \hat{n}_2 \end{pmatrix} = U^{-1}\begin{pmatrix} F & G \\ J & K \end{pmatrix} U U^{-1}\begin{pmatrix} \hat{n}_1 \\ \hat{n}_2 \end{pmatrix} \tag{1.60}$$

其中

$$U^{-1}\begin{pmatrix} F & G \\ J & K \end{pmatrix} U = \begin{pmatrix} \lambda_1 & 0 \\ 0 & \lambda_2 \end{pmatrix} \tag{1.61}$$

由线性代数知识，可知归一化的矩阵 $U$ 为

$$U = \begin{pmatrix} \dfrac{\frac{G}{\lambda_1 - F}\sqrt{\left(\frac{G}{\lambda_1 - F}\right)^2 + 1}}{\sqrt{\left(\frac{G}{\lambda_1 - F}\right)^2 + 1}} & \dfrac{\frac{G}{\lambda_2 - F}\sqrt{\left(\frac{G}{\lambda_2 - F}\right)^2 + 1}}{\sqrt{\left(\frac{G}{\lambda_2 - F}\right)^2 + 1}} \end{pmatrix} \tag{1.62}$$

它的本征值为

$$\lambda_{1,2} = \frac{(F + K) \pm \sqrt{(F - K)^2 + 4GJ}}{2}$$

由

$$\det |U| = \frac{G(\lambda_2 - \lambda_1)}{(\lambda_1 - F)(\lambda_2 - F)} \sqrt{\left(\frac{G}{\lambda_1 - F}\right)^2 + 1} \sqrt{\left(\frac{G}{\lambda_2 - F}\right)^2 + 1} \tag{1.63}$$

和微分方程

$$\frac{\mathrm{d}^2}{\mathrm{d}t^2} U^{-1} \begin{pmatrix} \hat{n}_1 \\ \hat{n}_2 \end{pmatrix} = \begin{pmatrix} \lambda_1 & 0 \\ 0 & \lambda_2 \end{pmatrix} U^{-1} \begin{pmatrix} \hat{n}_1 \\ \hat{n}_2 \end{pmatrix} \tag{1.64}$$

分别求得算符 $\hat{N}$ 和 $\hat{N}'$ 随时间演化的情形

$$\hat{N} = \hat{N}_0 \exp(\sqrt{\lambda_1} t), \quad \hat{N}' = \hat{N}_0' \exp(\sqrt{\lambda_2} t) \tag{1.65}$$

其中 $\hat{N}_0$ 和 $\hat{N}_0'$ 是初始粒子数, 而 $\hat{N}$ 和 $\hat{N}'$ 取如下形式:

$$\sqrt{\left(\frac{G}{\lambda_2 - F}\right)^2 + 1}\, \hat{n}_1 + \left[\frac{G}{\lambda_2 - F} \sqrt{\left(\frac{G}{\lambda_2 - F}\right)^2 + 1}\right] \hat{n}_2 = \hat{N} \tag{1.66}$$

$$\sqrt{\left(\frac{G}{\lambda_1 - F}\right)^2 + 1}\, \hat{n}_1 + \left[\frac{G}{\lambda_1 - F} \sqrt{\left(\frac{G}{\lambda_1 - F}\right)^2 + 1}\right] \hat{n}_2 = \hat{N}' \tag{1.67}$$

因此, 每个电容的载电荷数为

$$\hat{n}_1 = \frac{1}{\det |U|} \left\{ \hat{N}_0 \left[\frac{G}{\lambda_1 - F} \sqrt{\left(\frac{G}{\lambda_1 - F}\right)^2 + 1}\right] \exp(\sqrt{\lambda_1} t) \right.$$
$$\left. - \hat{N}_0' \left[\frac{G}{\lambda_2 - F} \sqrt{\left(\frac{G}{\lambda_2 - F}\right)^2 + 1}\right] \exp(\sqrt{\lambda_2} t) \right\} \tag{1.68}$$

$$\hat{n}_2 = \frac{1}{\det |U|} \left\{ \hat{N}_0' \sqrt{\left(\frac{G}{\lambda_2 - F}\right)^2 + 1} \exp(\sqrt{\lambda_2} t) \right.$$
$$\left. - \hat{N}_0 \sqrt{\left(\frac{G}{\lambda_1 - F}\right)^2 + 1} \exp(\sqrt{\lambda_1} t) \right\} \tag{1.69}$$

另外, 利用式 (1.56)、式 (1.68) 和式 (1.69), 我们得到每个电容的极板上相差的演化

$$\hat{\theta}_1 = -\frac{e^2}{\hbar C_1 \det |U|} \left[\frac{N_0 G}{\sqrt{\lambda_1}(\lambda_1 - F)} \sqrt{\left(\frac{G}{\lambda_1 - F}\right)^2 + 1} \exp(\sqrt{\lambda_1} t) \right.$$
$$\left. - \frac{\hat{N}_0' G}{\sqrt{\lambda_2}(\lambda_2 - F)} \sqrt{\left(\frac{G}{\lambda_2 - F}\right)^2 + 1} \exp(\sqrt{\lambda_2} t) \right] \tag{1.70}$$

$$\hat{\theta}_2 = \frac{e^2}{\hbar C_2 \det |U|} \left[\frac{N_0}{\sqrt{\lambda_1}} \sqrt{\left(\frac{G}{\lambda_1 - F}\right)^2 + 1} \exp(\sqrt{\lambda_1} t)\right.$$

$$\left. -\frac{N_0'}{\sqrt{\lambda_2}} \sqrt{\left(\frac{G}{\lambda_2 - F}\right)^2 + 1} \exp(\sqrt{\lambda_2} t) \right] \tag{1.71}$$

其中

$$\frac{G}{\lambda_1 - F}$$

$$= \frac{2M^2 C_1^2}{(L_2 C_2 - L_1 C_1)^2 + 2M^2 C_1 C_2 + (L_2 C_2 - L_1 C_1)\sqrt{(L_2 C_2 - L_1 C_1)^2 + 4M^2 C_1 C_2}}$$

$$\frac{G}{\lambda_2 - F}$$

$$= \frac{2M^2 C_1^2}{(L_2 C_2 - L_1 C_1)^2 + 2M^2 C_1 C_2 - (L_2 C_2 - L_1 C_1)\sqrt{(L_2 C_2 - L_1 C_1)^2 + 4M^2 C_1 C_2}}$$

$$\tag{1.72}$$

由式(1.68)～式(1.71),可知在单个回路中粒子数 $n$ 和相差 $\theta$ 是通过全回路的参数 $L, C$ 和互感 $M$ 发生关联的,这意味着量子纠缠.

# 第 2 章

# 介观 LC 电路量子化与 Josephson 结的数-相量子化的比拟

量子计算以具有量子纠缠的量子态为载体,通过量子力学的态叠加原理来进行并行计算,相应的 Shor 的质因数分解算法和 Grover 的量子搜索算法可将计算的复杂度由指数增长降低到多项式增长,因此量子计算以优于经典计算无法企及的优势吸引着众多科学家的研究. 现阶段量子计算系统主要包括光子源、量子点、离子阱、核磁共振、超导等系统. 在这些候选方案中,超导量子计算系统,因其易于扩展、便于耦合与操控等特点,被认为是将来最有可能实现量子计算机的方案.

超导量子计算系统一般由 Josephson 结以及电容、电感组成. 超导量子器件的 Hamilton 量可以通过改变电路参数来进行设计,具有灵活性,而且超导量子计算器件中的量子态是由大量凝聚在基态的 Cooper 对集体表现出来的宏观量子态,较容易被耦合与操控. 同时,构成超导量子比特的电路元件都可以通过微纳加工手段制备并有序地集成在平面电路中,与现有已成熟的完备的半导体工艺保持了较好的兼容性,具有良好的扩展性. 因此从工程技术的角度来看,超导量子计算相比于其他量子计算而言具有显著的优势.

在量子计算机中常需用到 Josephson 结,笔者认为其量子论也属于数-相量子化,堪与介观 LC 电路的数-相量子化做一比较.

## 2.1 Josephson 结的 Bose 算符模型和算符 Josephson 方程

一个 Josephson 结由两块超导体和一个绝缘介质薄层组成,绝缘介质薄层对两侧超导体中的 Cooper 对来说可以看作势垒,当电子从一侧超导体流向另一侧超导体时形成隧道贯穿效应. Josephson 结可以等效为一个电容和一个非线性电感的并联,此电感是由 Josephson 结内隧道贯穿效应产生的. 一般认为,跨越结的相差 $\varphi$(即两块超导体上波函数的相差)是引起超流的原因,动力学 Hamilton 量是

$$\mathcal{H} = -\frac{1}{2}E_C\partial_\varphi^2 + E_J(1 - \cos\theta) \quad (\hbar = 1) \tag{2.1}$$

$E_J$,$E_C$ 是 Josephson 耦合常数,$E_C = (2e)^2/C$,$C$ 是结电容. 根据 Feynman 对隧道贯穿效应的解释——"Josephson 结中电子的行为,以这种或那种的方式,总是成对(Cooper 对)地表现,一个束缚对行为宛如一个 Bose 粒子. 几乎所有的束缚对都会被精确地'锁'在同一个最低的能态上",对应于式(2.1),我们可以引入 Cooper 对数算符

$$N_d \equiv a^\dagger a - b^\dagger b \tag{2.2}$$

和两块超导体间的相位差算符来给出"结"的非线性 Bose 描述. 这里范洪义引入了双模相算符

$$\cos\Theta = \frac{e^{i\Theta} + e^{-i\Theta}}{2}, \quad e^{i\Theta} = \sqrt{\frac{a - b^\dagger}{a^\dagger - b}}, \quad e^{-i\Theta} = \sqrt{\frac{a^\dagger - b}{a - b^\dagger}} \tag{2.3}$$

$a^\dagger$,$b^\dagger$ 和 $a$,$b$ 分别是双模 Bose 产生算符和湮灭算符,满足 $[a,a^\dagger] = [b,b^\dagger] = 1$. 由于 $[a - b^\dagger, a^\dagger - b] = 0$,所以它们可以在同一个平方根记号 $\sqrt{\phantom{x}}$ 中. 描述 Josephson 结的量子 Hamilton 量就表示为

$$\mathcal{H} = \frac{E_C}{2}(N_d)^2 + E_J(1 - \cos\Theta) \tag{2.4}$$

$\frac{E_C}{2}(N_d)^2$ 代表储存在结电容上的能量,而 $E_J\cos\Theta$ 对应电子对的隧穿. 用

$$[N_d, a^\dagger - b] = a^\dagger - b, \quad [N_d, a - b^\dagger] = -(a - b^\dagger)$$
$$[N_d, (a^\dagger - b)(a - b^\dagger)] = 0 \tag{2.5}$$

就可证得

$$[N_d, \mathrm{e}^{\mathrm{i}\Theta}] = -\mathrm{e}^{\mathrm{i}\Theta}, \quad [N_d, \mathrm{e}^{-\mathrm{i}\Theta}] = \mathrm{e}^{-\mathrm{i}\Theta} \tag{2.6}$$

与式（2.5）的关系类似. 从

$$[N_d, \cos\Theta] = -\mathrm{i}\sin\Theta, \quad [N_d, \sin\Theta] = \mathrm{i}\cos\Theta$$

（$\Theta$ 和 $N_d$ 是一对正则共轭量），导出数-相测不准关系

$$\Delta N_d \Delta \cos\Theta > \frac{1}{2}\sin\Theta \tag{2.7}$$

上式右边 $\langle\sin\Theta\rangle \neq 0$ 说明存在 Josephson 流. 进而,我们用 Heisenberg 方程导出

$$\frac{\partial}{\partial t} N_d = \frac{1}{\mathrm{i}\hbar}[N_d, \mathcal{H}] = \frac{1}{\mathrm{i}\hbar}[N_d, -E_\mathrm{J}\cos\Theta] = \frac{E_\mathrm{J}}{\hbar}\sin\Theta \tag{2.8}$$

或

$$\partial_t\langle Q\rangle = I_\mathrm{cr}\langle\sin\Theta\rangle, \quad Q = 2eN_d \tag{2.9}$$

这里 $I_\mathrm{cr} = 2eE_\mathrm{J}/\hbar$ 是临界电流,式 (2.9) 是算符 Josephson 方程,与式 (2.8) 自洽,说明了 $\sin\Theta$ 与 Cooper 对数的关系.

进一步,用 Heisenberg 方程计算

$$\partial_t\mathrm{e}^{\mathrm{i}\Theta} = \mathrm{i}\mathrm{e}^{\mathrm{i}\Theta}\partial_t\Theta = \frac{E_C}{2\mathrm{i}\hbar}\left[\mathrm{e}^{\mathrm{i}\Theta}, N_d^2\right] = \frac{E_C}{2\mathrm{i}\hbar}\left(N_d\mathrm{e}^{\mathrm{i}\Theta} + \mathrm{e}^{\mathrm{i}\Theta}N_d\right)$$

并注意到

$$\mathrm{e}^{-\mathrm{i}\Theta}N_d\mathrm{e}^{\mathrm{i}\Theta} = \mathrm{e}^{-\mathrm{i}\Theta}\left(\mathrm{e}^{\mathrm{i}\Theta}N_d - \mathrm{e}^{\mathrm{i}\Theta}\right) = N_d - 1 \tag{2.10}$$

所以

$$\partial_t\Theta = -\frac{E_C}{2\hbar}(2N_d - 1) \tag{2.11}$$

令 $e_C V_0 \equiv E_C/(2\hbar)$, $e_c \equiv 2e$,并用 $E_C = (2e)^2/C$,上式等价于

$$\frac{\mathrm{d}}{\mathrm{d}t}\langle\Theta\rangle = e_C V_0 + \frac{e_C}{C\hbar}\langle e_C N_d\rangle \tag{2.12}$$

右边第二项是结上充电的诱导电压.

因此, 与 Cooper 对数算符共轭的相位角差算符 $\Theta$ 根据标准 Heisenberg 方程演化,该方程对应于众所周知的第二 c 数 Josephson 方程. 方程（2.11）和（2.12）分别是控制相位和隧穿电流的 Bose 子算符 Josephson 方程. 上述推导从算符的角度发展了 Feynman 的超导相的概念.

因此,一个问题自然而然地出现了: Cooper 对的数-相位最小不确定性关系对应的态是什么? 换句话说,当 Josephson 电流最小时,结处于什么态? 尽管 Josephson 效应自 1962 年就已为人所知,但据我们所知,目前的问题在之前的文献中从未被提及. 我们可以将这个问题与坐标动量不确定性关系 $\Delta P \Delta Q \geqslant 1/2$ 的最小不确定性态进行比较. 当等式成立时,对应的态是 Glauber 相干态,这是最接近经典情况的态. 在 2.2 节中,我们将简要回顾我们最近提出的 Bose 子 Josephson 结模型和相应的算符 Josephson 方程. 在这个模型中,我们引入了 Bose 子相位算符,其形式类似于量子光学理论中的 Noh, Fougères 和 Mandel(NFM)操作相位算符. 在 2.3 节中,我们将讨论 Josephson 结的算符相位和 Cooper 对数差的不确定性关系,以及它在纠缠态 $\langle \eta |$ 表象中的表现(见下面的等式(2.19)). 这个相位算符和两个超导体的 Cooper 对数算符,一旦对 $\langle \eta |$ 表象进行操作,就会产生 Vourdas-Fazio-Schön c 数 Josephson 耦合 Hamilton 量,因此 $| \eta \rangle$ 表象为我们构造描述 Josephson 效应的算符 Hamilton 量提供了一种新的形式. 在 2.4 节中,我们将寻找最小不确定性态,导出与最小 Josephson 电流对应的最小 Cooper 对的数-相不确定态,结果表明这是一个相位态.

## 2.2　Josephson 结的相算符及其本征态

Josephson 结的数-相测不准关系可以在范洪义引入的纠缠态表象 $|\eta\rangle$ 中得到清晰的说明. $|\eta\rangle$ 的定义如下:

$$|\eta\rangle = \exp\left(-\frac{1}{2}|\eta|^2 + \eta a^\dagger - \eta^* b^\dagger + a^\dagger b^\dagger\right)|0,0\rangle, \quad \eta = |\eta|\,\mathrm{e}^{\mathrm{i}\theta} \tag{2.13}$$

$|\eta\rangle$ 满足本征方程

$$(a - b^\dagger)|\eta\rangle = \eta|\eta\rangle, \quad (a^\dagger - b)|\eta\rangle = \eta^*|\eta\rangle \tag{2.14}$$

$|\eta\rangle$ 是 $\mathrm{e}^{\mathrm{i}\Theta}$ 的本征态,

$$\mathrm{e}^{\mathrm{i}\Theta}|\eta\rangle = \mathrm{e}^{\mathrm{i}\theta}|\eta\rangle \tag{2.15}$$

$\mathrm{e}^{\mathrm{i}\Theta}$ 为幺正的,$\Theta$ 为 Hermite 的,

$$\Theta = \int \frac{\mathrm{d}^2\eta}{\pi}\left(\frac{1}{2\mathrm{i}}\ln\frac{\eta}{\eta^*}|\eta\rangle\langle\eta|\right) = \frac{1}{2\mathrm{i}}\ln\frac{a - b^\dagger}{a^\dagger - b}, \ \Theta|\eta\rangle = \theta|\eta\rangle \tag{2.16}$$

根据磁通量算符与相角算符的关系 $\Phi = \hbar/(e\theta)$,可得

$$\Phi = \frac{\hbar}{2\mathrm{i}e} \ln \frac{a - b^\dagger}{a^\dagger - b}$$

$|\eta\rangle$ 满足完备性

$$\int \frac{\mathrm{d}^2\eta}{\pi} |\eta\rangle \langle\eta| = 1 \tag{2.17}$$

可以作为一个表象. 在此表象中,Cooper 对数算符的表示为

$$\langle\eta| N_d = |\eta| \langle 00| \left(\mathrm{e}^{-\mathrm{i}\theta} a + \mathrm{e}^{\mathrm{i}\theta} b\right) \exp\left(-\frac{|\eta|^2}{2} + \eta^* a - \eta b + ab\right) = \mathrm{i}\frac{\partial}{\partial\theta} \langle\eta| \tag{2.18}$$

因此在 $\langle\eta|$ 表象中,Cooper 对算符表现为关于相位角 $\eta$ 的微分运算:

$$\langle\eta| [\Theta, N_d] = \left[\theta, \mathrm{i}\frac{\partial}{\partial\theta}\right] \langle\eta| = -\mathrm{i} \langle\eta|, \quad [\Theta, N_d] = -\mathrm{i} \tag{2.19}$$

这是一件了不起的事情. 因此,$\Theta$ 和 $N_d$ 表现为正则共轭变量,这导致了式(2.18). 使用 $\langle\eta|$ 表象,注意式(2.18)和式(2.19),我们得到

$$\langle\eta| \mathcal{H} = \left[-\frac{E_C}{2}\partial_\theta^2 + E_{\mathrm{J}}(1 - \cos\theta)\right] \langle\eta| \tag{2.20}$$

因此,$\langle\eta|$ 表象中的 $\mathcal{H}$ 正好给出了式(2.4)中的 Hamilton 量 $\mathcal{H}$,这意味着我们选择的相位算符和算符 Hamilton 理论有坚实的基础. 现在我们看到连续变量的纠缠态表象,不仅在量子光学和量子信息理论中有很好的应用,而且为我们研究 Josephson 结理论提供了一种算符方法(Heisenberg 图方法).

此时,我们提到的量化条件 $[\theta, q] = \mathrm{i}2e, q = -\mathrm{i}2e\partial\theta$ 由 Vourdas 引入(他用 $\theta$ 表示相角),这与我们的等式(2.19)一致,即结的算符相位和数差不确定关系在纠缠态表示中的展示.

## 2.3 Josephson 结的数-相测不准关系取极小值时的量子态

按量子力学知识,Cooper 对的数-相最小不确定状态应满足特征值方程

$$(N_d + \mathrm{i}\lambda \cos\Theta) |\psi\rangle = \beta |\psi\rangle \tag{2.21}$$

其中 $\lambda$ 是实数,而 $\beta$ 是复数. 为了解方程( 2.21 ),我们对 $|\psi\rangle$ 施加幺正变换

$$|\psi\rangle = S^{-1}(\zeta)|\psi'\rangle, \quad S(\zeta) = \exp\left(\zeta e^{i\Theta} - \zeta^* e^{-i\Theta}\right), \quad \zeta = \rho e^{i\alpha} \tag{2.22}$$

于是有以下的关系:

$$S(\zeta) N_d S^{-1}(\zeta) = N_d + \zeta e^{i\Theta} + \zeta^* e^{-i\Theta}, \quad \left[S(\zeta), e^{i\Theta}\right] = 0 \tag{2.23}$$

得到 $|\psi'\rangle$ 的本征方程

$$\left[N_d + \left(\zeta + i\frac{\lambda}{2}\right) e^{i\Theta} + \left(\zeta^* + i\frac{\lambda}{2}\right) e^{-i\Theta}\right]|\psi'\rangle = \beta|\psi'\rangle \tag{2.24}$$

我们可以选择参数 $\zeta^* = -i\lambda/2$ 来消除正比于 $e^{-i\Theta}$ 的项,得到

$$\alpha = \frac{\pi}{2}, \quad \rho = \frac{\lambda}{2}, \quad \zeta = i\frac{\lambda}{2} \tag{2.25}$$

因此方程( 2.24 )简化为

$$\left(N_d + i\lambda e^{i\Theta}\right)|\psi'\rangle = \beta|\psi'\rangle \tag{2.26}$$

为了找到 $|\psi'\rangle$,我们注意到算符

$$G \equiv \left(a - b^\dagger\right)\left(a^\dagger - b\right) \tag{2.27}$$

和 $N_d$ 以及 $e^{i\Theta}$ 都对易,$[G, N_d] = 0$,于是可以构造 $N_d$ 和 $G$ 的共同本征态,表示为 $|n_d, r\rangle$,满足

$$N_d |n_d, r\rangle = n_d |n_d, r\rangle \tag{2.28}$$

$$G |n_d, r\rangle = r |n_d, r\rangle \tag{2.29}$$

其中 $n_d$ 是一个整数,$r \geqslant 0$,因为 $\langle n_d, r| G |n_d, r\rangle = \left|\left(a^\dagger - b\right)|n_d, r\rangle\right| \geqslant 0$. 由式( 2.29 ) 我们有 $\langle\eta| G |n_d, r\rangle = |\eta|^2 \langle\eta |n_d, r\rangle = r \langle\eta |n_d, r\rangle$,于是

$$\langle\eta |n_d, r\rangle \sim \delta\left(|\eta|^2 - r\right) \tag{2.30}$$

另外,由式( 2.28 )得到

$$\langle\eta| N_d |n_d, r\rangle = \left(i\frac{\partial}{\partial\varphi}\right) \langle\eta |n_d, r\rangle = n_d \langle\eta |n_d, r\rangle \tag{2.31}$$

方程( 2.31 )的解是( 考虑了式( 2.30 ))

$$\langle\eta |n_d, r\rangle = \delta\left(|\eta|^2 - r\right) e^{-i\varphi n_d} = \frac{1}{2|\eta|}\left[\delta\left(|\eta| - \sqrt{r}\right) + \delta\left(|\eta| + \sqrt{r}\right)\right] e^{-i\varphi n_d} \tag{2.32}$$

其中第二项 $\delta$ 函数没有贡献,因为 $r \geqslant 0$. 于是,可见 $n_d$ 是保证波函数周期性的整数,$\mathrm{e}^{-\mathrm{i}\varphi n_d}|_{\varphi=0} = \mathrm{e}^{-\mathrm{i}\varphi n_d}|_{\varphi=2\pi}$. 利用式(2.23),$|n_d,r\rangle$ 的具体形式可以通过 $|\eta\rangle$ 态得到,

$$
\begin{aligned}
|n_d,r\rangle &= \int \frac{\mathrm{d}^2\eta}{\pi} |\eta\rangle \langle\eta | n_d,r\rangle \\
&= \int_0^{2\pi} \frac{\mathrm{d}\varphi}{2\pi} \mathrm{d}|\eta| \, |\eta\rangle \, \delta\left(|\eta| - \sqrt{r}\right) \mathrm{e}^{-\mathrm{i}\varphi n_d} \\
&= \int_0^{2\pi} \frac{\mathrm{d}\varphi}{2\pi} |\eta = \sqrt{r}\mathrm{e}^{\mathrm{i}\varphi}\rangle \, \mathrm{e}^{-\mathrm{i}\varphi n_d}
\end{aligned}
\tag{2.33}
$$

将式(2.19)代入式(2.30),我们得到 $|n_d,r\rangle$ 在双模 Fock 空间中的具体形式:

$$
|n_d,r\rangle = \exp\left(-\frac{r}{2} + a^\dagger b^\dagger\right) \sum_{m=\max\{0,-n_d\}}^{\infty} (-1)^m \frac{r^{m+\frac{1}{2}n_d}}{\sqrt{m!(m+n_d)!}} |m+n_d,m\rangle \tag{2.34}
$$

式(2.33)的反变换为

$$
|\eta = r\mathrm{e}^{\mathrm{i}\varphi}\rangle = \sum_{n_d=-\infty}^{\infty} |n_d,r\rangle \, \mathrm{e}^{\mathrm{i}\varphi n_d} \tag{2.35}
$$

这可以看作 $|\eta = |\eta|\mathrm{e}^{\mathrm{i}\varphi}\rangle$ 的相位振幅分解. $|n_d,r\rangle$ 的升降算符如下:

$$
\mathrm{e}^{\mathrm{i}\Theta} |n_d,r\rangle = |n_d+1,r\rangle, \quad \mathrm{e}^{-\mathrm{i}\Theta} |n_d,r\rangle = |n_d-1,r\rangle \tag{2.36}
$$

可以证明 $|n_d,r\rangle$ 具有完备的正交关系:

$$
\sum_{n_d=-\infty}^{\infty} \int_0^{\infty} \mathrm{d}r \, |n_d,r\rangle \langle n_d,r| = 1 \tag{2.37}
$$

$$
\langle n_d,r | n_d',r'\rangle = \delta\left(r - r'\right) \delta_{n_d n_d'} \tag{2.38}
$$

该形式被认为是一种新的量子力学表示. 于是

$$
\langle n_d,r| \mathcal{H} = \frac{1}{2C} \left[(2en_d)^2 + 2CE_{\mathrm{J}}\right] \langle n_d,r| - \frac{E_{\mathrm{J}}}{2} \left(\langle n_d+1,r| + \langle n_d-1,r|\right) \tag{2.39}
$$

其中右边第二个圆括号显示了 Cooper 对从 $n_d$ 到 $n_d \pm 1$ 跨越结的传输过程.

利用 $|n_d,r\rangle$ 的完备性关系(2.37)展开 $|\psi'\rangle$:

$$
|\psi'\rangle = \sum_{n_d=-\infty}^{\infty} \int_0^{\infty} \mathrm{d}r \, |n_d,r\rangle \langle n_d,r | \psi'\rangle = \sum_{n_d=-\infty}^{\infty} \int_0^{\infty} \mathrm{d}r \, |n_d,r\rangle C_{n_d,r} \tag{2.40}
$$

$$
C_{n_d,r} \equiv \langle n_d,r | \psi'\rangle
$$

将它代入方程(2.32),从方程(2.34)和(2.37),我们得到

$$
\sum_{n_d=-\infty}^{\infty} \int_0^{\infty} \mathrm{d}r \, (\beta - n_d) C_{n_d,r} |n_d,r\rangle = \mathrm{i}\lambda \sum_{n_d=-\infty}^{\infty} \int_0^{\infty} \mathrm{d}r C_{n_d,r} |n_d-1,r\rangle \tag{2.41}
$$

介观电路中的量子纠缠、热真空和热力学性质
Quantum Entanglement, Thermal Vacuum, and Thermodynamic Properties in Mesoscopic Circuits

利用正交关系（2.38），我们导出递推关系

$$i\lambda C_{n_d+1,r} = (\beta - n_d) C_{n_d,r} \tag{2.42}$$

现在限制在 $\beta$ 的某个特定值来截断式（2.41）的展开式. 如果取 $\beta = M$，其中 $M$ 是一个非负整数，那么由等式（2.42）给出

$$C_{n_d,r} = \frac{M!}{(M-n_d)!} (i\lambda)^{-n_d} C_{0,r} \quad (n_d \leqslant M) \tag{2.43}$$

从而有

$$|\psi'\rangle_M = \sum_{n_d=-\infty}^{M} \int_0^\infty dr \frac{M!}{(M-n_d)!} C_{0,r} (i\lambda)^{-n_d} |n_d,r\rangle \tag{2.44}$$

基于式（2.44）我们将 $|n_d,r\rangle$ 表示为 $|n_d,r\rangle = e^{-i\Theta n_d}|0,r\rangle$，将它代入式（2.40），得

$$|\psi'\rangle_M = \sum_{n_d=-\infty}^{M} \frac{M!}{(M-n_d)!} \left(\frac{e^{-i\Theta}}{i\lambda}\right)^{n_d} \int_0^\infty dr C_{0,r} |0,r\rangle \tag{2.45}$$

$$|0,r\rangle = \exp\left(-\frac{r}{2} + a^\dagger b^\dagger\right) \sum_{m=0}^{\infty} \frac{(-r)^m}{m!} |m,m\rangle \tag{2.46}$$

其中 $|m,m\rangle$ 是一个双光子数态. 最终可以从式（2.42）得到 $C_{n_d,r}/C_{0,r}$ 不依赖于 $r$. 如果令 $C_{0,r} = C_0 e^{-r/2}$，其中 $C_0$ 是一个不依赖于 $r$ 的常数，我们就可以对式（2.45）实施积分并得到 $|\psi'\rangle_M$ 的最简单形式：

$$\begin{aligned}
|\psi'\rangle_M &= C_0 \sum_{n_d=-\infty}^{M} \frac{M!}{(M-n_d)!} \left(\frac{e^{-i\Theta}}{i\lambda}\right)^{n_d} \int_0^\infty e^{a^\dagger b^\dagger} dr e^{-r} \sum_{m=0}^{\infty} r^m \frac{(-a^\dagger b^\dagger)^m}{m!m!} |0,0\rangle \\
&= C_0 \sum_{n_d=-\infty}^{M} \frac{M!}{(M-n_d)!} \left(\frac{e^{-i\Theta}}{i\lambda}\right)^{n_d} |0,0\rangle \\
&= \frac{M!}{(i\lambda)^M} C_0 e^{-i\Theta M} \sum_{n=0}^{\infty} \frac{1}{n!} (i\lambda e^{i\Theta})^n |0,0\rangle \\
&= \frac{M!}{(i\lambda)^M} C_0 e^{-i\Theta M} \exp(i\lambda e^{i\Theta}) |0,0\rangle
\end{aligned} \tag{2.47}$$

其中 $|0,0\rangle$ 是双模真空态. 因为 $e^{i\Theta n}$ 在真空态下的期望值是

$$\langle 0,0| e^{i\Theta n} |0,0\rangle = 0, \quad n \neq 0 \tag{2.48}$$

所以 $|\psi'\rangle_M$ 整体的归一化系数为

$$\mathcal{N} = \left(\sum_{n=0}^{\infty} \frac{|i\lambda|^{2n}}{n!n!}\right)^{-\frac{1}{2}} = [J_0(2i\lambda)]^{-\frac{1}{2}} \tag{2.49}$$

其中 $J_0(z)$ 是零阶 Bessel 函数. 我们将 $e^{-i\Theta M}|0,0\rangle$ 命名为相位态, $|\psi'\rangle_M$ 是相位态的叠加态. 考虑对易子 $[e^{i\Theta}, N_d] = e^{i\Theta}$ 以及 $[N_d, e^{-i\Theta M}] = Me^{-i\Theta M}$, 我们可以检查式（2.49）实际上满足本征方程, 即

$$\left(N_d + i\lambda e^{i\Theta}\right)|\psi'\rangle_M = \mathcal{N}\exp\left(i\lambda e^{i\Theta}\right)N_d e^{-i\Theta M}|0,0\rangle = M|\psi'\rangle_M \tag{2.50}$$

进一步, 从上述过程以及 $N_d|m,m\rangle = N_d|0,0\rangle = 0$, 我们可以清晰地看到

$$|\psi'\rangle_{M,m} = \mathcal{N}e^{-i\Theta M}\exp\left(i\lambda e^{i\Theta}\right)|m,m\rangle \tag{2.51}$$

也是方程（2.47）的解, 于是 $\exp\left(i\lambda e^{i\Theta}\right)|m,m\rangle$ 也是一个相位态. 因此, 我们考虑式（2.51）是方程（2.47）的一般解. 结合方程（2.22）和（2.51）, 可以给出 Cooper 对的数-相最小不确定态的最终形式

$$\begin{aligned}|\psi\rangle_{\lambda,M,m} &= S^{-1}(\zeta)|\psi'\rangle_{M,m}\\ &= \left[J_0(2i\lambda)\right]^{-\frac{1}{2}}e^{-i\Theta M}\exp\left[\frac{i\lambda}{2}\left(e^{i\Theta} - e^{-i\Theta}\right)\right]|m,m\rangle\end{aligned} \tag{2.52}$$

总的来说, 基于 Feynman 的"束缚对等价于 Bose 粒子"的想法, 我们提出了描述 Josephson 结的 Bose 子相位算符形式和玻色子 Hamilton 模型. 该相位算符和两个超导体的 Cooper 对的数算符, 一旦作用在纠缠态表示上就会产生 Vourdas-Fazio-Schön c 数 Josephson 耦合 Hamilton 量, 因此 $|\eta\rangle$ 表象为我们构造描述 Josephson 效应的算符 Hamilton 量提供了一种新形式, 导出了与最小 Josephson 电流对应的最小 Cooper 对的数-相不确定态, 结果表明这是一个相位态.

## 2.4 Josephson 结在外光场下的数-相压缩效应

超导量子器件所形成的量子比特为宏观量子比特, 受环境, 如温度、光照等因素的影响而发生退相干, 从而不能有效地执行量子计算任务. 本节研究超导 Josephson 结在外光场照射下的演化规律, 我们发现超导 Josephson 结中出现相位压缩现象, 在此基础上推导出描写超导 Josephson 结中 Cooper 对数的变化.

上节已经给出, 引起超导电流的原因是两块超导体的相差, 所以当 Josephson 结受到外光场作用时, 光场的电磁场与电子的相互作用会改变 Cooper 对的数目, 其相互作

用的哈密顿量的形式应该为

$$\mathcal{H}' = \frac{\hbar}{2}\lambda\left(L_z\sin\Phi + \sin\Phi L_z\right) \equiv \frac{\hbar}{2}\lambda\{\sin\Phi, L_z\} \tag{2.53}$$

其中 $\lambda$ 为耦合常数，$\{,\}$ 是一个反对易子. 考虑 $\mathcal{H}'$ 为相互作用绘景中的 Hamilton 量的情况，根据该绘景中的运动方程及 Heisenberg 方程，得

$$\frac{\mathrm{d}L_z}{\mathrm{d}t} = \frac{1}{\mathrm{i}\hbar}[L_z, \mathcal{H}'] = \frac{\lambda}{2}\{L_z, \cos\Phi\} \tag{2.54}$$

以及

$$\frac{\mathrm{d}}{\mathrm{d}t}\sin\Phi = \frac{1}{\mathrm{i}\hbar}[\sin\Phi, \mathcal{H}'] = -\frac{\lambda}{2}\sin 2\Phi \tag{2.55}$$

$$\frac{\mathrm{d}}{\mathrm{d}t}\cos\Phi = \lambda\sin^2\Phi \tag{2.56}$$

于是得到

$$\frac{\mathrm{d}}{\mathrm{d}t}\tan\frac{\Phi}{2} = \frac{\mathrm{d}}{\mathrm{d}t}\left(\frac{1-\cos\Phi}{\sin\Phi}\right) = -\lambda\tan\frac{\Phi}{2} \tag{2.57}$$

积分得到

$$\tan\frac{\Phi}{2} = \mathrm{e}^{-\lambda t}\tan\frac{\Phi(0)}{2} = \mathrm{e}^{-\lambda t}\tan\frac{\Phi(0)}{2} \tag{2.58}$$

因此，在外光场作用下，Josephson 结的相位算符 $\tan(\Phi/2)\,\mathrm{e}^{-\lambda t}$ 按 $L_z$ 的变化产生角度压缩.

利用半角公式

$$\sin\Phi(t) = \frac{2\tan\dfrac{\Phi(t)}{2}}{1+\tan^2\dfrac{\Phi(t)}{2}} = \frac{2\mathrm{e}^{-\lambda t}\tan\dfrac{\Phi(0)}{2}}{1+\mathrm{e}^{-2\lambda t}\tan^2\dfrac{\Phi(0)}{2}} \tag{2.59}$$

再由式 $\partial_t\langle Q\rangle = I_{\mathrm{cr}}\langle\sin\Theta\rangle$，得在外光场作用下超导 Josephson 结中 Cooper 对形成的超导电流为

$$\partial_t\langle Q\rangle = I_{\mathrm{cr}}\left\langle\frac{2\mathrm{e}^{-\lambda t}\tan\dfrac{\Phi(0)}{2}}{1+\mathrm{e}^{-2\lambda t}\tan^2\dfrac{\Phi(0)}{2}}\right\rangle$$

这是 Cooper 对数的变化. 我们可以计算

$$\begin{aligned}
L_z(t) &= \mathrm{e}^{\mathrm{i}\mathcal{H}'t/\hbar}L_z(0)\,\mathrm{e}^{-\mathrm{i}\mathcal{H}'t/\hbar} \\
&= \exp\left(\frac{\mathrm{i}}{2}\{\sin\Phi, L_z\}\lambda t/\hbar\right)L_z(0)\exp\left(-\frac{\mathrm{i}}{2}\{\sin\Phi, L_z\}\lambda t/\hbar\right) \\
&= \mathrm{e}^{-\lambda t L_z/\hbar}L_x\mathrm{e}^{\lambda t L_z/\hbar} = L_x\cos\lambda t - L_y\sin\lambda t = \frac{1}{2}\left(\mathrm{e}^{-\lambda t}L_- + \mathrm{e}^{\lambda t}L_+\right) \\
&= L_z(0)\cos\lambda t - \frac{\mathrm{i}}{2}\{L_z(0), \cos\Phi(0)\}\sin\lambda t
\end{aligned} \tag{2.60}$$

接下来，我们希望看到额外的 Hamilton 量 $\mathcal{H}'$ 是如何影响角动量的演化的. 为此，从式（2.60），我们计算得到

$$[L_z, \{L_z, \sin\Phi\}] = \mathrm{i}\{L_z, \cos\Phi\} \tag{2.61}$$

$$[L_z, -\{L_z, \cos\Phi\}] = \mathrm{i}\{L_z, \sin\Phi\} \tag{2.62}$$

进一步，注意到

$$\sin\Phi L_z^2 \cos\Phi = \frac{1}{2} L_z^2 \sin 2\Phi - \mathrm{i}\{L_z, \cos\Phi\}\cos\Phi \tag{2.63}$$

$$\cos\Phi L_z^2 \sin\Phi = \frac{1}{2} L_z^2 \sin 2\Phi + \mathrm{i}\{L_z, \sin\Phi\}\sin\Phi \tag{2.64}$$

$$\sin\Phi L_z \sin\Phi + \cos\Phi L_z \cos\Phi = L_z \tag{2.65}$$

以及

$$[\sin\Phi L_z, \cos\Phi L_z] = [L_z\sin\Phi, L_z\cos\Phi] = -\mathrm{i}L_z \tag{2.66}$$

所以

$$[\{L_z, \cos\Phi\}, \{L_z, \sin\Phi\}] = 4\mathrm{i}L_z \tag{2.67}$$

式（2.63）～式（2.67）暗示了如下的恒等式：

$$L_z = J_x, \quad \frac{\mathrm{i}}{2}\{L_z, \cos\Phi\} \equiv J_y, \quad \frac{-\mathrm{i}}{2}\{L_z, \sin\Phi\} \equiv J_z \tag{2.68}$$

其中 $L_x, L_y, L_z$ 构成了紧致 Lie 代数 su(2). 从

$$[J_z, J_\pm] = \pm\hbar J_\pm, \quad J_\pm = J_x \pm \mathrm{i}J_y$$

可以立刻得到 Cooper 对的数算符的时间演化：

$$\begin{aligned}
L_z(t) &= \mathrm{e}^{\mathrm{i}\mathcal{H}'t/\hbar} L_z(0) \mathrm{e}^{-\mathrm{i}\mathcal{H}'t/\hbar} \\
&= \exp\left(\frac{\mathrm{i}}{2}\{\sin\Phi, L_z\}\lambda t/\hbar\right) L_z(0) \exp\left(-\frac{\mathrm{i}}{2}\{\sin\Phi, L_z\}\lambda t/\hbar\right) \\
&= \mathrm{e}^{-\lambda t L_z/\hbar} L_x \mathrm{e}^{\lambda t L_z/\hbar} = L_x\cos\lambda t - L_y\sin\lambda t = \frac{1}{2}\left(\mathrm{e}^{-\lambda t}L_- + \mathrm{e}^{\lambda t}L_+\right) \\
&= L_z(0)\cos\lambda t - \frac{\mathrm{i}}{2}\{L_z(0), \cos\Phi(0)\}\sin\lambda t
\end{aligned} \tag{2.69}$$

其中

$$J_+ = \frac{1}{2}\{J_z, 1 + \cos\Phi\}, \quad J_- = \frac{1}{2}\{J_z, 1 - \cos\Phi\} \tag{2.70}$$

比较式（2.69）和式（2.60），我们得出结论：Hamilton 量 $\mathcal{H}'$ 可以产生角动量和角压缩.

在通常的直流 Josephson 效应中，相位是明确的，并且电荷发生波动（Cooper 对数）. 从式（2.69）或者式（2.60）可以看出电流与 $\sin\Phi$ 成正比，那么与此 Cooper 对的数-相最小不确定关系对应的态是什么？换一种说法，当 Josephson 电流最小的时候，结点处于什么态？在这种态下，若 $\cos\Phi$ 的波动增加，则 $N_d$ 的波动必须减小，因此 $\Delta N_d \Delta\cos\Phi$ 仍然等于 $|\langle\sin\Phi\rangle|/2$.

# 第 3 章

# 介观持久电流环的量子理论

随着纳米技术和纳米材料的飞速发展,尤其是集成电路中器件的小型化和高集成度达到了原子尺寸的量级,即当电路的尺寸小到与电子的相干长度可以比拟时,电路本身的量子效应就会出现. 介观电流环作为一个重要的器件,它的非经典特性已成为人们研究的热点. 1959 年,Aharonov 和 Bohm 预言了介观环的 AB 效应;1985 年,由 IBM 沃森研究中心的 Bütiker 等人证实了穿有磁通的孤立一维介观金属环会因为 AB 效应而维持一恒定的持续电流. 1984 年,Aharonov 和 Casher 预言介观系统的 AC 效应. Reznik 以一个(2+1)维模型证明了 AC 效应是整体效应. Deo 和 Juyannavar 以及 Takai 等人使用量子波导理论研究了介观环中的电子输运特性. 近年来,人们研究了多维介观环的持续电流问题,多个并联耦合介观环的近藤效应、介观环的量子自旋输运问题以及石墨烯介观环的持续电路.

但迄今为止的文献尚无一个较完美的介观持久电流环的量子化理论. 本章在 Landau 关于电子在磁场中运动的量子理论和 Johnson-Lippmann 轨道中心坐标的基础上,提出描述介观持久电流环的一种新表象(纠缠态表象). 在此表象中定义介观环的 Bose

性的相位算符和角动量算符,通过类比超导 Josephson 结的量子化和介观 LC 电路的量子化,给出磁通算符. 从而给出介观环的 Bose 性算符的 Hamilton 形式,以及介观环的本征能谱.

受第 2 章的启发,对于介观持久电流环我们建立介观持久电流环的纠缠态表象,在此基础上引入角动量算符和相算符 $\hat{\theta}$,从角动量相对易关系来实现对介观持久电流环的量子化.

设在介观持久电流环内电流为 $I$,描述该环形系统的经典 Hamilton 量为

$$\mathcal{H} = \frac{L_z^2}{2m} + I\Phi \tag{3.1}$$

这里 $\Phi$ 指外部磁场和环内电流所产生磁场的总磁通,$L_z$ 代表质量为 $m$ 的电子的角动量,即

$$L_z = xp_y - yp_x \tag{3.2}$$

以下我们仿照对超导 Josephson 结的 Bose 算符量子化方法,通过引入纠缠态表象,给出 Hamilton 量(3.1)的量子化算符,它在纠缠态表象的表示恰好是经典 Hamilton 量. 这样,我们就可以用 Heisenberg 方程讨论介观持久电流环的动力学.

# 3.1 适合描写介观持久电流环的纠缠态表象

电子在均匀磁场中运动的量子理论最早由 Landau 研究,电子的运动动量(kinetic momentum)$\Pi_x$ 并不等于其正则动量 $p_x$,它们之间的关系是

$$p_x = \Pi_x - eA_x, \quad p_y = \Pi_y - eA_y \tag{3.3}$$

这里 $A = \left(-\frac{1}{2}B_y, \frac{1}{2}B_x, 0\right)$ 代表对称的电磁矢势,$p_x$,$p_y$ 是电子的正则动量,取 $\hbar = c = 1$ 单位,它们量子化为算符后,有

$$[\Pi_x, \Pi_y] = -im\Omega \tag{3.4}$$

这里 $\Omega = eB/m$ 指电子在磁场中运动的同步旋转频率. 引入阶梯算符

$$\Pi_\pm = \frac{1}{\sqrt{2m\Omega}}(\Pi_x \pm i\Pi_y) \tag{3.5}$$

则有 $[\Pi_-,\Pi_+]=1$. 后来, Johnson 和 Lippmann 指出电子在均匀磁场中运动的系统还存在一对动力学变量 $x_0,y_0$, 称之为轨道中心坐标,

$$x - \frac{\Pi_y}{m\Omega} = x_0, \quad y + \frac{\Pi_y}{m\Omega} = y_0 \tag{3.6}$$

这对算符满足

$$[x_0,y_0] = \frac{i}{m\Omega} \tag{3.7}$$

令

$$K_\pm = \sqrt{\frac{m\Omega}{2}}\,(x_0 \mp iy_0) \tag{3.8}$$

则有

$$[K_-,K_+] = 1 \tag{3.9}$$

于是可以将电子的角动量算符式(3.2)改写为

$$\begin{aligned}
\hat{L}_z &= \left(x_0 + \frac{\Pi_y}{m\Omega}\right)(\Pi_y - eA_y) - \left(y_0 + \frac{\Pi_x}{m\Omega}\right)(\Pi_x - eA_x)\\
&= \Pi_+\Pi_- - K_+K_-
\end{aligned} \tag{3.10}$$

现在我们可以构建一个态矢

$$|\lambda\rangle = \exp\left(-\frac{1}{2}|\lambda|^2 - i\lambda\Pi_+ + \lambda^*K_+ + i\Pi_+K_+\right)|00\rangle \tag{3.11}$$

这里 $\lambda = \lambda_1 + i\lambda_2 = |\lambda|\,e^{i\varphi}$, 真空态 $|00\rangle$ 被 $\Pi_-$ 和 $K_-$ 湮灭, 即

$$\Pi_-|00\rangle = 0, \quad K_-|00\rangle = 0 \tag{3.12}$$

可以看出 $|\lambda\rangle$ 满足如下的本征方程:

$$(K_+ + i\Pi_-)|\lambda\rangle = \lambda|\lambda\rangle, \quad (K_- - i\Pi_+)|\lambda\rangle = \lambda^*|\lambda\rangle \tag{3.13}$$

注意到 $[K_- - i\Pi_+, K_+ + i\Pi_-] = 0$, 所以 $|\lambda\rangle$ 是一个纠缠态, 它是粒子和磁场同时存在的结果. 比较式(3.6)和式(3.13), 得

$$x|\lambda\rangle = \sqrt{\frac{2}{m\Omega}}\lambda_1|\lambda\rangle, \quad y|\lambda\rangle = -\sqrt{\frac{2}{m\Omega}}\lambda_2|\lambda\rangle \tag{3.14}$$

可见 $|\lambda\rangle$ 就是电子坐标 $x$ 和 $y$ 的本征态, 为研究介观持久电流环提供了一种新表象, 用有序算符内的积分技术(IWOP)技术可以证明完备性

$$\int \frac{d^2\lambda}{\pi}|\lambda\rangle\langle\lambda| = 1 \tag{3.15}$$

由于 $\Omega = eB/m$, 从式(3.14)可见电子轨道半径和磁场 $B$ 的大小有关. 磁场大小的变化可以在 $|\lambda\rangle$ 表象中体现出来, 例如, 对 $\mu\int\frac{d^2\lambda}{\pi}|\mu\lambda\rangle\langle\lambda|$ 积分就可以得到轨道半径的压缩算符.

## 3.2 介观持久电流环的角动量算符、相位算符和磁通算符

由式（3.10）和式（3.11）可知，若 $\lambda = |\lambda|\mathrm{e}^{\mathrm{i}\varphi}$，则角动量算符 $\hat{L}_z$ 在 $|\lambda\rangle$ 表象中表示为

$$
\begin{aligned}
\hat{L}_z |\lambda\rangle &= (\Pi_+\Pi_- - K_+K_-) |\lambda\rangle \\
&= \Pi_+ (-\mathrm{i}\lambda + \mathrm{i}K_+) |\lambda\rangle - K_+ (\lambda^* + \mathrm{i}\Pi_+) |\lambda\rangle \\
&= -\mathrm{i}|\lambda| \left(\mathrm{e}^{\mathrm{i}\varphi}\Pi_+ - \mathrm{i}\mathrm{e}^{-\mathrm{i}\varphi}K_+\right) \\
&\quad \times \exp\left[-\frac{1}{2}|\lambda|^2 - |\lambda|\left(\mathrm{i}\mathrm{e}^{\mathrm{i}\varphi}\Pi_+ - \mathrm{e}^{-\mathrm{i}\varphi}K_+\right) + \mathrm{i}\Pi_+K_+\right] |00\rangle \\
&= -\mathrm{i}\left(\frac{\partial\mathrm{e}^{\mathrm{i}\varphi}}{\partial\varphi}\frac{\partial}{\partial\mathrm{e}^{\mathrm{i}\varphi}} + \frac{\partial\mathrm{e}^{-\mathrm{i}\varphi}}{\partial\varphi}\frac{\partial}{\partial\mathrm{e}^{-\mathrm{i}\varphi}}\right) |\lambda\rangle \\
&= -\mathrm{i}\frac{\partial}{\partial\varphi} |\lambda\rangle
\end{aligned}
$$

即 $L_z \to -\mathrm{i}\dfrac{\partial}{\partial\varphi}$，所以必有相位算符存在. 类似于对超导 Josephson 结引进相位算符的方式，我们定义

$$
\mathrm{e}^{\mathrm{i}\theta} = \sqrt{\frac{K_+ + \mathrm{i}\Pi_-}{K_- - \mathrm{i}\Pi_+}}
$$

作为环上电子的相位算符，

$$
\mathrm{e}^{\mathrm{i}\hat{\theta}} |\lambda\rangle = \sqrt{\frac{K_+ + \mathrm{i}\Pi_-}{K_- - i\Pi_+}} |\lambda\rangle = \mathrm{e}^{\mathrm{i}\varphi} |\lambda\rangle
$$

由于 $\mathrm{e}^{\mathrm{i}\hat{\theta}}$ 是幺正的，$\hat{\theta}$ 是 Hermite 的，故

$$
\hat{\theta} = \frac{1}{2\mathrm{i}} \ln \frac{K_+ + \mathrm{i}\Pi_-}{K_- - \mathrm{i}\Pi_+}
$$

又由于

$$
\begin{aligned}
&\left[\hat{L}_z, K_- - \mathrm{i}\Pi_+\right] = [\Pi_+\Pi_- - K_+K_-, K_- - \mathrm{i}\Pi_+] = K_- - \mathrm{i}\Pi_+ \\
&\left[\hat{L}_z, K_+ + \mathrm{i}\Pi_-\right] = -(K_+ + \mathrm{i}\Pi_-) \\
&\left[\hat{L}_z, (K_- - \mathrm{i}\Pi_+)(K_+ + \mathrm{i}\Pi_+)\right] = 0
\end{aligned}
$$

所以角动量算符 $L_z$ 与 $e^{i\hat{\theta}}$ 的对易关系为

$$\left[\hat{L}_z, e^{i\hat{\theta}}\right] = -e^{i\hat{\theta}}, \quad \left[\hat{L}_z, e^{-i\hat{\theta}}\right] = e^{-i\hat{\theta}}$$

这说明

$$e^{-i\hat{\theta}}\hat{L}_z e^{i\hat{\theta}} = -1 + \hat{L}_z = \hat{L}_z + \left[-i\hat{\theta}, \hat{L}_z\right], \quad \text{即} \quad \left[\hat{\theta}, \hat{L}_z\right] = -i$$

就是角动量与相位角之间的对易关系,它们是一对共轭的算符. 若 $|l\rangle$ 是 $L_z$ 的本征矢,则

$$\langle\lambda|\hat{L}_z|l\rangle = i\frac{\partial}{\partial\varphi}\langle\lambda|l\rangle = l\langle\lambda|l\rangle, \quad \langle\lambda|l\rangle \sim e^{-il\varphi} \tag{3.16}$$

从 $|\lambda\rangle$ 的完备性关系式(3.15),可得

$$|l\rangle = \int\frac{d^2\lambda}{\pi}|\lambda\rangle\langle\lambda|l\rangle \sim \int\frac{d^2\lambda}{\pi}|\lambda\rangle e^{-il\varphi}$$

根据相位算符和磁通算符之间的一般关系(如上)

$$\hat{\phi} = \frac{\hbar}{q_0}\hat{\theta}$$

可知电流环的经典 Hamilton 量(3.1)就量子化为

$$\hat{\mathcal{H}} = \frac{\hat{L}_z^2}{2m} + I\frac{\hbar}{I_0 t}\hat{\theta}$$

其中 $q_0 = I_0 t$,$I_0$ 为环内的基本电流.

## 3.3 介观持久电流环的本征能谱

令

$$I\frac{\hbar}{I_0 t}\hat{\theta} \equiv \hat{\mathcal{H}}_m$$

将它理解成相互作用 Hamilton 量. 做幺正变换

$$e^{i\hat{\mathcal{H}}_m t/\hbar}\hat{L}_z e^{-i\hat{\mathcal{H}}_m t/\hbar} = \hat{L}_z + \left[i\frac{I}{I_0}\hat{\theta}, L_z\right] = \hat{L}_z + \frac{I}{I_0}$$

注意到环内的永久电流 $I = I_0\Phi/\Phi_0$,$\Phi_0 = \hbar c/e$ 为通量量子. 所以在相互作用表象里就有

$$\hat{\mathcal{H}}^{int} = e^{i\hat{\mathcal{H}}_m t/\hbar}\frac{\hat{L}_z^2}{2m}e^{-i\hat{\mathcal{H}}_m t/\hbar} = \frac{1}{2m}\left(\hat{L}_z + \frac{\Phi}{\Phi_0}\right)^2$$

再投影到 $\langle\lambda|$ 表象,得

$$\langle\lambda|\hat{\mathcal{H}}^{\mathrm{int}} = \left[\frac{1}{2m}\left(\mathrm{i}\frac{\partial}{\partial\varphi} + \frac{\Phi}{\Phi_0}\right)^2\right]$$

可见本征能谱为

$$\varepsilon_l = \frac{\hbar^2}{2m}\left(l + \frac{\Phi}{\Phi_0}\right)^2$$

以上我们用纠缠态表象和 Bose 算符对介观持久电流环的 Hamilton 量实现了角动量-相位量子化.

# 3.4　介观持久电流环的角动量升降表象

在纠缠态表象的基础上,我们还可以引入角动量升降表象.

对于方程中的 $|\lambda\rangle$, $\lambda = |\lambda|\mathrm{e}^{\mathrm{i}\varphi}$,我们通过做如下积分引入新态矢量:

$$\frac{1}{2\pi}\int_0^{2\pi}\mathrm{d}\varphi\,|\lambda\rangle\,\mathrm{e}^{-\mathrm{i}l\varphi} = |l,|\lambda|\rangle \tag{3.17}$$

根据式(3.16)就有本征方程

$$\hat{L}_z\,|l,|\lambda|\rangle = \frac{1}{2\pi}\int_0^{2\pi}\mathrm{d}\varphi\left(-\mathrm{i}\frac{\partial}{\partial\varphi}\,|\lambda\rangle\right)\mathrm{e}^{-\mathrm{i}l\varphi} = l\,|l,|\lambda|\rangle$$

本征值是 $l$. 再由式(3.17)给出

$$\hat{L}_z\mathrm{e}^{\mathrm{i}\hat{\theta}}\,|l,|\lambda|\rangle = \mathrm{e}^{\mathrm{i}\hat{\theta}}\left(\hat{L}_z - 1\right)|l,|\lambda|\rangle = (l-1)\,\mathrm{e}^{\mathrm{i}\hat{\theta}}\,|l,|\lambda|\rangle$$

可见 $\mathrm{e}^{\mathrm{i}\hat{\theta}}\,|l,|\lambda|\rangle$ 是 $\hat{L}_z$ 的本征态(对应本征值 $l-1$). 同理,可知 $\mathrm{e}^{-\mathrm{i}\hat{\theta}}\,|l,|\lambda|\rangle$ 也是 $\hat{L}_z$ 的本征态(对应本值 $l+1$). $|l,|\lambda|\rangle$ 是介观持久电流环的角动量升降表象. 电流环的角动量的增减对应环中电流的增减.

# 第 4 章

# 介观 LC 电路的量子涨落计算

在求解量子力学体系的能量本征问题时, 有不少定理可以应用, 其中应用最广泛的是 Hellmann-Feynman 定理（简称 HF 定理）. 简单地讲, HF 定理描述含参数的 Hermite 算符的非简并本征值随参数变化的规律, 即

$$\frac{\partial E_n}{\partial \chi_i} = \langle \psi_n | \frac{\partial \mathcal{H}(\chi_i)}{\partial \chi_i} | \psi_n \rangle$$

其中 $\mathcal{H}$ 是与系统的一些实参数 $\chi_i$ 有关的 Hamilton 量, $E_n$ 和 $|\psi_n\rangle$ 分别是 $\mathcal{H}$ 的能量特征值和特征向量, 是参数 $\chi_i$ 的连续变化函数. 在计算量子力学的平均值以及分析束缚态能量对动力学参数（与 Hamilton 量有关）变化关系时, HF 定理是非常有用的. 如果体系的能量本征值已求出, 借助于 HF 定理可以得出关于各种力学量平均值的许多信息, 而不必再利用波函数去进行繁琐的计算. 此外, 利用 HF 定理可以很巧妙地推导出位力定理. 所以 HF 定理被广泛地应用于分子物理、量子化学、量子统计和夸克势分析等领域.

介观 LC 电路处在热环境中, 其量子涨落要用热平衡态的系综平均. 原始的 HF 定理只适用于量子纯态的期望值, 范洪义和陈伯展考虑建立一种针对混态系综平均的理

论, 称之为广义 HF 定理.

## 4.1 系综平均意义下的 HF 定理

热平衡下的统计系综可以用密度算符 $\rho$ 来描述. 这里

$$\rho = \frac{\mathrm{e}^{-\beta\mathcal{H}}}{Z}, \quad Z = \mathrm{tr}\left(\mathrm{e}^{-\beta\mathcal{H}}\right), \quad [\rho, \mathcal{H}] = 0 \tag{4.1}$$

其中 $\beta = 1/(kT)$, 这里 $k$ 是 Boltzman 常量, $T$ 是温度. 实际上, $\rho$ 是一个非负、自伴、归一的密度矩阵, $Z$ 是系统配分函数. 对任意力学量 $A$, 其期望值满足

$$\langle A \rangle_{\mathrm{e}} = \mathrm{tr}\left(\rho A\right) \tag{4.2}$$

下标 e 代表系综平均, 假设量子体系的 Hamilton 量 $\mathcal{H}(\chi_i)$ 与参数 $\chi_i$ 有关, 记

$$\langle \mathcal{H}(\chi_i) \rangle_{\mathrm{e}} = \frac{1}{Z(\chi_i)}\mathrm{tr}[\rho\mathcal{H}(\chi_i)] = \frac{1}{Z(\chi_i)}\sum_j \mathrm{e}^{-\beta E_{\mathrm{J}}(\chi_i)}E_{\mathrm{J}}(\chi_i) \equiv \bar{E}(\chi_i) \tag{4.3}$$

为方便书写, 我们将 $\mathcal{H}(\chi_i)$ 省写为 $\mathcal{H}$. 注意到偏导和无关常数可以出入求迹符号, 故

$$\frac{\partial}{\partial\chi_i}\bar{E}(\chi_i)\chi_i = \frac{\partial\langle\mathcal{H}\rangle_{\mathrm{e}}}{\partial\chi_i} = \frac{\partial}{\partial\chi_i}[\mathrm{tr}(\rho\mathcal{H})] = \mathrm{tr}\left(\mathcal{H}\frac{\partial\rho}{\partial\chi_i}\right) + \mathrm{tr}\left(\rho\frac{\partial\mathcal{H}}{\partial\chi_i}\right) \tag{4.4}$$

将式 (4.4) 代入式 (4.3), 并利用有关求导公式

$$\left(\frac{u}{v}\right)' = \frac{u'v - uv'}{v^2} \tag{4.5}$$

可以得到

$$\begin{aligned}
\frac{\partial\langle\mathcal{H}\rangle_{\mathrm{e}}}{\partial\chi_i} &= \mathrm{tr}\left\{\mathcal{H}\frac{\partial}{\partial\chi_i}\left[\frac{\mathrm{e}^{-\beta\mathcal{H}}}{\mathrm{tr}\left(\mathrm{e}^{-\beta\mathcal{H}}\right)}\right]\right\} + \mathrm{tr}\left(\rho\frac{\partial\mathcal{H}}{\partial\chi_i}\right) \\
&= \mathrm{tr}\left\{\mathcal{H}\left(\frac{\mathrm{tr}\left(\mathrm{e}^{-\beta\mathcal{H}}\right)\dfrac{\partial\mathrm{e}^{-\beta\mathcal{H}}}{\partial\chi_i} - \mathrm{e}^{-\beta\mathcal{H}}\dfrac{\partial}{\partial\chi_i}[\mathrm{tr}\left(\mathrm{e}^{-\beta\mathcal{H}}\right)]}{\left[\mathrm{tr}\left(\mathrm{e}^{-\beta\mathcal{H}}\right)\right]^2}\right)\right\} + \mathrm{tr}\left(\rho\frac{\partial\mathcal{H}}{\partial\chi_i}\right)
\end{aligned} \tag{4.6}$$

注意到求迹值可以出入求迹符号, 所以

$$\frac{\partial\langle\mathcal{H}\rangle_{\mathrm{e}}}{\partial\chi_i} = \mathrm{tr}\left\{\mathcal{H}\left(\frac{1}{\mathrm{tr}\left(\mathrm{e}^{-\beta\mathcal{H}}\right)}\frac{\partial\mathrm{e}^{-\beta\mathcal{H}}}{\partial\chi_i} - \frac{\mathrm{e}^{-\beta\mathcal{H}}}{\left[\mathrm{tr}\left(\mathrm{e}^{-\beta\mathcal{H}}\right)\right]^2}\mathrm{tr}\left(\frac{\partial\mathrm{e}^{-\beta\mathcal{H}}}{\partial\chi_i}\right)\right)\right\} + \mathrm{tr}\left(\rho\frac{\partial\mathcal{H}}{\partial\chi_i}\right)$$

$$= \text{tr}\left[\mathcal{H}\left(-\beta\frac{\mathrm{e}^{-\beta\mathcal{H}}}{\text{tr}\left(\mathrm{e}^{-\beta\mathcal{H}}\right)}\frac{\partial\mathcal{H}}{\partial\chi_i} - \frac{\mathrm{e}^{-\beta\mathcal{H}}}{\text{tr}\left(\mathrm{e}^{-\beta\mathcal{H}}\right)}\left\{-\beta\text{tr}\left[\frac{\mathrm{e}^{-\beta\mathcal{H}}}{\text{tr}\left(\mathrm{e}^{-\beta\mathcal{H}}\right)}\frac{\partial\mathcal{H}}{\partial\chi_i}\right]\right\}\right)\right]$$

$$+ \text{tr}\left(\rho\frac{\partial\mathcal{H}}{\partial\chi_i}\right)$$

$$= -\beta\text{tr}\left(\rho H\frac{\partial\mathcal{H}}{\partial\chi_i}\right) + \beta\text{tr}\left(\rho\mathcal{H}\right)\text{tr}\left(\rho\frac{\partial\mathcal{H}}{\partial\chi_i}\right) + \text{tr}\left(\rho\frac{\partial\mathcal{H}}{\partial\chi_i}\right)$$

$$= -\beta\text{tr}\left(\rho\mathcal{H}\frac{\partial\mathcal{H}}{\partial\chi_i}\right) + \beta\left\langle\mathcal{H}\right\rangle_{\mathrm{e}}\text{tr}\left(\rho\frac{\partial\mathcal{H}}{\partial\chi_i}\right) + \text{tr}\left(\rho\frac{\partial\mathcal{H}}{\partial\chi_i}\right) \tag{4.7}$$

上式即为

$$\frac{\partial\left\langle\mathcal{H}\right\rangle_{\mathrm{e}}}{\partial\chi_i} = \left\langle\left(1 + \beta\left\langle\mathcal{H}\right\rangle_{\mathrm{e}} - \beta\mathcal{H}\right)\frac{\partial\mathcal{H}}{\partial\chi_i}\right\rangle_{\mathrm{e}} \tag{4.8}$$

也即

$$\frac{\partial\left\langle\mathcal{H}\left(\chi_i\right)\right\rangle_{\mathrm{e}}}{\partial\chi_i} = \left\langle\left[1 + \beta\left\langle\mathcal{H}\left(\chi_i\right)\right\rangle_{\mathrm{e}} - \beta\mathcal{H}\left(\chi_i\right)\right]\frac{\partial\mathcal{H}\left(\chi_i\right)}{\partial\chi_i}\right\rangle_{\mathrm{e}} \tag{4.9}$$

这就是系综平均意义下的广义 HF 定理. 显然, 当考虑纯态的平均时自然回到传统的定义. 作为最基础、最简单的例子, 对于谐振子哈密顿量模型,

$$\mathcal{H} = \omega a^\dagger a \tag{4.10}$$

与参数 $\omega$ 有关. 由量子理论可知, 其本征值方程满足

$$\mathcal{H}\left|n\right\rangle = \omega a^\dagger a\left|n\right\rangle = n\omega\left|n\right\rangle = E_n\left|n\right\rangle \quad (n = 0, 1, 2, \cdots, \infty) \tag{4.11}$$

由量子统计知识, 可知系统的配分函数为

$$Z = \text{tr}\left(\mathrm{e}^{-\beta\mathcal{H}}\right) = \sum_{n=0}^{\infty}\left\langle n\right|\mathrm{e}^{-\beta\mathcal{H}}\left|n\right\rangle = \sum_{n=0}^{\infty}\mathrm{e}^{-n\beta\omega} = \frac{1}{1 - \mathrm{e}^{-\beta\omega}} \tag{4.12}$$

该系统的内能为

$$\left\langle\mathcal{H}\right\rangle_{\mathrm{e}} = \text{tr}\left(\rho\mathcal{H}\right) = \frac{\omega}{\mathrm{e}^{\beta\omega} - 1} \tag{4.13}$$

可以验证, 它满足广义 HF 定理.

由于 $\rho = \mathrm{e}^{-\beta\mathcal{H}}/Z$, $Z = \text{tr}\left(\mathrm{e}^{-\beta\mathcal{H}}\right)$, 所以

$$\frac{\partial}{\partial\beta}\rho = \frac{\partial}{\partial\beta}\frac{\mathrm{e}^{-\beta\mathcal{H}}}{Z} = \frac{Z\frac{\partial}{\partial\beta}\mathrm{e}^{-\beta\mathcal{H}} - \mathrm{e}^{-\beta\mathcal{H}}\frac{\partial}{\partial\beta}\text{tr}\left(\mathrm{e}^{-\beta\mathcal{H}}\right)}{Z^2}$$

$$= \frac{-\mathcal{H}\mathrm{e}^{-\beta\mathcal{H}}}{Z} + \frac{\mathrm{e}^{-\beta\mathcal{H}}\text{tr}\left(\mathcal{H}\mathrm{e}^{-\beta\mathcal{H}}\right)}{Z^2}$$

$$= \frac{\mathrm{e}^{-\beta\mathcal{H}}}{Z}\left\langle\mathcal{H}\right\rangle_{\mathrm{e}} - \mathcal{H}\rho = \rho\left\langle\mathcal{H}\right\rangle_{\mathrm{e}} - \mathcal{H}\rho \tag{4.14}$$

量子科学出版工程(第三辑)
Quantum Science Publishing Project (III)

介观电路中的量子纠缠、热真空和热力学性质
Quantum Entanglement, Thermal Vacuum, and Thermodynamic Properties in Mesoscopic Circuits

于是

$$-\frac{\partial}{\partial\beta}\mathrm{tr}\left(\rho A\right)=\mathrm{tr}\left[\left(\mathcal{H}\rho-\rho\left\langle\mathcal{H}\right\rangle_{\mathrm{e}}\right)A\right]=\left\langle\mathcal{H}A\right\rangle_{\mathrm{e}}-\left\langle\mathcal{H}\right\rangle_{\mathrm{e}}\left\langle A\right\rangle_{\mathrm{e}}$$

故有

$$\left\langle\mathcal{H}A\right\rangle_{\mathrm{e}}=-\frac{\partial}{\partial\beta}\left\langle A\right\rangle_{\mathrm{e}}+\left\langle A\right\rangle_{\mathrm{e}}\left\langle\mathcal{H}\right\rangle_{\mathrm{e}}$$

从而可得

$$\left\langle\mathcal{H}\frac{\partial\mathcal{H}}{\partial\chi_i}\right\rangle_{\mathrm{e}}=-\frac{\partial}{\partial\beta}\left\langle\frac{\partial\mathcal{H}}{\partial\chi_i}\right\rangle_{\mathrm{e}}+\left\langle\frac{\partial\mathcal{H}}{\partial\chi_i}\right\rangle_{\mathrm{e}}\left\langle\mathcal{H}\right\rangle_{\mathrm{e}} \tag{4.15}$$

将式（4.15）代入式（4.8），如果 $\mathcal{H}$ 与 $\beta$ 无关，则最终得到

$$\frac{\partial\left\langle\mathcal{H}\right\rangle_{\mathrm{e}}}{\partial\chi_i}=\left(1+\beta\frac{\partial}{\partial\beta}\right)\left\langle\frac{\partial\mathcal{H}}{\partial\chi_i}\right\rangle_{\mathrm{e}}=\frac{\partial}{\partial\beta}\left[\beta\left\langle\frac{\partial\mathcal{H}}{\partial\chi_i}\right\rangle_{\mathrm{e}}\right]$$

上式也可以改写为

$$\left\langle\frac{\partial\mathcal{H}}{\partial\chi_i}\right\rangle_{\mathrm{e}}=\frac{1}{\beta}\int\frac{\partial\left\langle\mathcal{H}\right\rangle_{\mathrm{e}}}{\partial\chi_i}\mathrm{d}\beta+K$$

其中 $K$ 是积分常数（一般可取为零），

$$\left\langle\mathcal{H}\right\rangle_{\mathrm{e}}=\bar{E}=\int_0^{\chi_i}\left(1+\beta\frac{\partial}{\partial\beta}\right)\left\langle\frac{\partial\mathcal{H}}{\partial\chi_i}\right\rangle_{\mathrm{e}}\mathrm{d}\chi_i+\bar{E}\left(0\right)$$

这是对 Hamilton 量 $\mathcal{H}\left(\chi_i\right)$ 中参数 $\chi_i$ 的积分.

# 4.2　介观 LC 电路电压-电流涨落的求解

对于介观 LC 电路，

$$\mathcal{H}_0=\frac{q^2}{2C}+\frac{p^2}{2L},\quad p=LI$$

当其处于零温度真空态时，容易算出量子涨落为

$$\left(\Delta q\right)^2=\frac{\hbar\omega_0 C}{2},\quad\left(\Delta p\right)^2=\frac{\hbar\omega_0 L}{2},\quad\omega_0=\frac{1}{\sqrt{LC}}$$

改求热平衡下的系综平均，平均能量是

$$\bar{E}=\left\langle\mathcal{H}_0\right\rangle_{\mathrm{e}}=\frac{1}{\mathrm{tr}\left(\mathrm{e}^{-\beta\mathcal{H}_0}\right)}\mathrm{tr}\left(\mathrm{e}^{-\beta\mathcal{H}_0}\mathcal{H}_0\right)=\frac{\hbar\omega_0}{2}\coth\frac{\hbar\omega_0\beta}{2} \tag{4.16}$$

而能量平方的平均是

$$\langle \mathcal{H}_0^2 \rangle_{\mathrm e} = \frac{1}{\mathrm{tr}\left(\mathrm e^{-\beta\mathcal{H}_0}\right)} \mathrm{tr}\left(\mathrm e^{-\beta\mathcal{H}_0}\mathcal{H}_0^2\right) = \frac{\hbar^2\omega_0^2}{4} + \frac{2\hbar^2\omega_0^2\mathrm e^{-\hbar\omega_0\beta}}{\left(1 - \mathrm e^{-\hbar\omega_0\beta}\right)^2}$$

LC 电路能量的量子涨落是

$$(\Delta\mathcal{H}_0)^2 = \langle \mathcal{H}_0^2 \rangle_{\mathrm e} - \langle \mathcal{H}_0 \rangle_{\mathrm e}^2 = \frac{\hbar^2\omega_0^2}{4}\frac{1}{\sinh^2(\hbar\omega_0\beta/2)}$$

另外,对式(4.16)求微商:

$$\begin{aligned}
\frac{\partial \bar{E}}{\partial \beta} &= -\frac{\mathrm{tr}\left(\mathcal{H}_0^2\mathrm e^{-\beta\mathcal{H}_0}\right)}{\mathrm{tr}\left(\mathrm e^{-\beta\mathcal{H}_0}\right)} - \frac{\mathrm{tr}\left(\mathcal{H}_0\mathrm e^{-\beta\mathcal{H}_0}\right)\frac{\partial}{\partial\beta}\mathrm{tr}\left(\mathrm e^{-\beta\mathcal{H}_0}\right)}{\left[\mathrm{tr}\left(\mathrm e^{-\beta\mathcal{H}_0}\right)\right]^2} \\
&= -\frac{\mathrm{tr}\left(\mathcal{H}_0^2\mathrm e^{-\beta\mathcal{H}_0}\right) - \bar{E}^2\mathrm{tr}\left(\mathrm e^{-\beta\mathcal{H}_0}\right)}{\mathrm{tr}\left(\mathrm e^{-\beta\mathcal{H}_0}\right)} = -\langle \mathcal{H}_0^2 - \bar{E}^2 \rangle_{\mathrm e} = -(\Delta\mathcal{H}_0)^2
\end{aligned}$$

所以能量涨落恰好等于 $-\partial\bar{E}/\partial\beta$, $\mathcal{H}$ 的涨落可以通过下式得到:

$$(\Delta\mathcal{H}_0)^2 = -\frac{\partial\bar{E}}{\partial\beta} = -\frac{\hbar\omega_0}{2}\frac{\partial}{\partial\beta}\coth\frac{\hbar\omega_0\beta}{2} = \frac{\hbar^2\omega_0^2}{4}\frac{1}{\sinh^2\frac{\hbar\omega_0}{2KT}}$$

能量涨落随着温度升高而增大.

现用广义 HF 定理计算电荷和电流的量子涨落. 注意到

$$\omega_0 = \frac{1}{\sqrt{LC}}, \quad \frac{\partial\omega_0}{\partial C} = \frac{-1}{2C\sqrt{LC}} = \frac{-\omega_0}{2C}$$

利用

$$\left\langle \frac{\partial\mathcal{H}}{\partial\chi_i} \right\rangle_{\mathrm e} = \frac{1}{\beta}\int\frac{\partial\langle\mathcal{H}\rangle_{\mathrm e}}{\partial\chi_i}\mathrm d\beta, \quad \bar{E} = \langle\mathcal{H}_0\rangle_{\mathrm e} = \frac{\hbar\omega_0}{2}\coth\frac{\hbar\omega_0\beta}{2}$$

得到

$$\begin{aligned}
\beta\left\langle \frac{\partial\mathcal{H}_0}{\partial C} \right\rangle_{\mathrm e} &= -\frac{\beta}{2C^2}\langle q^2 \rangle_{\mathrm e} = \frac{\partial}{\partial C}\int\mathrm d\left(\frac{\hbar\omega_0\beta}{2}\right)\coth\frac{\hbar\omega_0\beta}{2} \\
&= \frac{\partial}{\partial C}\ln\sinh\frac{\hbar\omega_0\beta}{2} = \frac{\hbar\beta}{2}\coth\frac{\hbar\omega_0\beta}{2}\frac{\partial\omega_0}{\partial C} \\
&= -\frac{\hbar\omega_0\beta}{4C}\coth\frac{\hbar\omega_0\beta}{2}
\end{aligned}$$

所以

$$\langle q^2 \rangle_{\mathrm e} = \frac{C\hbar\omega_0}{2}\coth\frac{\hbar\omega_0\beta}{2}$$

类似地,我们导出

$$\beta\left\langle \frac{\partial\mathcal{H}_0}{\partial L} \right\rangle_{\mathrm e} = -\frac{\beta}{2L^2}\langle p^2 \rangle_{\mathrm e} = \int\mathrm d\beta\frac{\partial}{\partial L}\left(\frac{\hbar\omega_0}{2}\coth\frac{\hbar\omega_0\beta}{2}\right)$$

故

$$\langle p^2 \rangle_e = \frac{L\hbar\omega_0}{2} \coth \frac{\hbar\omega_0\beta}{2}$$

由于 $\langle q \rangle_e = \langle p \rangle_e = 0$, 电荷的量子涨落是

$$(\Delta q)^2 = \frac{\hbar}{2}\sqrt{\frac{C}{L}} \coth \frac{\hbar\omega_0}{2KT}, \quad (\Delta p)^2 = \frac{\hbar}{2}\sqrt{\frac{L}{C}} \coth \frac{\hbar\omega_0}{2KT}$$

电流的量子涨落

$$(\Delta I)^2 = \frac{(\Delta p)^2}{L^2} = \frac{\hbar\omega_0}{2L} \coth \frac{\hbar\omega_0}{2KT}$$

随着温度升高而增大.

以后我们将证明用热真空态也能计算出同样结果.

# 4.3  有外源的 LC 电路的能量平均

设介观 LC 电路有外源(电流源), 其 Hamilton 量

$$\mathcal{H} = \mathcal{H}_0 + \mathcal{H}_e = \frac{1}{2L}p^2 + \frac{1}{2C}q^2 - \epsilon q$$

其中 $\epsilon$ 是电压. 很容易看到 $\mathcal{H}$ 可以重新写为

$$\mathcal{H} = \frac{1}{2L}p^2 + \frac{1}{2C}\left(q - C\epsilon\right)^2 - \frac{C\epsilon^2}{2} \tag{4.17}$$

因此它的能量本征值是 $\hbar\omega_0\left(n + \frac{1}{2}\right) - \frac{C\epsilon^2}{2}$. 使用广义 HF 定理来计算 $\mathcal{H}$ 的系综平均, 从式(4.17)我们有

$$\left\langle \frac{\partial \mathcal{H}}{\partial \epsilon} \right\rangle_e = \langle -q \rangle_e$$

令 $\|n\rangle$ 是 $\mathcal{H}$ 的本征向量. 由

$$0 = \langle n\| \frac{1}{i\hbar}[p, \mathcal{H}] \|n\rangle = \langle n\|\left(\epsilon - \frac{1}{C}q\right)\|n\rangle$$

得到

$$\langle n\| q \|n\rangle = C\epsilon$$

该式不依赖于 $n$, 因此系综平均为 $\langle q \rangle_e = \langle n\| q \|n\rangle$, 于是

$$\left\langle \frac{\partial \mathcal{H}}{\partial \epsilon} \right\rangle_e = -C\epsilon$$

由广义 HF 定理得

$$\frac{\partial}{\partial \epsilon}\bar{E}(\epsilon) = \frac{\partial}{\partial \beta}\left[\beta\left\langle\frac{\partial \mathcal{H}}{\partial \epsilon}\right\rangle_{\mathrm{e}}\right]$$

我们有

$$\bar{E}(\epsilon) = \int_0^\epsilon\left(1 + \beta\frac{\partial}{\partial \beta}\right)\left\langle\frac{\partial \mathcal{H}}{\partial \epsilon}\right\rangle_{\mathrm{e}}\mathrm{d}\epsilon + \bar{E}(0)$$

$$= \bar{E}(0) - C\int_0^\epsilon\left(1 + \beta\frac{\partial}{\partial \beta}\right)\epsilon\mathrm{d}\epsilon$$

$$= \frac{\hbar\omega_0}{2}\coth\frac{\hbar\omega_0\beta}{2} - \frac{C\epsilon^2}{2} \tag{4.18}$$

其中 $\bar{E}(0)$ 是在 $\epsilon = 0$ 时的能量系综平均值. 从式（4.18）中我们可以看到, 外部源使 $\bar{E}(\epsilon)$ 减小, 这就像一个阻尼振荡器.

# 4.4 用对角化 Hamilton 量方法求 RLC 电路的能量平均及电阻耗能

假设电阻 $R$ 串联在基础的 LC 电路中, 当介观 LC 电路中有电阻时, 经典电路方程是

$$L\frac{\mathrm{d}^2q}{\mathrm{d}t^2} + R\frac{\mathrm{d}q}{\mathrm{d}t} + \frac{q}{C} = 0$$

电阻的耗能是 $R\dfrac{\mathrm{d}q}{\mathrm{d}t}q$, 量子化后变为 $\dfrac{R}{2}\left(\dfrac{\mathrm{d}q}{\mathrm{d}t}q + q\dfrac{\mathrm{d}q}{\mathrm{d}t}\right)$. 依据 $q$-$p$ 量子变量 ($[q,p] = \mathrm{i}\hbar$), 量子化 RLC 电路的 Hamilton 量为

$$\mathcal{H}' = \frac{1}{2L}p^2 + \frac{1}{2C}q^2 + \frac{R}{2L}(pq + qp) \tag{4.19}$$

处理该系统的常用方法是使用幺正算子

$$U = \exp\left(\mathrm{i}\frac{R}{2}q^2\right)$$

和

$$[q^2, pq + qp] = 4\mathrm{i}q^2, \quad [p^2, q^2] = -2\mathrm{i}(pq + qp)$$

以及 Baker-Hausdorff 公式

$$\mathrm{e}^{\lambda A}B\mathrm{e}^{-\lambda A} = B + \lambda[A, B] + \frac{\lambda^2}{2!}[A, [A, B]] + \cdots$$

可以将 $\mathcal{H}'$ 对角化，

$$\mathcal{H} = U\mathcal{H}'U^{-1} = \frac{1}{2L}p^2 + \frac{1}{2}L\omega^2 q^2 \equiv \frac{1}{2L}p^2 + \frac{q^2}{2C'}, \quad C' \equiv \frac{1}{L\omega^2}$$

其中

$$\omega = \omega_0\sqrt{1 - R^2C/L}, \quad \omega_0 = \frac{1}{\sqrt{LC}}$$

由于谐振子的系综平均能量已知，所以 $\mathcal{H}'$（或 $\mathcal{H}$）的系综平均能量是

$$\bar{E}' = \frac{\hbar\omega}{2}\coth\frac{\hbar\omega\beta}{2}$$

注意到 $\omega = 1/\sqrt{LC'}$. 于是得到 $\mathcal{H}'$ 的涨落为

$$(\Delta\mathcal{H}')^2 = -\frac{\partial\bar{E}'}{\partial\beta} = \frac{\hbar^2\omega^2}{4}\sinh^{-2}\frac{\hbar\omega}{2KT} \tag{4.20}$$

又注意到

$$\frac{\partial\omega}{\partial R} = \frac{\partial}{\partial R}\sqrt{\frac{1}{LC} - \frac{R^2}{L^2}} = -\frac{R}{L^2\omega}$$

使用式（4.19）和式（4.20）以及广义 HF 定理，我们有

$$\beta\left\langle\frac{\partial\mathcal{H}'}{\partial R}\right\rangle_{\mathrm{e}} = \frac{\beta}{2L}\langle(pq+qp)\rangle_{\mathrm{e}} = \int\mathrm{d}\beta\frac{\partial}{\partial R}\bar{E}'$$

$$= \frac{\partial}{\partial R}\left(\ln\sinh\frac{\hbar\beta\omega}{2}\right) = -\frac{\hbar\beta R}{2L^2\omega}\coth\frac{\hbar\omega\beta}{2}$$

其中我们取积分常数为零，这是电阻项 $\frac{R}{2L}(pq+qp)$ 的负能量贡献，

$$\frac{\beta}{2L}\langle(pq+qp)\rangle_{\mathrm{e}} = -\frac{\hbar\beta R}{2L^2\omega}\coth\frac{\hbar\omega\beta}{2}$$

我们用此式和广义 HF 定理来验证 $\bar{E}(R)$，直接计算（为方便起见，在计算过程中令 $\hbar = 1, \omega = \omega_0\sqrt{1 - R^2C/L}, \beta\omega \to x$），

$$\bar{E}(R) = \int_0^R\left(1 + \beta\frac{\partial}{\partial\beta}\right)\left\langle\frac{\partial\mathcal{H}'}{\partial R}\right\rangle_{\mathrm{e}}\mathrm{d}R + \bar{E}(0) \tag{4.21}$$

$$= \int_0^R\left(1 + \beta\frac{\partial}{\partial\beta}\right)\left(\coth\frac{\omega\beta}{2}\right)\frac{-R}{2L^2\omega_0\sqrt{1 - R^2C/L}}\mathrm{d}R + \bar{E}(0)$$

$$= -\frac{1}{2L^2\omega_0}\int_0^R\left(1 + \beta\frac{\partial}{\partial\beta}\right)\left(\coth\frac{\omega\beta}{2}\right)\frac{R}{\sqrt{1 - R^2C/L}}\mathrm{d}R + \bar{E}(0)$$

$$= \frac{1}{4LC\omega_0}\int_0^R\frac{\mathrm{e}^{2\beta\omega} - 2\beta\omega\mathrm{e}^{\beta\omega} - 1}{(\mathrm{e}^{\beta\omega} - 1)^2}\frac{\mathrm{d}(1 - R^2C/L)}{\sqrt{1 - R^2C/L}} + \bar{E}(0)$$

$$= \frac{1}{2\beta LC\omega_0^2}\int_{\beta\omega_0}^{\beta\omega_0\sqrt{1 - R^2C/L}}\frac{\mathrm{e}^{2x} - 2x\mathrm{e}^x - 1}{(\mathrm{e}^x - 1)^2}\mathrm{d}x + \bar{E}(0)$$

$$= \frac{1}{2\beta LC\omega_0^2} \left( x + \frac{2x}{\mathrm{e}^x - 1} \right) \Big|_{\beta\omega_0}^{\beta\omega_0\sqrt{1-R^2C/L}} + \bar{E}(0)$$

$$= \frac{\hbar\omega}{2} \coth \frac{\hbar\omega\beta}{2} (\text{恢复了} \hbar)$$

其中积分常数 $\bar{E}'(0) = \frac{\hbar\omega_0}{2} \coth \frac{\hbar\omega_0\beta}{2}$（即式（4.21）在 $R = 0$ 时的情况），这里我们使用了如下的积分公式：

$$\int \frac{x\mathrm{e}^x}{(\mathrm{e}^x - 1)^2} \mathrm{d}x = \ln \frac{\mathrm{e}^x - 1}{\mathrm{e}^x} - \frac{x}{\mathrm{e}^x - 1}$$

下面给出式（4.21）的应用: RLC 电路中的能量分配.

从等式（4.21）得出 RLC 电路中电阻的整体平均能量

$$\frac{R}{2L} \langle (pq + qp) \rangle_\mathrm{e} = -\frac{\hbar R^2}{2L^2\omega} \coth \frac{\hbar\omega\beta}{2}, \quad \omega = \omega_0 \sqrt{1 - R^2C/L}$$

负号表示能量消耗. 现在我们研究 RLC 电路中的能量分配. 从 Heisenberg 方程我们知道

$$\frac{\mathrm{d}p^2}{\mathrm{d}t} = -\mathrm{i} \left[ p^2, \mathcal{H}' \right] = -\frac{1}{C} (pq + qp) - \frac{2R}{L} p^2$$

以及

$$\frac{\mathrm{d}q^2}{\mathrm{d}t} = -\mathrm{i} \left[ q^2, \mathcal{H}' \right] = \frac{1}{L} (pq + qp) + \frac{2R}{L} q^2$$

由于 $\langle \Psi_n | [p^2, \mathcal{H}'] | \Psi_n \rangle = 0$，其中 $|\Psi_n\rangle$ 是 $\mathcal{H}'$ 的本征态，所以

$$\left\langle \frac{\mathrm{d}p^2}{\mathrm{d}t} \right\rangle_\mathrm{e} = -\mathrm{i} \left\langle [p^2, \mathcal{H}'] \right\rangle_\mathrm{e} = 0, \quad \left\langle \frac{\mathrm{d}q^2}{\mathrm{d}t^2} \right\rangle_\mathrm{e} = -\mathrm{i} \left\langle [q^2, \mathcal{H}'] \right\rangle_\mathrm{e} = 0$$

从而得到如下关系：

$$\langle (pq + qp) \rangle_\mathrm{e} = -\frac{2RC}{L} \langle p^2 \rangle_\mathrm{e}, \quad \langle (pq + qp) \rangle_\mathrm{e} = -2R \langle q^2 \rangle_\mathrm{e}$$

可见 $\frac{1}{C} \langle q^2 \rangle_\mathrm{e} = \frac{1}{L} \langle p^2 \rangle_\mathrm{e}$. 因此，我们得到

$$\langle p^2 \rangle_\mathrm{e} = \frac{\hbar}{2\omega C} \coth \frac{\hbar\omega\beta}{2}, \quad \langle q^2 \rangle_\mathrm{e} = \frac{\hbar}{2\omega L} \coth \frac{\hbar\omega\beta}{2}$$

这就表明了 RLC 电路中的能量分配. 为了证实这一点, 注意到 $\omega = \omega_0 \sqrt{1 - R^2C/L}$, 我们有

$$\frac{1}{2L} \langle p^2 \rangle_\mathrm{e} + \frac{1}{2C} \langle q^2 \rangle_\mathrm{e} + \frac{R}{2L} \langle (pq + qp) \rangle_\mathrm{e} = \frac{\hbar\omega}{2} \coth \frac{\hbar\omega\beta}{2} = \bar{E}'$$

总之, 对于量子化 LC 电路, 我们强调应考虑热库对 Louisell 的 LC 量子化的影响, 我们对可观测量的共轭以及在 RLC 电路中的能量分配涨落使用了广义 HF 系综平均定理. 该方法很方便, 可以用它来展示各种可观测量随温度升高的量子涨落.

介观电路中的量子纠缠、热真空和热力学性质
Quantum Entanglement, Thermal Vacuum, and Thermodynamic Properties in Mesoscopic Circuits

然而, Louisell 只计算了零温度下 LC 电路的量子涨落. 范洪义和梁先庭指出, 由于电流产生焦耳热效应, 人们应该考虑热效应, 因此每个物理观测值都应该在系综平均的背景下进行评估. 此外, 由于熵随着焦耳热的产生而增加, 人们应该考虑 RLC 电路中的电阻 $R$ 如何影响熵的变化. 我们将使用系综平均的广义 HF 定理来讨论这个话题.

基于 von Neumann 量子熵的定义 $S = -k\mathrm{tr}(\rho\ln\rho)$, 使用 HF 定理, 我们推导了 $\frac{\partial S}{\partial\chi}$ 的熵变分公式及其与 $\frac{\partial}{\partial\chi}\langle\mathcal{H}(\chi)\rangle_{\mathrm{e}}$ 的关系. 在 4.4 节中我们使用 HF 定理计算量子化 RLC 电路的内能及其涨落, 以及电阻 $R$ 消耗的平均能量. 在 4.5 节我们使用 HF 定理来寻找熵和 $R$ 之间的关系, 我们确实看到熵随着电阻的增加而增加.

# 4.5 新的熵随 Hamilton 参量变化公式的导出

熵 $S$ 在经典统计力学中定义为

$$F = U - TS \tag{4.22}$$

其中 $U$ 是系统的内能或者 Hamilton 量的系综平均值 $\langle\mathcal{H}\rangle_{\mathrm{e}}$, $F$ 是亥姆霍兹自由能,

$$F = -\frac{1}{\beta}\ln\sum_n \mathrm{e}^{-\beta E_n} \tag{4.23}$$

在知道系统的能级 $E_n$ 之前无法计算熵. 下面我们考虑如何在不事先知道 $E_n$ 的情况下导出熵, 即在计算熵之前, 我们不会对 Hamilton 量进行对角化, 相反, 我们的出发点是使用熵的量子力学定义,

$$S = -k\mathrm{tr}(\rho\ln\rho) \tag{4.24}$$

von Neumann 将经典的熵概念 (由 Gibbs 提出) 扩展到了量子领域. 注意, 因为轨迹实际上是独立于表象的, 所以等式 (4.24) 对任意纯态熵都为零. 然而, 在许多情况下, $\ln\rho$ 在 $\rho$ 对角化之前是未知的, 因此我们探讨了如何使用 HF 定理计算一些复杂系统的熵. 据我们所知, 这在以前的文献中还没有计算过. 将等式 (4.24) 重写为

$$S = \beta k\mathrm{tr}(\rho\mathcal{H}) + k\mathrm{tr}(\rho\ln Z) = \frac{1}{T}\langle\mathcal{H}\rangle_{\mathrm{e}} + k\ln Z$$

其中 $\langle\mathcal{H}\rangle_{\mathrm{e}}$ 对应式 (4.22) 中的 $U$, 于是

$$\frac{\partial S}{\partial\chi} = \frac{1}{T}\left(\frac{\partial}{\partial\chi}\langle\mathcal{H}\rangle_{\mathrm{e}} - \left\langle\frac{\partial\mathcal{H}}{\partial\chi}\right\rangle_{\mathrm{e}}\right) \tag{4.25}$$

这表明熵的变化同内能的变化与 $\dfrac{\partial \mathcal{H}}{\partial \chi}$ 的系综平均值之差成正比. 尤其是, 当 $\rho$ 是一个纯态时,

$$\frac{\partial}{\partial \chi} \langle \mathcal{H} \rangle_{\mathrm{e}} = \left\langle \frac{\partial \mathcal{H}}{\partial \chi} \right\rangle_{\mathrm{e}}, \quad \frac{\partial S}{\partial \chi} = 0 \tag{4.26}$$

$S$ 是一个常数（零）. 假设

$$\mathcal{H} = \sum_i \chi_i \mathcal{H}_i, \quad \langle \mathcal{H} \rangle_{\mathrm{e}} = \sum_i \chi_i \langle \mathcal{H}_i \rangle_{\mathrm{e}} \tag{4.27}$$

则由 $\left\langle \dfrac{\partial \mathcal{H}}{\partial \chi_i} \right\rangle_{\mathrm{e}} = \langle H_i \rangle_{\mathrm{e}}$, 我们也有

$$\frac{\partial S}{\partial \chi_i} = 0 \tag{4.28}$$

方程（4.28）也出现在了以往的文献中, 但没有提到 von Neumann 熵 $S = -k \mathrm{tr}\,(\rho \ln \rho)$. 将方程（4.28）代入方程（4.26）, 得到

$$T \frac{\partial S}{\partial \chi} = \beta \frac{\partial}{\partial \beta} \left\langle \frac{\partial \mathcal{H}}{\partial \chi} \right\rangle_{\mathrm{e}}$$

这就是熵变化公式的另一种形式. 于是得到

$$TS = \langle \mathcal{H} \rangle_{\mathrm{e}} - \int \left\langle \frac{\partial \mathcal{H}}{\partial \chi} \right\rangle_{\mathrm{e}} \mathrm{d}\chi + C$$

其中 $C$ 是除 $\chi$ 以外 $\mathcal{H}$ 中涉及的积分常数.

## 4.6　RLC 电路中的内能分配及电阻耗能的计算

在 4.4 节中我们用对角化的方法求出 RLC 电路的能量平均及电阻耗能, 本节直接用广义 HF 定理计算内能,

$$\mathcal{H} = \frac{1}{2L} p^2 + \frac{1}{2C} q^2 + \frac{R}{2L}(pq + qp) \tag{4.29}$$

我们现在使用 HF 定理来计算内能 $\langle \mathcal{H} \rangle_{\mathrm{e}}$. 将式（4.29）代入式（4.26）, 再令 $\chi$ 分别为 $L$, $C$ 和 $R$, 我们得到

$$-2L^2 \frac{\partial \langle \mathcal{H} \rangle_{\mathrm{e}}}{\partial L} = \left\langle \left( 1 + \beta \langle \mathcal{H} \rangle_{\mathrm{e}} - \beta \mathcal{H} \right) \left( p^2 + R(pq + qp) \right) \right\rangle_{\mathrm{e}} \tag{4.30}$$

$$-2C^2 \frac{\partial \langle \mathcal{H} \rangle_e}{\partial C} = \left\langle \left(1 + \beta \langle \mathcal{H} \rangle_e - \beta \mathcal{H}\right) (q^2) \right\rangle_e$$

$$2L \frac{\partial \langle \mathcal{H} \rangle_e}{\partial R} = \left\langle \left(1 + \beta \langle \mathcal{H} \rangle_e - \beta \mathcal{H}\right) (pq + qp)) \right\rangle_e$$

假设 Hamilton 量的本征态为 $|\Psi_n\rangle$, $\mathcal{H} |\Psi_n\rangle = E_n |\Psi_n\rangle$, 其中 $E_n$ 为能量本征值. 由于

$$\langle \Psi_n | \left[q^2 - p^2, \mathcal{H}\right] |\Psi_n\rangle = 0$$

$$\left[q^2 - p^2, \mathcal{H}\right] = \left(\frac{i}{L} + \frac{i}{C}\right)(pq + qp) + 2i\frac{R}{L}\left(p^2 + q^2\right) \tag{4.31}$$

于是可以导出以下关系:

$$\langle \Psi_n | \left[\left(\frac{i}{L} + \frac{i}{C}\right)(pq + qp) + 2i\frac{R}{L}\left(p^2 + q^2\right)\right] |\Psi_n\rangle = 0 \tag{4.32}$$

注意到 $\langle \beta \langle \mathcal{H} \rangle_e - \beta \mathcal{H} \rangle_e = 0$, 我们可以得到系综平均

$$\left\langle \left(1 + \beta \langle \mathcal{H} \rangle_e - \beta \mathcal{H}\right)\left[\left(\frac{i}{L} + \frac{i}{C}\right)(pq + qp) + 2i\frac{R}{L}\left(p^2 + q^2\right)\right]\right\rangle_e = 0 \tag{4.33}$$

将方程（4.31）～（4.33）代入方程（4.30），我们得到偏微分方程

$$L^2 \frac{\partial \langle \mathcal{H} \rangle_e}{\partial L} + C^2 \frac{\partial \langle \mathcal{H} \rangle_e}{\partial C} + \left(LR - \frac{L^2}{2RC} - \frac{L}{2R}\right)\frac{\partial \langle \mathcal{H} \rangle_e}{\partial R} = 0 \tag{4.34}$$

该方程可以利用特征曲线的方法来求解. 据此我们有

$$\frac{dL}{L^2} = \frac{dC}{C^2} = \frac{dR}{LR - \dfrac{L^2}{2RC} - \dfrac{L}{2R}}$$

由此可以导出

$$\frac{1}{L} - \frac{1}{C} = c_1, \quad \frac{R^2}{L^2} - \frac{1}{LC} = c_2$$

其中 $c_1$ 和 $c_2$ 是两个任意的常数. 我们现在可以应用上面的方法，其中偏微分方程（4.34）的通解可以通过 $\langle H \rangle_e = f[c_1, c_2]$ 找到，即

$$\langle \mathcal{H} \rangle_e = f\left[\frac{1}{L} - \frac{1}{C}, \frac{R^2}{L^2} - \frac{1}{LC}\right]$$

其中 $f[x, y]$ 是 $x, y$ 的某个函数. 为了确定这个函数的形式，我们检验 $R = 0$ 的特殊情况，即

$$\mathcal{H}_0 = \frac{1}{2L}p^2 + \frac{1}{2C}q^2 = \hbar \omega_0 \left(a^\dagger a + \frac{1}{2}\right)$$

其中 $a = \sqrt{\dfrac{L\omega_0}{2\hbar}}q + i\sqrt{\dfrac{1}{2\hbar L\omega_0}}p$, $\omega_0 = 1/\sqrt{LC}$. 根据著名的 Bose 统计公式 $\langle \mathcal{H}_0 \rangle_e = \dfrac{\hbar \omega_0}{2} \coth \dfrac{\hbar \omega_0 \beta}{2}$, 可知

$$\langle \mathcal{H} |_{R=0} \rangle_e = f\left[\frac{1}{L} - \frac{1}{C}, -\frac{1}{LC}\right] = \frac{\hbar \omega_0}{2} \coth \frac{\hbar \omega_0 \beta}{2}$$

为了确定方程 $f[x,y]$ 的形式, 我们令 $x = \dfrac{1}{L} - \dfrac{1}{C}$, $y = \dfrac{-1}{LC}$, 那么它的反关系为 $L = \dfrac{x + \sqrt{x^2 - 4y}}{2y}$, $C = \dfrac{-x + \sqrt{x^2 - 4y}}{2y}$, $\omega_0 = \sqrt{-y}$. 这暗示了方程 $f[x,y]$ 的形式是

$$f[x,y] = \frac{\hbar\sqrt{-y}}{2} \coth \frac{\hbar\beta\sqrt{-y}}{2}$$

于是我们得到了内能

$$\langle \mathcal{H} \rangle_e = f\left[ \frac{1}{L} - \frac{1}{C}, \frac{R^2}{L^2} - \frac{1}{LC} \right] = \frac{\hbar\omega}{2} \coth \frac{\hbar\omega\beta}{2} \tag{4.35}$$

其中 $\omega = \sqrt{\dfrac{1}{LC} - \dfrac{R^2}{L^2}}$.

于是根据方程 ( 4.31 ), $\mathcal{H}$ 的涨落为

$$(\Delta\mathcal{H})^2 = \frac{\hbar^2\omega^2}{4} \frac{1}{\sinh^2(\beta\hbar\omega/2)}$$

利用方程 ( 4.35 ) 以及积分公式

$$\int \frac{1}{e^{ax} - 1} dx = \frac{1}{a} \left[ \ln\left(e^{ax} - 1\right) - ax \right]$$

得到

$$\left\langle \frac{\partial \mathcal{H}}{\partial R} \right\rangle_e = \frac{1}{2L} \langle (pq + qp) \rangle_e = \frac{1}{\beta} \int \frac{\partial \langle \mathcal{H} \rangle_e}{\partial R} d\beta$$
$$= -\frac{\hbar R}{2\omega L^2} \coth \frac{\hbar\omega\beta}{2}$$

所以电阻消耗的平均能量是

$$\frac{R}{2L} \langle (pq + qp) \rangle_e = -\frac{\hbar R^2}{2\omega L^2} \coth \frac{\hbar\omega\beta}{2}$$

其中负号表示电阻是一种耗能元件, $\omega = \omega_0 \sqrt{1 - R^2 C/L}$.

## 4.7 电阻改变引起的熵变

在这一节中, 基于上述结果我们研究了电阻对 RLC 电路熵的影响. 利用方程 ( 4.25 ) 和 ( 4.26 ), 很容易得到

$$\frac{\partial S}{\partial R} = \frac{\beta R \hbar^2}{TL^2} \frac{\exp(\hbar\beta\omega)}{[\exp(\hbar\beta\omega) - 1]^2} = \frac{\beta R \hbar^2}{4TL^2} \frac{1}{\sinh^2(\beta\hbar\omega/2)} \tag{4.36}$$

进一步,利用积分公式

$$\int \frac{\ln y}{(y-1)^2} dy = \ln(y-1) - \frac{y \ln y}{y-1} \tag{4.37}$$

我们推导出熵和电阻之间的关系如下:

$$S = -k \ln[\exp(\hbar\beta\omega) - 1] + \frac{1}{T} \frac{\hbar\omega \exp(\hbar\beta\omega)}{\exp(\hbar\beta\omega) - 1} \tag{4.38}$$

显然,当 $R = 0$ 时,式(4.38)中的熵对应于 LC 电路. 根据等式(4.38),将熵的变化描述为 $\left[0, \sqrt{L/C}\right]$ 范围内电阻的函数. 熵随电阻 $R$ 单调增加. 当 $R$ 达到极限 $\sqrt{L/C}$ 时,熵趋于无穷大.

总之,借助于系综平均的广义 HF 定理,我们得到了内能和电阻消耗的平均能量,还计算了量子化 RLC 电路中电阻的熵变,推导出了熵与电阻的关系式,看到熵随着 $R$ 的增加而增加.

# 第 5 章

# 介观 LC 电路的绝热不变量

## 5.1 经典意义下的绝热不变量

本章讨论介观 LC 量子电路的绝热不变量（或浸渐不变量）. 力学系统在外部条件无限缓慢改变（外来干扰）时的进程叫作"绝热的". Einstein 曾经提出绝热不变量的概念, 即在绝热过程中是一个不变量. 相对于外来干扰而言, 需要加以量子化的量, 从经典力学层面上看必须是对外来干扰不敏感的量.

在经典力学中, 为了求出粒子的运动规律, 一般需要解运动微分方程. 但如果能找到一些运动积分, 即运动不变量, 求解就会容易很多. 在等离子体物理中, 也希望找到一些运动不变量, 在讨论较复杂问题时, 能给出系统中粒子运动的一些重要性质. 一般来说, 一个系统在运动时, 它的有关参量是不断变化的, 于是, 描述系统发展的一些物理量也随时间变化. 然而, 常常有这样一些情况, 对于一定条件下系统的发展, 一些物理量或它们的组合, 在系统参数（如磁感应强度 $B$）变化很缓慢时, 近似地保持不变. 这样的一些量称为浸渐不变量或绝热不变量. 这里浸渐意指变化非常缓慢. 它们对于研究系统的发展是非常有用的. 一些物理大师, 如 Lorentz, Einstein, Bohr 等都关心过绝热不变量. 例如, 以谐振子为例, 令其 Hamilton 量等于一个常量,

$$\mathcal{H} = \frac{p^2}{2m} + \frac{m\omega^2 q^2}{2} \equiv E_n$$

并设

$$q = \sqrt{\frac{2E_n}{m\omega^2}}\sin\theta, \quad \mathrm{d}q = \sqrt{\frac{2E_n}{m\omega^2}}\cos\theta\mathrm{d}\theta$$

$$p = \sqrt{2mE_n}\cos\theta$$

这就成了相空间中的一个椭圆方程. 沿着椭圆环路包含的面积积分,

$$\oint p\mathrm{d}q = \frac{2E_n}{\omega}\int_0^{2\pi}\sqrt{1-\sin^2\theta}\mathrm{d}\sin\theta = \frac{2\pi E_n}{\omega} = \frac{E_n}{\nu}$$

由 Planck 假设 $E_n = n\hbar\nu$, 得到 Bohr-Sommerfeld 的量子化规则,

$$\oint p\mathrm{d}q = n\hbar \tag{5.1}$$

说明该面积内有 $n$ 个量子. 由此得到作用量

$$\frac{\partial\mathcal{H}}{\partial\nu} = J$$

即是说, 任意力学系统的量子数是由浸渐作用量给出的.

推广到一般的力学系统, 在经典的 $q$-$p$ 相空间, 粒子的可能路径被限制在如下的曲线上:

$$p(E,q) = [2m(E-V)]^{\frac{1}{2}} \tag{5.2}$$

这条曲线围绕着一个区域

$$\Phi(E) = p(E,q)\,\mathrm{d}x$$

该运动的频率是

$$\nu = \tau\nu_0$$

其中基本频率为

$$\frac{1}{\nu_0} = \oint\mathrm{d}t = \oint\frac{\mathrm{d}q}{v} = \oint\frac{\partial p}{\partial E}\mathrm{d}q = \frac{\mathrm{d}\Phi(E)}{\mathrm{d}E} \tag{5.3}$$

(对任意 $q$, 有 $\mathrm{d}E = v\mathrm{d}p$), 因此

$$\Phi(E) = \oint p\mathrm{d}q = \oint 2E_{\text{kinetic}}\mathrm{d}t = \frac{2E_{\text{kinetic}}}{\nu} \tag{5.4}$$

于是频率为

$$\nu = \tau \frac{\mathrm{d}E}{\mathrm{d}\Phi(E)} \tag{5.5}$$

对于谐振子, $\nu$ 不依赖 $E$,

$$\Phi = E/\nu \tag{5.6}$$

$\Phi = E/\nu$ 是绝热不变量,印证了量子的存在,谐振子的作用量是一个整数,

$$\oint p\mathrm{d}q = \frac{E_n}{\nu}$$

$E_n/\nu$ 是绝热不变的. 这与最小作用量原理相关.

对于运动学,作用量定义为:物体的质量、移动距离与移动速度的乘积. $p\mathrm{d}q$ 就具有作用量的量纲. 最小作用量是一个泛称,不同的领域有不同的定义,即便对同一种问题也可以有多个最小作用量. 1650 年,法国数学家 Fermat 提出光通过介质时满足所耗时间最短(或光程最短)原理,这被认为是最小作用量应用的第一个例子. 光之所以会发生折射,是因为光在空气和水中的传播速度不同,光就选择了在阻力小、速度快的介质中多跑一段,在阻力大、速度慢的介质中少跑一段,这样可达到最短时间通过介质的目的.

系统动力学的相空间描述的方式有利于绝热不变量的讨论. 仍以谐振子为例,从式(5.2)可以看出是绝热不变的. 作为绝热不变量的第一个例子,Lorentz 考虑了一个量子钟摆,其弦长 $l$ 非常缓慢地(绝热地)缩短.

如果我们通过一个孔缓慢地拉动摆弦,振动能量的改变将与频率成正比. 这可以通过单摆来说明:在摆弦的起点挖一小孔,通过小孔极其缓慢地拉动摆弦,以改变摆的长度 $l$. 弦的张力由摆的重力与向心力两部分组成,所做的功

$$\delta A = -\left(mg\cos\varphi + ml\dot{\varphi}^2\right)\delta l$$

这里 $\varphi$ 是角位移. 在提升摆弦所导致的绝热变化中,发生了许多次振动,但 $l$ 没有明显改变,所以我们可通过平均值写出方程

$$\delta A = -\left(mg\overline{\cos\varphi} + ml\overline{\dot{\varphi}^2}\right)\delta l$$

现在将能量的增加 $\delta A$ 分解为外能量的增加和内能量的增加:

$$\delta A = -mg\delta l + \delta E$$

对于内能部分,我们有

$$\delta E = \left[mg\left(1 - \overline{\cos\varphi}\right) - ml\overline{\dot{\varphi}^2}\right]\delta l = (E_\mathrm{p} - 2E_\mathrm{k})\frac{\delta l}{l}$$

只要振动是简谐的，我们就有 $E_{\mathrm{p}} = E_{\mathrm{k}}$，因此

$$\frac{\delta E}{E} = -\frac{1}{2}\frac{\delta l}{l}, \quad \delta(\ln E) = \delta(\ln \frac{1}{\sqrt{l}})$$

$$E\sqrt{l}\text{或}\frac{E_n}{\nu} = \mathrm{const}$$

如果我们通过该孔缓慢地拉动摆弦，振动能量的改变将与频率成正比. Einstein 指出，尽管在这个过程中，摆锤的能量和频率 $\nu$ 都发生了变化，$\delta E/E = -\delta l/(2l)$，但它们的比值 $E/\nu \sim E\sqrt{l}$ 是一个常数. 这一观察结果表明，待量子化的量（好量子数）必须是绝热不变量.

我们还可以更直观地用介观电路的量子化理论来分析量子电路中的绝热不变量，即是说，任意力学系统的量子数都是由浸渐作用量给出的. 虽然这个条件对于小量子数 $n$ 来说并不精确，而且整个理论仍然是半经典的，但它仍然为正确的量子化方法提供了良好的第一思想.

在经典理论中，电量 $Q$ 的突变需要一个脉冲电流 $I$，但是这种脉冲电流将会对电感产生一个无限大的磁场，这是非物理的，所以 $Q$ 是不突变的. 同样，$\Phi^2$ 正比于电感的磁场能量，电感的 $\Phi$ 也是不可能突变的，因为按照 Faraday 磁感应定律，$\Phi$ 在电感的突变中会产生无限大的感生电动势，这也是不可能的. 在量子情况下，我们期望有相同的约束. 同样，在任何情况下，电量 $Q$ 和电感 $\Phi$ 都不允许有突然的变化. 所以当一个介观 LC 电路的 $L$ 和 $C$ 在外部干扰下做无限小的改变时，$L \to L + \delta L$，$C \to C + \delta C$，由于 LC 电路的 Hamilton 量是

$$\mathcal{H} = \frac{Q^2}{2C} + \frac{\Phi^2}{2L} \tag{5.7}$$

故电路的能量改变为

$$
\begin{aligned}
\delta\mathcal{H} &= \delta\left(\frac{Q^2}{2C}\right) + \delta\left(\frac{\Phi^2}{2L}\right) \\
&= Q^2\delta\left(\frac{1}{2C}\right) + \Phi^2\delta\left(\frac{1}{2L}\right) \\
&= -\frac{Q^2}{2C}\frac{\delta C}{C} - \frac{\Phi^2}{2L}\frac{\delta L}{L}
\end{aligned}
\tag{5.8}
$$

由于参数 $L$ 和 $C$ 是绝热变化的，在 $L,C$ 发生明显变化前其间电路发生了多次周期性振荡，故取平均（从而平均电容能等于平均电感能），可以得到

$$
\begin{aligned}
\delta\bar{\mathcal{H}} &= -\overline{\frac{Q^2}{2C}}\frac{\delta C}{C} - \overline{\frac{\Phi^2}{2L}}\frac{\delta L}{L} \\
&= -\frac{\bar{\mathcal{H}}}{2}\left(\frac{\delta C}{C} + \frac{\delta L}{L}\right)
\end{aligned}
$$

$$= -\bar{\mathcal{H}} \frac{\delta \sqrt{LC}}{\sqrt{LC}} \tag{5.9}$$

横线"—"意指求平均, $\bar{\mathcal{H}}$ 代表 LC 电路的能量,我们使用了

$$\overline{\frac{Q^2}{2C}} = \overline{\frac{\Phi^2}{2L}} = \frac{\bar{\mathcal{H}}}{2} \tag{5.10}$$

对方程(5.9)积分,我们有

$$-\ln \bar{\mathcal{H}} = \ln \sqrt{LC}$$

所以

$$\bar{\mathcal{H}}\sqrt{LC} = \bar{\mathcal{H}}/\omega = \text{const} \tag{5.11}$$

这就说明当 LC 做浸渐改变时,量子 LC 电路的绝热不变量类似于方程(5.11).

# 5.2　平行板电容器上的绝热力

让我们考虑上述一般讨论中的一个具体情况. 在经典理论中, 假设电路的电容是板面积为 $A$ 的两平行板电容器,相距 $D$,填满介电常数 $\varepsilon$ 的材料,那么电容是

$$C = \frac{\varepsilon A}{D} \tag{5.12}$$

设电容器带电量 $Q$, 其静电能是 $Q^2/(2C)$, 一块板对另一块板的静电作用力为

$$F = -\frac{\partial}{\partial D} \frac{Q^2}{2C}\bigg|_Q = \frac{Q^2}{2C^2} \frac{\mathrm{d}C}{\mathrm{d}D}$$

利用上式和 $Q/C = V$, 得到

$$F = -\frac{Q^2}{2C^2} \frac{\varepsilon A}{D^2} = -\frac{V^2 \varepsilon A}{2D^2} = -\left(\frac{\varepsilon A}{D}\right)^2 \frac{V^2}{2\varepsilon A} = -\frac{C^2 V^2}{2\varepsilon A} = -\frac{Q^2}{2\varepsilon A}$$

令 $\mathcal{E}$ 是一块平行板产生的电场. 由

$$F = -Q\mathcal{E} \tag{5.13}$$

可知

$$\mathcal{E} = \frac{Q}{2A\varepsilon}$$

这正是分开这两块板所需要的作用力. 由于我们非常缓慢地拉动板, 故所需要的真正作用力是

$$F = \overline{\frac{Q}{2A\varepsilon}Q} = \frac{1}{2A\varepsilon}C\bar{\mathcal{H}} = \frac{\bar{\mathcal{H}}}{2D} \tag{5.14}$$

这里用了式 (5.13). 故

$$\delta\bar{\mathcal{H}} = F\delta D = \frac{\bar{\mathcal{H}}}{2D}\delta D \tag{5.15}$$

积分得到

$$\ln\bar{\mathcal{H}} = \ln\sqrt{D} + \text{const} \tag{5.16}$$

故 $\bar{\mathcal{H}}/\sqrt{D} = \text{const}$. 由于 $D$ 是电容器两平行板的间距, $D$ 越大, 电容越小, 所以 $\omega = 1/\sqrt{LC} \propto \sqrt{D}$, 我们再一次看到 $\bar{\mathcal{H}}/\omega = \text{const}$.

至此, 我们找到了量子 LC 电路的绝热不变量, 它在形式上类似于上述钟摆的绝热不变量. 这种类比也称为科学的隐喻. 又如, Born 的物质概率波与流感的比拟:

Born 在 20 世纪 20 年代使哥廷根大学成了量子力学中心, 他为 Schrödinger 公式找到了一种新的解释: 在空间任何一个点上的波动强度 (数学上通过波函数的平方来表达) 是在这一点碰到粒子的概率的大小. 据此, 物质波有点类似流感. 假如流感波及一座城市, 这就意味着: 这座城市里的人患流行性感冒的概率增大了. 波动描述的是患病的统计图样, 而非流感病原体自身. 物质波以同样的方式描述的仅仅是概率的统计图样, 而非粒子的数量.

因此, 我们找到了量子回路的绝热不变量, 它在形式上类似于摆的相应理论. 这项工作丰富了量子力学中的绝热不变量理论, 发展了 Louisell 的介观电路量子化理论. 为了方便起见, 这里和以后我们让 $\hbar = 1$, 那么, LC 电路中的波动对应于振荡器的量子不确定性.

由于均匀磁场中粒子运动中心和轨道中心坐标不对易, 所以我们有必要在量子力学的背景下研究缓变磁场中电子运动的绝热不变量. 通过构造以电子坐标为特征向量的纠缠态表象和回转半径的压缩机制, 我们直接得出了在缓变磁场中磁通是绝热不变的结论. 我们还把这个例子与一个弦长缓慢缩短的单摆的绝热不变性做了比较.

# 5.3 弹簧缓慢腐蚀过程中的浸渐不变量

量子力学除了有 Schrödinger 的波动力学表述、Heisenberg 的矩阵力学表述（这两种表述被 Dirac 视为同一，并发展为符号法）和 Feynman 的路径积分表述外，还有一种常用的是相空间表述，相空间的维数是系统自由度的 2 倍. 可以说，Bohr-Sommerfeld 作用量的量子化（旧量子理论）就是在相空间中进行的.

本节要讨论一个物理问题. 现实生活中充满风雨阴晦，金属弹簧在空气和雨水侵蚀下缓慢腐蚀，刚度逐渐变小，或说劲度系数逐渐变化，于是就产生了一个有趣的物理问题：在弹簧缓慢腐蚀过程中，什么是（或称为）绝热不变量？

本节求出这个问题的浸渐不变量，再将它推广到介观 LC 电路的一种缓变情形，即讨论电解质电容中的电解液缓慢改变的情形下，什么是浸渐不变量.

既然考虑的对象是实际应用中的弹簧，它的质量便不可忽略. 设弹簧的原始质量为 $m$，原长为 $l$，一端固定在 $O$ 点. 若弹簧另一端被拉长 $x$，速度为 $\dot{x}$，离开 $O$ 点 $y$ 处的一小段 $\mathrm{d}y$ 就被拉长 $\frac{y}{l}x$，弹簧的动能是

$$\frac{1}{2}\int_0^l \frac{m}{l}\left(\frac{y}{l}\dot{x}\right)^2 \mathrm{d}y = \frac{1}{2}\frac{m}{3}\dot{x}^2$$

设挂在弹簧上的振子质量为 $M$，仿佛振子质量增加了，$M' = M + m/3$，其振动频率比起轻弹簧的要小，我们可以称 $M'$ 为表观质量. 振动频率是

$$\sqrt{\frac{k}{M'}} = \omega'$$

系统能量

$$E = \frac{1}{2}kx^2 + \frac{p^2}{2M'}$$

腐蚀不但使得弹簧刚度 $k$ 变小，也使得弹簧质量 $m$ 变小，所以缓慢腐蚀引起的能量改变是

$$\begin{aligned}
\delta E &= \frac{x^2}{2}\delta k + \frac{p^2}{2}\delta\left(\frac{1}{M'}\right) \\
&= \frac{kx^2}{2}\frac{\delta k}{k} - \frac{p^2}{2}\frac{1}{M'^2}\delta M'
\end{aligned}$$

上式在平均意义下也成立. 注意到平均势能与平均动能各占总能量的一半, 所以有

$$\delta \bar{E} = \frac{\bar{E}}{2} \left( \frac{\delta k}{k} - \frac{\delta M'}{M'} \right)$$

由于

$$\frac{1}{2} \left( \frac{\delta k}{k} - \frac{\delta M'}{M'} \right) = \frac{1}{2k/M'} \left( \frac{\delta k}{M'} - k \frac{\delta M'}{M'^2} \right)$$
$$= \frac{1}{\sqrt{k/M'}} \frac{1}{2\sqrt{k/M'}} \delta \left( \frac{k}{M'} \right)$$
$$= \frac{1}{\sqrt{k/M'}} \delta \sqrt{\frac{k}{M'}}$$

所以

$$\delta \bar{E} = \bar{E} \frac{1}{\sqrt{k/M'}} \delta \sqrt{\frac{k}{M'}}$$

积分得到

$$\ln \bar{E} = \ln \sqrt{\frac{k}{M'}} = -\ln \sqrt{\frac{M'}{k}}$$

于是

$$\bar{E} \sqrt{\frac{M'}{k}} = \frac{\bar{E}}{\omega'} = \mathrm{const}$$

这说明 $\bar{E}/\omega'$ 是浸渐不变量. 经典意义下的浸渐不变量为量子化什么物理量提供了方向.

我们还可以更直观地用介观电路的量子化理论来分析量子电路中的绝热不变量, 在经典理论中, 一个 LC 电路的振荡频率是 $\omega = 1/\sqrt{LC}$. 现在讨论当平行板电容器中的电解质液体缓慢腐蚀变化, 即介电常数改变时, LC 电路的浸渐不变量.

假设电路的电容是板面积为 $A$ 的两平行板电容器, 相距 $D$, 填满介电常数 $\varepsilon$ 的材料, 那么电容是

$$C = \frac{\varepsilon A}{D}$$

每块板带电 $Q$, 根据电磁学知识, 电容器储能

$$W = \frac{Q^2}{2C} = \frac{Q^2}{2\varepsilon A} D$$

分开两块板所需的作用力做功

$$\delta W = W' - W = \frac{Q^2}{2C'} - \frac{Q^2}{2C}$$
$$= \frac{Q^2 (D + \delta D)}{2\varepsilon A} - \frac{Q^2}{2\varepsilon A} D = F \delta D$$

所以一个板对另一块板的作用力

$$F = \frac{Q}{2A\varepsilon} Q = \frac{1}{2A\varepsilon} C E = \frac{E}{2D}$$

这也正是分开两块板所需的作用力,这里的 $E$ 是 LC 电路的平均总能量,包括电感能和电容能,在平均意义下电感能等于电容能,因此 $E = Q^2/C$. 由于电感不变,所以

$$\delta E = F\delta D = \frac{E}{2D}\delta D$$

积分得到

$$\ln E = \ln \sqrt{D}$$

故而 $E/\sqrt{D}$ 是常量. 从 $C = \varepsilon A/D$ 可知 $\delta\varepsilon \sim 1/\delta D$. 现在介电材料缓慢腐蚀变化,常数 $\varepsilon$ 缓慢变小,相当于电容老化. 又因为电路的振荡频率

$$\omega = \frac{1}{\sqrt{LC}} \sim \frac{1}{\sqrt{\varepsilon}}$$

所以 $E/\omega$ 是相应的浸渐不变量.

# 第 6 章

# 电容、电感、电路外源在突变时所产生的量子压缩效应

以上我们讨论了慢变的物理机制,本章讨论突变情况.

## 6.1　由电容突变导致的介观电路的量子压缩效应

前面我们已经引入

$$
\begin{aligned}
Q &= \sqrt{\frac{\hbar\omega C}{2}}\left(a + a^{\dagger}\right), \quad P = \mathrm{i}\sqrt{\frac{\hbar\omega L}{2}}\left(a^{\dagger} - a\right) \\
a &= \mathrm{i}\sqrt{\frac{1}{2L\hbar\omega}}\varPhi + \sqrt{\frac{1}{2C\hbar\omega}}Q \\
a^{\dagger} &= -\mathrm{i}\sqrt{\frac{1}{2L\hbar\omega}}\varPhi + \sqrt{\frac{1}{2C\hbar\omega}}Q
\end{aligned}
\tag{6.1}
$$

式中 $\omega L = (\omega C)^{-1}$, $\omega = 1/\sqrt{LC}$ 是 LC 电路的振荡频率.

$$Q = \sqrt{\frac{\hbar\omega C}{2}}\left(a + a^{\dagger}\right) = \sqrt{\frac{\hbar}{2}}\sqrt{\frac{C}{L}}\left(a + a^{\dagger}\right)$$

$$P = \mathrm{i}\sqrt{\frac{\hbar\omega L}{2}}\left(a^{\dagger} - a\right) = \mathrm{i}\sqrt{\frac{\hbar}{2}}\sqrt{\frac{L}{C}}\left(a^{\dagger} - a\right) \tag{6.2}$$

其中 $[a, a^{\dagger}] = 1$. 我们把 LC 电路看作量子谐振子,

$$\mathcal{H} = \omega\left(a^{\dagger}a + \frac{1}{2}\right) \tag{6.3}$$

为了方便起见,我们令 $\hbar = 1$.

在 $t$ 时刻,如果 LC 电路中的电容量突然变化 $\Delta C$(例如,两个电容板的距离突然增加或新的电介质突然插入),则 Hamilton 量突变为

$$\mathcal{H} = \frac{Q^2}{2C} + \frac{P^2}{2L} + \frac{Q^2}{2\Delta C} \tag{6.4}$$

相互作用绘景中的时间演化算子是 $\exp\left(-\mathrm{i}\dfrac{Q^2}{2\Delta C}t\right)$,利用 $Q$ 的本征态

$$|q\rangle_{L,C} = \left(\frac{\Omega}{\pi}\right)^{\frac{1}{4}}\exp\left(\frac{-\Omega q^2}{2} + \sqrt{2\Omega}qa^{\dagger} - \frac{a^{\dagger 2}}{2}\right)|0\rangle, \quad Q|q\rangle_{L,C} = q|q\rangle_{L,C} \tag{6.5}$$

其中 $\sqrt{L/C} \equiv \Omega$,以及完备性关系

$$\int_{-\infty}^{\infty}\mathrm{d}q\,|q\rangle_{L,C}\,{}_{L,C}\langle q| = 1 \tag{6.6}$$

我们有

$$\exp\left(-\mathrm{i}\frac{Q^2}{2\Delta C}t/\hbar\right) \equiv \mathrm{e}^{\lambda Q^2} = \int_{-\infty}^{\infty}\mathrm{d}q\,|q\rangle_{L,C}\,{}_{L,C}\langle q|\,\mathrm{e}^{\lambda q^2} \tag{6.7}$$

其中 $\lambda = -\mathrm{i}\dfrac{t}{2\hbar\Delta C}$. 这里,我们强调突变是瞬时的,这意味着 $t$ 非常小. 使用有序算符内的积分(IWOP)技术,以及真空投影算子的正常有序形式

$$|0\rangle\langle 0| = :\mathrm{e}^{-a^{\dagger}a}: \tag{6.8}$$

我们可以进行积分

$$\exp\left(-\mathrm{i}\frac{Q^2}{2\hbar\Delta C}t\right) = \sqrt{\frac{\Omega}{\pi}}\int_{-\infty}^{\infty}\mathrm{d}q : \exp\left[-\left(\Omega - \lambda\right)q^2 + \sqrt{2\Omega}q\left(a^{\dagger} + a\right) - \frac{\left(a^{\dagger} + a\right)^2}{2}\right]:$$

$$= \sqrt{\frac{\Omega}{\Omega - \lambda}} : \exp\left[\frac{\Omega\left(a^{\dagger} + a\right)^2}{2\left(\Omega - \lambda\right)} - \frac{1}{2}\left(a^{\dagger} + a\right)^2\right]:$$

$$= \sqrt{\frac{\Omega}{\Omega - \lambda}} : \exp\left[\sqrt{\frac{C}{L}} \frac{(a^\dagger + a)^2}{2} \left(\frac{\Omega}{\Omega - \lambda} - 1\right) \sqrt{\frac{L}{C}}\right] :$$

$$= \sqrt{\frac{\Omega}{\Omega - \lambda}} : \exp\left[Q^2 \left(\frac{\lambda\Omega}{\Omega - \lambda}\right)\right] : \tag{6.9}$$

利用式（6.2）和算符恒等式

$$e^{f a^\dagger a} = :\exp\left[(e^f - 1) a^\dagger a\right] : \tag{6.10}$$

我们可以进一步将式（6.9）写为

$$\exp\left(-\mathrm{i} \frac{Q^2}{2\hbar\Delta C} t\right) = \sqrt{\frac{\Omega}{\Omega - \lambda}} \exp\left[\frac{\lambda}{2(\Omega - \lambda)} a^{\dagger 2}\right] \exp\left(a^\dagger a \ln \frac{\Omega}{\Omega - \lambda}\right) \exp\left[\frac{\lambda}{2(\Omega - \lambda)} a^2\right] \tag{6.11}$$

将 $\exp\left(-\mathrm{i} \dfrac{Q^2}{2\hbar\Delta C} t\right)$ 作用在真空态上，得到压缩真空态

$$\exp\left(-\mathrm{i} \frac{Q^2}{2\hbar\Delta C} t\right) |0\rangle = \sqrt{\frac{\Omega}{\Omega - \lambda}} \exp\left[\frac{\lambda}{2(\Omega - \lambda)} a^{\dagger 2}\right] |0\rangle \tag{6.12}$$

因此，电容的突变会导致压缩效应.

如果电路最初处于相干态，那么 $C$ 的突然变化会导致压缩相干态：

$$\exp\left(-\mathrm{i} \frac{Q^2}{2\hbar\Delta C} t\right) |z\rangle = \sqrt{\frac{\Omega}{\Omega - \lambda}} : \exp\left(Q^2 \frac{\lambda\Omega}{\Omega - \lambda}\right) : |z\rangle$$

$$= \sqrt{\frac{\Omega}{\Omega - \lambda}} \exp\left[\frac{\lambda}{2(\Omega - \lambda)} (a^\dagger + z)^2 - \frac{|z|^2}{2} + z a^\dagger\right] |0\rangle \tag{6.13}$$

由于

$$\exp\left(\mathrm{i} \frac{Q^2}{2\hbar\Delta C} t\right) P \exp\left(-\mathrm{i} \frac{Q^2}{2\Delta C} t\right) = P - \frac{Q}{\hbar\Delta C} t \tag{6.14}$$

所以

$$\langle 0| \exp\left(\mathrm{i} \frac{Q^2}{2\hbar\Delta C} t\right) P^2 \exp\left(-\mathrm{i} \frac{Q^2}{2\hbar\Delta C} t\right) |0\rangle$$

$$= \langle 0| \left(P - \frac{Q}{\hbar\Delta C} t\right)^2 |0\rangle$$

$$= \langle 0| \left[P^2 + \frac{Q^2 t^2}{\hbar^2 (\Delta C)^2} - \frac{PQ + PQ}{\hbar\Delta C} t\right] |0\rangle \tag{6.15}$$

通过检查

$$\langle 0| \exp\left(\mathrm{i} \frac{Q^2}{2\hbar\Delta C} t\right) P \exp\left(-\mathrm{i} \frac{Q^2}{2\Delta C} t\right) |0\rangle = 0$$

$$\langle 0| \exp\left(\mathrm{i} \frac{Q^2}{2\hbar\Delta C} t\right) Q \exp\left(-\mathrm{i} \frac{Q^2}{2\Delta C} t\right) |0\rangle = 0 \tag{6.16}$$

以及

$$\langle 0| P^2 |0\rangle = \frac{\hbar\omega C}{2}, \quad \langle 0| Q^2 |0\rangle = \frac{\hbar\omega L}{2}, \quad \omega = \sqrt{(LC)^{-1}}$$

$$\langle 0| PQ |0\rangle = \mathrm{i}\langle 0| \frac{\hbar}{2}\left(a^\dagger - a\right)\left(a + a^\dagger\right)|0\rangle = -\mathrm{i}\frac{\hbar}{2}, \quad \langle 0| QP |0\rangle = \mathrm{i}\frac{\hbar}{2} \tag{6.17}$$

从式（6.15）我们得到 $P^2$ 在压缩真空态下的涨落值

$$(\Delta P)^2 = \frac{\hbar\omega C}{2} + \frac{\omega L}{2}\frac{t^2}{\hbar\left(\Delta C\right)^2} \tag{6.18}$$

从式（6.17）和式（6.18）可以看出

$$\Delta Q \Delta P = \sqrt{\frac{\hbar\omega L}{2}\left[\frac{\hbar\omega C}{2} + \frac{\omega L}{2}\frac{t^2}{\hbar\left(\Delta C\right)^2}\right]} = \sqrt{\frac{\hbar^2}{4} + \frac{\omega^2 L^2 t^2}{4\left(\Delta C\right)^2}} > \frac{\hbar}{2} \tag{6.19}$$

因此，当突变发生时，量子涨落会增加.

## 6.2　由电感突变导致的介观电路的量子压缩效应

由于在线圈中插入磁性介质，电感突然变化 $\Delta L$，

$$\mathcal{H} = \frac{Q^2}{2C} + \frac{P^2}{2L} + \frac{P^2}{2\Delta L} \tag{6.20}$$

则相互作用 Hamilton 量为 $\exp\left(-\mathrm{i}\frac{P^2}{2\Delta L}t\right)$，使用 $P$ 的动量本征态

$$|p\rangle_{L,C} = \left(\frac{1}{\pi}\sqrt{\frac{L}{C}}\right)^{\frac{1}{4}}\exp\left(\frac{-1}{2}\sqrt{\frac{L}{C}}P^2 + \sqrt{2\sqrt{\frac{L}{C}}}\mathrm{i}pa^+ + \frac{a^{\dagger 2}}{2}\right)|0\rangle \tag{6.21}$$

$$P|p\rangle_{L,C} = p|p\rangle_{L,C}$$

以及它的完备性关系

$$\int_{-\infty}^{\infty}\mathrm{d}p\,|p\rangle_{L,C\ L,C}\langle p| = 1 \tag{6.22}$$

和式（6.6）一样，我们也可以用式（6.22）推导出

$$\exp\left(-\mathrm{i}\frac{P^2}{2\hbar\Delta L}t\right) = \int_{-\infty}^{\infty}\mathrm{d}p\,|p\rangle\langle p|_{L,C\ L,C}\,\mathrm{e}^{\sigma p^2}$$

$$= \int_{-\infty}^{\infty}\sqrt{\frac{1}{\Omega\pi}}\mathrm{d}p:\exp\left[-\left(\frac{1}{\Omega} - \sigma\right)p^2\right]$$

$$+\sqrt{\frac{2}{\Omega}}\mathrm{i}p\left(a^\dagger - a\right) + \frac{1}{2}\left(a^\dagger - a\right)^2\right]:$$

$$= \sqrt{\frac{1}{1-\sigma\Omega}} : \exp\left[\frac{\left(a^\dagger + a\right)^2}{2\left(1-\sigma\Omega\right)} - \frac{1}{2}\left(a^\dagger + a\right)^2\right] :$$

$$= \sqrt{\frac{1}{1-\sigma\Omega}} : \exp\left[\sqrt{\frac{L}{C}}\frac{\left(a^\dagger + a\right)^2}{2}\left(\frac{1}{1-\sigma\Omega} - 1\right)\sqrt{\frac{C}{L}}\right] :$$

$$= \sqrt{\frac{1}{1-\sigma\Omega}} : \exp\left[P^2\left(\frac{\sigma}{1-\sigma\Omega}\right)\right] : \tag{6.23}$$

其中 $\sigma = -\mathrm{i}\dfrac{t}{2\hbar\Delta L}$. 利用式（6.10），我们将式（6.23）写为

$$\exp\left(-\mathrm{i}\frac{P^2}{2\hbar\Delta L}t\right) = \sqrt{\frac{1}{1-\sigma\Omega}}\exp\left[\frac{-\sigma\Omega}{2\left(1-\sigma\Omega\right)}a^{\dagger 2}\right]$$
$$\times \exp\left(a^\dagger a \ln\frac{1}{1-\sigma\Omega}\right)\exp\left[\frac{-\sigma\Omega}{2\left(1-\sigma\Omega\right)}a^2\right] \tag{6.24}$$

作用在初始真空状态，得到

$$\exp\left(-\mathrm{i}\frac{P^2}{2\hbar\Delta L}t\right)|0\rangle = \sqrt{\frac{1}{1-\sigma\Omega}}\exp\left[\frac{-\sigma\Omega}{2\left(1-\sigma\Omega\right)}a^{\dagger 2}\right]|0\rangle \tag{6.25}$$

这也是一个压缩真空态. 由于

$$\exp\left(\mathrm{i}\frac{P^2}{2\hbar\Delta L}t\right)Q\exp\left(-\mathrm{i}\frac{P^2}{2\hbar\Delta L}t\right) = Q + \frac{P}{\hbar\Delta L}t \tag{6.26}$$

通过类比等式（6.14）到等式（6.19）的推导，我们得到了由电感突变引起的压缩真空态的涨落

$$\langle 0|\exp\left(\mathrm{i}\frac{P^2}{2\hbar\Delta L}t\right)|0\rangle = \langle 0|\left(Q + \frac{P}{\hbar\Delta L}t\right)^2|0\rangle = \langle 0|\left(Q^2 + \frac{P^2}{\hbar^2\left(\Delta L\right)^2}t^2\right)|0\rangle$$
$$= \frac{\hbar\omega L}{2} + \frac{t^2\omega C}{2\hbar\left(\Delta L\right)^2} \tag{6.27}$$

以及

$$\Delta Q\Delta P = \sqrt{\frac{\hbar\omega C}{2}\left(\frac{\hbar\omega L}{2} + \frac{t^2\omega C}{2\hbar\left(\Delta L\right)^2}\right)} = \sqrt{\frac{\hbar^2}{4} + \frac{\omega^2 C^2 t^2}{4\left(\Delta L\right)^2}} > \frac{\hbar}{2} \tag{6.28}$$

## 6.3　电路外源的非线性改变导致的介观电路的数-相量子化

当一个介观 LC 电路中有外源时，它等价于一个受迫的量子振子，其 Hamilton 量

$$\mathcal{H} = \omega a^\dagger a + f(t) a + a^\dagger f^*(t) \tag{6.29}$$

由 Heisenberg 方程导出

$$\frac{\mathrm{d}}{\mathrm{d}t} a = -\mathrm{i}[a, \mathcal{H}] = -\mathrm{i}[\omega a + f^*(t)] \tag{6.30}$$

此微分方程的解为

$$a_t = a_0 \mathrm{e}^{-\mathrm{i}\omega t} - \mathrm{i}\int_0^t f^*(\tau)\mathrm{e}^{-\mathrm{i}\omega(t-\tau)}\mathrm{d}\tau \tag{6.31}$$

$a_0 = a_{t=0}$. 从 Baker-Hausdorff 公式的观点看，存在一个算符 $S(t)$，

$$S(t) = \exp\left[\mathrm{i}\left(\eta^* a_0^\dagger + \eta a_0\right)\mathrm{e}^{\mathrm{i}\omega a_0^\dagger a_0 t}\right] \tag{6.32}$$

其中

$$\eta = \int_0^t \mathrm{d}\tau f(\tau)\mathrm{e}^{-\mathrm{i}\omega\tau} \tag{6.33}$$

它能使得 $a_0$ 变换为 $a_t$，即

$$\begin{aligned}
S(t)a_0 S^{-1}(t) &= \mathrm{e}^{\mathrm{i}\left(\eta^* a_0^\dagger + \eta a_0\right)}\mathrm{e}^{\mathrm{i}\omega a_0^\dagger a_0 t} a_0 \mathrm{e}^{-\mathrm{i}\omega a_0^\dagger a_0 t}\mathrm{e}^{-\mathrm{i}\left(\eta^* a_0^\dagger + \eta a_0\right)} \\
&= \mathrm{e}^{\mathrm{i}\left(\eta^* a_0^\dagger + \eta a_0\right)} a_0 \mathrm{e}^{-\mathrm{i}\omega t}\mathrm{e}^{-\mathrm{i}\left(\eta^* a_0^\dagger + \eta a_0\right)} \\
&= \mathrm{e}^{-\mathrm{i}\omega t}\left(a_0 + \left[\mathrm{i}\eta^* a_0^\dagger, a_0\right]\right) = a_t
\end{aligned} \tag{6.34}$$

容易看出 $S^{-1}(t) = S^\dagger(t)$，称之为幺正算符，$\left[a_t, a_t^\dagger\right] = 1$，即幺正变换保持对易关系不变. 若我们换一个角度来探讨受迫量子振子的初态 (记为 $|\psi_0\rangle$) 是如何随 $S(t)$ 演化的，就要写下方程

$$\langle\psi_0| a_t |\psi_0\rangle = \langle\psi_0| S(t)a_0 S^{-1}(t) |\psi_0\rangle \tag{6.35}$$

所以 $S^{-1}(t)$ 也是一个将 $|\psi_0\rangle$ 演化到 $|\psi_t\rangle$ 的算符 (称 $S^{-1}(t)$ 为时间演化算符，它勉强对应经典力学中的作用量)

$$S^{-1}(t) |\psi_0\rangle = |\psi_t\rangle \tag{6.36}$$

介观电路中的量子纠缠、热真空和热力学性质
Quantum Entanglement, Thermal Vacuum, and Thermodynamic Properties in Mesoscopic Circuits

为了建立态的演化方程,计算

$$
\begin{aligned}
\mathrm{i}\frac{\partial}{\partial t}S^{-1}(t) &= \mathrm{i}\frac{\partial}{\partial t}\left[\mathrm{e}^{-\mathrm{i}\omega a_0^\dagger a_0 t}\mathrm{e}^{-\mathrm{i}\left(\eta^* a_0^\dagger + \eta a_0\right)}\right] \\
&= \omega a_0^\dagger a_0 S^{-1}(t) + \mathrm{e}^{-\mathrm{i}\omega a_0^\dagger a_0 t}\frac{\mathrm{d}\left(\eta^* a_0^\dagger + \eta a_0\right)}{\mathrm{d}t}\mathrm{e}^{-\mathrm{i}\left(\eta^* a_0^\dagger + \eta a_0\right)} \\
&= \omega a_0^\dagger a_0 S^{-1}(t) + \mathrm{e}^{-\mathrm{i}\omega a_0^\dagger a_0 t}\left[f^*(t)\,\mathrm{e}^{\mathrm{i}\omega t}a_0^\dagger + f(t)\,\mathrm{e}^{-\mathrm{i}\omega t}a_0\right]\mathrm{e}^{-\mathrm{i}\left(\eta^* a_0^\dagger + \eta a_0\right)} \\
&= \omega a_0^\dagger a_0 S^{-1}(t) + \left[f^*(t)\,a_0^\dagger + f(t)\,a_0\right]S^{-1}(t) \\
&= \mathcal{H}S^{-1}(t)
\end{aligned} \tag{6.37}
$$

两边作用于 $|\psi_0\rangle$,得到

$$
\mathrm{i}\frac{\partial}{\partial t}S^{-1}(t)\,|\psi_0\rangle = \left[\omega a_0^\dagger a_0 + f(t)\,a_0 + a_0^\dagger f^*(t)\right]S^{-1}\,|\psi_0\rangle \tag{6.38}
$$

将此方程两边的 $a_0$ 写作 $a$,即得

$$
\mathrm{i}\frac{\partial}{\partial t}\,|\psi_t\rangle = \mathcal{H}\,|\psi_t\rangle \tag{6.39}
$$

这就是 Schrödinger 方程,相应的解是相干态 $|z\rangle = \mathrm{e}^{za^\dagger - z^* a}\,|0\rangle$,即在电路中建立相干态,$z$ 由外源 $f(t)$ 决定. 从这个例子看到,Heisenberg 方程与 Schrödinger 方程是一回事.

若外源是非线性的, 与流强有关, 用光电增加管增强电流, 则 Hamilton 量可能突变成

$$
\mathcal{H} = \omega a^\dagger a + \mathrm{i}\left(f\sqrt{N+1}a - f^* a^\dagger\sqrt{N+1}\right), \quad f = |f|\mathrm{e}^{\mathrm{i}\theta}
$$

其中 $N = a^\dagger a$. 在这种情况下,相互作用 Hamilton 量的形式为

$$
V \equiv \mathrm{e}^{fa^\dagger\sqrt{N+1} - f^*\sqrt{N+1}a}, \quad f = \mathrm{e}^{\mathrm{i}\theta}|f|
$$

注意到对易关系

$$
\left[a^\dagger\sqrt{N+1},\sqrt{N+1}a\right] = -2\left(N+\frac{1}{2}\right)
$$
$$
\left[\sqrt{N+1}a, N+\frac{1}{2}\right] = \sqrt{N+1}a
$$
$$
\left[a^\dagger\sqrt{N+1}, N+\frac{1}{2}\right] = -a^\dagger\sqrt{N+1}
$$

这构成了 Lie 代数 su(1,1) ,我们发现 $V$ 的解纠缠为

$$
V = \exp(\mathrm{e}^{\mathrm{i}\varphi}a^\dagger\sqrt{N+1}\tanh|f|)\mathrm{sech}^{2(N+\frac{1}{2})}|f|\exp(-\mathrm{e}^{-\mathrm{i}\varphi}\sqrt{N+1}a\tanh|f|)
$$

将 $V$ 作用到真空态,得到

$$V|0\rangle = \mathrm{sech}|f| \exp(\mathrm{e}^{\mathrm{i}\varphi} a^\dagger \sqrt{N+1} \tanh|f|)|0\rangle \equiv |f\rangle_\varphi , \quad {}_\varphi\langle f|f\rangle_\varphi = 1$$

这可以被认为是一种非线性相干态,因为它是光学相位算符的本征态,

$$\mathrm{e}^{\mathrm{i}\phi} = (N+1)^{-1/2} a = \sum_{n=0}^{\infty} |n\rangle\langle n+1|, \quad |n\rangle = \frac{a^{+n}}{\sqrt{n!}}|0\rangle$$

下面给出证明: 由于 $\mathrm{e}^{\mathrm{i}\phi}|0\rangle = 0$ 以及

$$\left[\mathrm{e}^{\mathrm{i}\phi}, a^\dagger \sqrt{N+1}\right] = 1$$

所以

$$\mathrm{e}^{\mathrm{i}\phi}|f\rangle_\varphi = \mathrm{sech}|f| \left[\mathrm{e}^{\mathrm{i}\phi}, \exp(\mathrm{e}^{\mathrm{i}\varphi} a^\dagger \sqrt{N+1} \tanh|f|)\right]|0\rangle = \mathrm{e}^{\mathrm{i}\varphi} \tanh|f| \, |f\rangle_\varphi$$

其中我们使用了对易关系. 尤其当 $|f| \to \infty$, $\tanh|f| \to 1$ 时,由

$$\frac{\left(a^\dagger \sqrt{N+1}\right)^n}{n!}|0\rangle = |n\rangle$$

可见

$$\exp\left[\mathrm{e}^{\mathrm{i}\varphi}\left(a^\dagger \sqrt{N+1}\right)\right]|0\rangle = \sum_{n=0}^{\infty} \frac{\mathrm{e}^{\mathrm{i}n\phi}}{n!}\left(a^\dagger \sqrt{N+1}\right)^n|0\rangle$$

$$= \sum_{n=0}^{\infty} \mathrm{e}^{\mathrm{i}n\varphi}|n\rangle \equiv |\mathrm{e}^{\mathrm{i}\varphi}\rangle$$

因此

$$\mathrm{e}^{\mathrm{i}\phi}|\mathrm{e}^{\mathrm{i}\varphi}\rangle = \left[\mathrm{e}^{\mathrm{i}\phi}, \exp\left(\mathrm{e}^{\mathrm{i}\varphi a^\dagger}\sqrt{N+1}\right)\right]|0\rangle = \mathrm{e}^{\mathrm{i}\varphi}|\mathrm{e}^{\mathrm{i}\varphi}\rangle$$

这就是相位态. 将数算符作用到 $|\mathrm{e}^{\mathrm{i}\varphi}\rangle$,得到

$$N|\mathrm{e}^{\mathrm{i}\varphi}\rangle = \sum_{n=0}^{\infty} \mathrm{e}^{\mathrm{i}n\varphi} n|n\rangle = -\mathrm{i}\frac{\partial}{\partial\varphi}|\mathrm{e}^{\mathrm{i}\varphi}\rangle$$

因为 $|\mathrm{e}^{\mathrm{i}\varphi}\rangle$ 是态矢量的特例 $V|0\rangle$,通过比较式(6.31)和式(6.25),我们可以称 $V|0\rangle$ 是一个数-相压缩态. 换言之,对于 LC 电路,外部电流源的非线性变化将导致数-相压缩.

介观电路中的量子纠缠、热真空和热力学性质
Quantum Entanglement, Thermal Vacuum, and Thermodynamic Properties in Mesoscopic Circuits

# 第 7 章

# 幺正变换解介观量子电路

　　把介观电路纳入到分析力学范畴，先找到 Laplace 函数，列出其 Lagrange 方程，对量做 Legendre 变换，得到 Hamilton 量，加入量子化条件，以往的对角化只是给出 Hamilton 量的能级. 这里我们采用有序算符内的积分（IWOP）技术寻求合适的幺正变换，不但可以将 Hamilton 量对角化，而且可得到明确的幺正算符，进而给出 Hamilton 量的本征态的显式，从而分析它是什么态.

## 7.1 IWOP 技术求幺正算符：以一个电容耦合的双 LC 电路量子化为例

考虑以一个电容耦合的双 LC 电路，即两个回路共享一个电容 $C$，两个电感 $L_1$ 和 $L_2$ 之间不存在互感．电容上的载荷是 $q_1 - q_2$，故 Hamilton 量是

$$H_0 = \frac{p_1^2}{2L_1} + \frac{p_2^2}{2L_2} + \frac{1}{2}\frac{(q_1 - q_2)^2}{C}, \quad p_1 = L_1 I_1, \quad p_2 = L_2 I_2 \tag{7.1}$$

做替换

$$L_1 \to m_1, \quad L_2 \to m_2, \quad \frac{1}{CL_1} \to \omega_1^2, \quad \frac{1}{CL_2} \to \omega_2^2, \quad \frac{1}{C} \to \lambda \tag{7.2}$$

以及 $q_i \to \hat{x}_i$，$p_i \to \hat{p}_i$，$[\hat{x}_i, \hat{p}_j] = \delta_{ij}$，我们可以设想一个更一般的 Hamilton 量

$$\mathcal{H} = \frac{\hat{p}_1^2}{2m_1} + \frac{\hat{p}_2^2}{2m_2} + \frac{m_1\omega_1^2\hat{x}_1^2}{2} + \frac{m_2\omega_2^2\hat{x}_2^2}{2} - \lambda\hat{x}_1\hat{x}_2 \tag{7.3}$$

它描述了两个质量和频率不同的耦合振子，$\lambda$ 是耦合常数．我们面临的问题是：这个电路作为一个整体，其特征频率是多少？它的真空态是什么？真空噪声是什么？

虽然这个 Hamilton 量的能级可以通过通常的对角化方法得到，但是，除非导出相应的幺正变换算子，否则，由简单的对角化方案不能得到本征态的精确形式．那怎么办呢？我们将用有序算符内的积分技术来解决这个问题，其优点是将经典变换直接投射到 Hilbert 空间的量子力学算符上，这样就可以找到这个双回路量子化电路的真空态，这是一个双模压缩态，同时也是一个纠缠态．下面，我们将揭示在这种双回路共用一个电容器的电路中存在量子纠缠．

### 7.1.1 对角化 $\mathcal{H}$ 所需的酉算子 $U$ 的 ket-bra 形式

我们希望找到幺正算符 $U$，使得在它的变换下 Hamilton 量 $\mathcal{H}$ 变换为

$$U^\dagger \mathcal{H} U = \omega_+ \left(a_1^\dagger a_1 + \frac{1}{2}\right)\hbar + \omega_- \left(a_2^\dagger a_2 + \frac{1}{2}\right)\hbar \tag{7.4}$$

介观电路中的量子纠缠、热真空和热力学性质
Quantum Entanglement, Thermal Vacuum, and Thermodynamic Properties in Mesoscopic Circuits

其中 $\omega_\pm$ 是能量本征值,由 $U$ 来决定,而 $a_1^\dagger a_1, a_2^\dagger a_2$ 满足

$$
\begin{aligned}
\left(a_i^\dagger a_i + \frac{1}{2}\right)\hbar &= \frac{1}{\omega}\left(\frac{\hat{p}_i^2}{2m} + \frac{m\omega^2 \hat{x}_i^2}{2}\right) \quad (i = 1, 2) \\
a_i &= \frac{m\omega\hat{x}_i + \mathrm{i}\hat{p}_i}{\sqrt{2m\omega\hbar}}
\end{aligned}
\tag{7.5}
$$

我们将看到 $m$ 和 $\omega$ 是任意的质量量纲和频率量纲参数,因为其大小并不起什么关键作用.

结合式(7.3)~式(7.5),可见 $U$ 的作用是

$$
\begin{aligned}
\mathcal{H} &= U\left[\frac{\omega_+}{\omega}\left(\frac{\hat{p}_1^2}{2m} + \frac{m\omega^2 \hat{x}_1^2}{2}\right) + \frac{\omega_-}{\omega}\left(\frac{\hat{p}_2^2}{2m} + \frac{m\omega^2 \hat{x}_2^2}{2}\right)\right] U^\dagger \\
&= \frac{\hat{p}_1^2}{2m_1} + \frac{\hat{p}_2^2}{2m_2} + \frac{m_1\omega_1^2 \hat{x}_1^2}{2} + \frac{m_2\omega_2^2 \hat{x}_2^2}{2} - \lambda \hat{x}_1 \hat{x}_2
\end{aligned}
$$

为了得到 $U$,借助于 IWOP 技术,我们赋予 $U$ 以如下的 ket-bra 积分型:

$$
\begin{aligned}
U &= \sqrt{|\det u|}\iint_{-\infty}^{\infty} \mathrm{d}x_1\mathrm{d}x_2 \left|u\begin{pmatrix} x_1 \\ x_2 \end{pmatrix}\right\rangle \left\langle \begin{pmatrix} x_1 \\ x_2 \end{pmatrix}\right| \\
&= \sqrt{|\det u|}\iint_{-\infty}^{\infty} \mathrm{d}p_1\mathrm{d}p_2 \left|\begin{pmatrix} p_1 \\ p_2 \end{pmatrix}\right\rangle \left\langle u^\mathrm{T}\begin{pmatrix} p_1 \\ p_2 \end{pmatrix}\right|
\end{aligned}
$$

这里 $u$ 是 $2\times 2$ 非奇异矩阵,待定,

$$
u = \begin{pmatrix} u_{11} & u_{12} \\ u_{21} & u_{22} \end{pmatrix}
$$

$\left\langle \begin{pmatrix} x_1 \\ x_2 \end{pmatrix}\right| \equiv \langle x_1, x_2|$,是坐标本征态,

$$
\langle x_1, x_2| = \sqrt{\frac{m\omega}{\pi\hbar}}\langle 00|\exp\left[-\frac{m\omega}{2\hbar}(x_1^2 + x_2^2) + \sqrt{\frac{2m\omega}{\hbar}}(x_1 a_1 + x_2 a_2) - \frac{1}{2}a_1^2 - \frac{1}{2}a_2^2\right]
\tag{7.6}
$$

$U$ 的幺正性可以证明如下:

$$
\begin{aligned}
UU^\dagger &= |\det u|\iint_{-\infty}^{\infty}\mathrm{d}x_1\mathrm{d}x_2 \iint_{-\infty}^{\infty}\mathrm{d}x_1'\mathrm{d}x_2' \left|u\begin{pmatrix} x_1 \\ x_2 \end{pmatrix}\right\rangle \left\langle\begin{pmatrix} x_1 \\ x_2 \end{pmatrix}\right|\left.\begin{pmatrix} x_1' \\ x_2' \end{pmatrix}\right\rangle\left\langle u\begin{pmatrix} x_1' \\ x_2' \end{pmatrix}\right| \\
&= |\det u|\iint_{-\infty}^{\infty}\mathrm{d}x_1\mathrm{d}x_2 \left|u\begin{pmatrix} x_1 \\ x_2 \end{pmatrix}\right\rangle\left\langle u\begin{pmatrix} x_1 \\ x_2 \end{pmatrix}\right| = 1
\end{aligned}
$$

将 $U$ 作用于 $\left|\begin{pmatrix} x_1 \\ x_2 \end{pmatrix}\right\rangle$,得到

$$
U\left|\begin{pmatrix} x_1 \\ x_2 \end{pmatrix}\right\rangle = \sqrt{|\det u|}\iint_{-\infty}^{\infty}\mathrm{d}x_1'\mathrm{d}x_2' \left|u\begin{pmatrix} x_1' \\ x_2' \end{pmatrix}\right\rangle\left\langle\begin{pmatrix} x_1' \\ x_2' \end{pmatrix}\right|\left.\begin{pmatrix} x_1 \\ x_2 \end{pmatrix}\right\rangle
$$

$$= \sqrt{|\det u|} \left| u \begin{pmatrix} x_1 \\ x_2 \end{pmatrix} \right\rangle$$

$$U^\dagger \left| \begin{pmatrix} x_1 \\ x_2 \end{pmatrix} \right\rangle = U^{-1} \left| \begin{pmatrix} x_1 \\ x_2 \end{pmatrix} \right\rangle = \sqrt{|\det u^{-1}|} \left| u^{-1} \begin{pmatrix} x_1 \\ x_2 \end{pmatrix} \right\rangle$$

另一方面，将 $U^\dagger$ 作用到双模动量本征态 $\left| \begin{pmatrix} p_1 \\ p_2 \end{pmatrix} \right\rangle$，得到

$$U^\dagger \left| \begin{pmatrix} p_1 \\ p_2 \end{pmatrix} \right\rangle = \sqrt{|\det u|} \iint_{-\infty}^{\infty} \mathrm{d}p_1 \mathrm{d}p_2 \left| u^{\mathrm{T}} \begin{pmatrix} p_1' \\ p_2' \end{pmatrix} \right\rangle \left\langle \begin{pmatrix} p_1' \\ p_2' \end{pmatrix} \middle| \begin{pmatrix} p_1 \\ p_2 \end{pmatrix} \right\rangle$$

$$= \sqrt{|\det u|} \left| u^{\mathrm{T}} \begin{pmatrix} p_1 \\ p_2 \end{pmatrix} \right\rangle$$

$$U \left| \begin{pmatrix} p_1 \\ p_2 \end{pmatrix} \right\rangle = \sqrt{|\det u^{-1}|} \left| (u^{\mathrm{T}})^{-1} \begin{pmatrix} p_1 \\ p_2 \end{pmatrix} \right\rangle$$

由于

$$U \begin{pmatrix} \hat{x}_1 \\ \hat{x}_2 \end{pmatrix} U^\dagger \left| \begin{pmatrix} x_1 \\ x_2 \end{pmatrix} \right\rangle = \sqrt{|\det u^{-1}|} U \begin{pmatrix} \hat{x}_1 \\ \hat{x}_2 \end{pmatrix} \left| u^{-1} \begin{pmatrix} x_1 \\ x_2 \end{pmatrix} \right\rangle$$

$$= \sqrt{|\det u^{-1}|} u^{-1} \begin{pmatrix} x_1 \\ x_2 \end{pmatrix} U \left| u^{-1} \begin{pmatrix} x_1 \\ x_2 \end{pmatrix} \right\rangle$$

$$= u^{-1} \begin{pmatrix} x_1 \\ x_2 \end{pmatrix} \left| \begin{pmatrix} x_1 \\ x_2 \end{pmatrix} \right\rangle = u^{-1} \begin{pmatrix} \hat{x}_1 \\ \hat{x}_2 \end{pmatrix} \left| \begin{pmatrix} x_1 \\ x_2 \end{pmatrix} \right\rangle$$

我们有

$$U \begin{pmatrix} \hat{x}_1 \\ \hat{x}_2 \end{pmatrix} U^\dagger = u^{-1} \begin{pmatrix} \hat{x}_1 \\ \hat{x}_2 \end{pmatrix}$$

令

$$u^{-1} \equiv \begin{pmatrix} v_{11} & v_{12} \\ v_{21} & v_{22} \end{pmatrix}$$

同样，我们导出

$$U \begin{pmatrix} \hat{p}_1 \\ \hat{p}_2 \end{pmatrix} U^\dagger \left| \begin{pmatrix} p_1 \\ p_2 \end{pmatrix} \right\rangle = \sqrt{|\det u|} U \begin{pmatrix} \hat{p}_1 \\ \hat{p}_2 \end{pmatrix} \left| u^{\mathrm{T}} \begin{pmatrix} p_1 \\ p_2 \end{pmatrix} \right\rangle$$

$$= \sqrt{|\det u|} u^{\mathrm{T}} \begin{pmatrix} p_1 \\ p_2 \end{pmatrix} U \left| u^{\mathrm{T}} \begin{pmatrix} p_1 \\ p_2 \end{pmatrix} \right\rangle$$

$$= u^{\mathrm{T}} \begin{pmatrix} p_1 \\ p_2 \end{pmatrix} \left| \begin{pmatrix} p_1 \\ p_2 \end{pmatrix} \right\rangle = u^{\mathrm{T}} \begin{pmatrix} \hat{p}_1 \\ \hat{p}_2 \end{pmatrix} \left| \begin{pmatrix} p_1 \\ p_2 \end{pmatrix} \right\rangle$$

于是

$$U \begin{pmatrix} \hat{p}_1 \\ \hat{p}_2 \end{pmatrix} U^\dagger = u^{\mathrm{T}} \begin{pmatrix} \hat{p}_1 \\ \hat{p}_2 \end{pmatrix} = \begin{pmatrix} u_{11} & u_{21} \\ u_{12} & u_{22} \end{pmatrix} \begin{pmatrix} \hat{p}_1 \\ \hat{p}_2 \end{pmatrix} \tag{7.7}$$

## 7.1.2　幺正算符 $U$ 的经典对应 $u$ 的确定

现在我们定出 $u$ (于是也可得知 $U$). 从式 (7.3) 和式 (7.7) 可见

$$
\begin{aligned}
\mathcal{H} &= U \left[ \frac{\omega_+}{\omega} \left( \frac{\hat{p}_1^2}{2m} + \frac{m\omega^2 \hat{x}_1^2}{2} \right) + \frac{\omega_-}{\omega} \left( \frac{\hat{p}_2^2}{2m} + \frac{m\omega^2 \hat{x}_2^2}{2} \right) \right] U^\dagger \\
&= \frac{\omega_+}{\omega} \left[ \frac{(u_{11}\hat{p}_1 + u_{21}\hat{p}_2)^2}{2m} + \frac{m\omega^2 (v_{11}\hat{x}_1 + v_{12}\hat{x}_2)^2}{2} \right] \\
&\quad + \frac{\omega_-}{\omega} \left[ \frac{(u_{12}\hat{p}_1 + u_{22}\hat{p}_2)^2}{2m} + \frac{m\omega^2 (v_{21}\hat{x}_1 + v_{22}\hat{x}_2)^2}{2} \right] \\
&= \frac{\hat{p}_1^2}{2m_1} + \frac{\hat{p}_2^2}{2m_2} + \frac{m_1\omega_1^2 \hat{x}_1^2}{2} + \frac{m_2\omega_2^2 \hat{x}_2^2}{2} - \lambda \hat{x}_1 \hat{x}_2
\end{aligned}
$$

这导致了一组方程

$$
\begin{aligned}
\frac{\omega_+}{\omega} u_{11}^2 + \frac{\omega_-}{\omega} u_{12}^2 &= \frac{m}{m_1} \\
\frac{\omega_+}{\omega} u_{21}^2 + \frac{\omega_-}{\omega} u_{22}^2 &= \frac{m}{m_2} \\
\frac{\omega_+}{\omega} u_{11} u_{21} + \frac{\omega_-}{\omega} u_{12} u_{22} &= 0 \\
\omega_+ m\omega v_{11}^2 + \omega_- m\omega v_{21}^2 &= m_1\omega_1^2 \\
\omega_+ m\omega v_{12}^2 + \omega_- m\omega v_{22}^2 &= m_2\omega_2^2 \\
\omega_+ m\omega v_{11} v_{12} + \omega_- m\omega v_{21} v_{22} &= -\lambda
\end{aligned}
\tag{7.8}
$$

经过观察可知

$$
\begin{aligned}
u_{11} &= -\sqrt{\frac{m\omega}{m_1\omega_+}} \sin\theta, \quad u_{12} = -\sqrt{\frac{m\omega}{m_1\omega_-}} \cos\theta \\
u_{21} &= \sqrt{\frac{m\omega}{m_2\omega_+}} \cos\varphi, \quad u_{22} = -\sqrt{\frac{m\omega}{m_2\omega_-}} \sin\varphi
\end{aligned}
$$

写成矩阵形式:

$$
u = \begin{pmatrix} -\sqrt{\dfrac{m\omega}{m_1\omega_+}} \sin\theta & -\sqrt{\dfrac{m\omega}{m_1\omega_-}} \cos\theta \\ \sqrt{\dfrac{m\omega}{m_2\omega_+}} \cos\varphi & -\sqrt{\dfrac{m\omega}{m_2\omega_-}} \sin\varphi \end{pmatrix}
\tag{7.9}
$$

剩下的事情是确定 $\theta$ 和 $\varphi$. 我们继续观察等式 (7.8), 现在它变成了

$$
\frac{\omega_+}{\omega} u_{11} u_{21} + \frac{\omega_-}{\omega} u_{12} u_{22} = \sqrt{\frac{m^2}{m_1 m_2}} \sin(\varphi - \theta) = 0
$$

可见 $\theta = \varphi + n\pi$，方程（7.9）也告诉我们

$$\det u = \sqrt{\frac{m^2\omega^2}{m_1 m_2 \omega_+ \omega_-}}\cos(\theta - \varphi) = \sqrt{\frac{m^2\omega^2}{m_1 m_2 \omega_+ \omega_-}}(-1)^n \tag{7.10}$$

不失一般性，令 $n = 0, \theta = \varphi$，我们有

$$u = \begin{pmatrix} -\sqrt{\dfrac{m\omega}{m_1\omega_+}}\sin\theta & -\sqrt{\dfrac{m\omega}{m_1\omega_-}}\cos\theta \\ \sqrt{\dfrac{m\omega}{m_2\omega_+}}\cos\theta & -\sqrt{\dfrac{m\omega}{m_2\omega_-}}\sin\theta \end{pmatrix}$$

于是

$$v = u^{-1} = \frac{1}{\det u}\begin{pmatrix} u_{22} & -u_{12} \\ -u_{21} & u_{11} \end{pmatrix}$$

$$= \sqrt{\frac{m_1 m_2 \omega_+ \omega_-}{m^2\omega^2}}\begin{pmatrix} -\sqrt{\dfrac{m\omega}{m_2\omega_-}}\sin\theta & \sqrt{\dfrac{m\omega}{m_1\omega_-}}\cos\theta \\ -\sqrt{\dfrac{m\omega}{m_2\omega_+}}\cos\theta & -\sqrt{\dfrac{m\omega}{m_1\omega_+}}\sin\theta \end{pmatrix}$$

$$= \begin{pmatrix} -\sqrt{\dfrac{m_1\omega_+}{m\omega}}\sin\theta & \sqrt{\dfrac{m_2\omega_+}{m\omega}}\cos\theta \\ -\sqrt{\dfrac{m_1\omega_-}{m\omega}}\cos\theta & -\sqrt{\dfrac{m_2\omega_-}{m\omega}}\sin\theta \end{pmatrix} \tag{7.11}$$

### 7.1.3 特征频率的确定

$$v = u^{-1} = \frac{1}{\det u}\begin{pmatrix} u_{22} & -u_{12} \\ -u_{21} & u_{11} \end{pmatrix}$$

$$= \sqrt{\frac{m_1 m_2 \omega_+ \omega_-}{m^2\omega^2}}\begin{pmatrix} -\sqrt{\dfrac{m\omega}{m_2\omega_-}}\sin\theta & \sqrt{\dfrac{m\omega}{m_1\omega_-}}\cos\theta \\ -\sqrt{\dfrac{m\omega}{m_2\omega_+}}\cos\theta & -\sqrt{\dfrac{m\omega}{m_1\omega_+}}\sin\theta \end{pmatrix}$$

$$= \begin{pmatrix} -\sqrt{\dfrac{m_1\omega_+}{m\omega}}\sin\theta & \sqrt{\dfrac{m_2\omega_+}{m\omega}}\cos\theta \\ -\sqrt{\dfrac{m_1\omega_-}{m\omega}}\cos\theta & -\sqrt{\dfrac{m_2\omega_-}{m\omega}}\sin\theta \end{pmatrix} \equiv \begin{pmatrix} v_{11} & v_{12} \\ v_{21} & v_{22} \end{pmatrix} \tag{7.12}$$

于是方程（7.10）变为

$$\omega_+ m\omega v_{11} v_{12} + \omega_- m\omega v_{21} v_{22}$$

$$= -\omega_+^2 \sqrt{m_1 m_2} \sin\theta \cos\theta + \omega_-^2 \sqrt{m_1 m_2} \cos\theta \sin\theta$$

$$= -\frac{1}{2}\sqrt{m_1 m_2}\left(\omega_+^2 - \omega_-^2\right)\sin 2\theta = -\lambda$$

从而我们可以确定 $\theta$:

$$\sin 2\theta = \frac{2\lambda}{\sqrt{m_1 m_2}\left(\omega_+^2 - \omega_-^2\right)}$$

为了进一步确定 $\omega\pm$,我们观察等式(7.9)和(7.10),得到

$$\omega_+ m\omega v_{11}^2 + \omega_- m\omega v_{21}^2 = m_1\omega_+^2 \sin^2\theta + m_1\omega_-^2\cos^2\theta = m_1\omega_1^2 \tag{7.13}$$
$$\omega_+ m\omega v_{12}^2 + \omega_- m\omega v_{22}^2 = m_2\omega_+^2\cos^2\theta + m_2\omega_-^2\sin^2\theta = m_2\omega_2^2$$

所以

$$\omega_1^2 + \omega_2^2 = \omega_+^2 + \omega_-^2 \tag{7.14}$$
$$\omega_2^2 - \omega_1^2 = \omega_+^2\cos^2\theta + \omega_-^2\sin^2\theta - \omega_+^2\sin^2\theta - \omega_-^2\cos^2\theta = \cos 2\theta\left(\omega_+^2 - \omega_-^2\right) \tag{7.15}$$

于是

$$\cos 2\theta = \frac{\omega_2^2 - \omega_1^2}{\omega_+^2 - \omega_-^2} \tag{7.16}$$

结合式(7.13)和式(7.16),我们得到

$$\theta = \frac{1}{2}\arctan\frac{2\lambda}{\left(\omega_2^2 - \omega_1^2\right)\sqrt{m_1 m_2}}$$

$$\sin^2 2\theta + \cos^2 2\theta = \frac{\dfrac{4\lambda^2}{m_1 m_2} + \left(\omega_1^2 - \omega_2^2\right)^2}{\left(\omega_+^2 - \omega_-^2\right)^2} = 1 \tag{7.17}$$

假设 $\omega_+ > \omega_-$,则

$$\omega_+^2 - \omega_-^2 = \sqrt{(\omega_1^2 - \omega_2^2)^2 + \frac{4\lambda^2}{m_1 m_2}} \tag{7.18}$$

从式(7.17)和式(7.18),我们得到 $\hat{\mathcal{H}}$ 的能级

$$\omega_\pm^2 = \frac{\omega_1^2 + \omega_2^2}{2} \pm \frac{1}{2}\sqrt{(\omega_1^2 - \omega_2^2)^2 + \frac{4\lambda^2}{m_1 m_2}} \tag{7.19}$$

可见结果确实与 $m$ 和 $\omega$ 的取值无关.

  用 IWOP 技术导出压缩真空态的量子涨落,仅仅知道能级是不够的,我们需要进一步找到这个复杂电路的基态. 为此,利用 Fock 空间中双模坐标态的表达式

$$\langle x_1, x_2 | = \left\langle \begin{pmatrix} x_1 \\ x_2 \end{pmatrix} \right|$$

$$= \sqrt{\frac{m\omega}{\pi\hbar}} \langle 00| \exp\left[ -\frac{m\omega}{2\hbar}\left(x_1^2 + x_2^2\right) + \sqrt{\frac{2m\omega}{\hbar}}\left(x_1 a_1 + x_2 a_2\right) - \frac{1}{2}a_1^2 - \frac{1}{2}a_2^2 \right]$$

$$\tag{7.20}$$

其中 $\langle 00|$ 是双模真空态, $a_1|00\rangle = 0$, $a_2|00\rangle = 0$, 真空投影算子的正规排序形式为

$$|00\rangle\langle 00| = \,: \exp\left( -a_1^\dagger a_1 - a_2^\dagger a_2 \right):\tag{7.21}$$

然后使用 IWOP 理论, 通过积分变量转换, 做积分:

$$\frac{m\omega}{\hbar} f\left( \sqrt{\frac{m\omega}{\hbar}}x_1, \sqrt{\frac{m\omega}{\hbar}}x_2 \right) \mathrm{d}x_1 \mathrm{d}x_2 \to f\left(x_1, x_2\right) \mathrm{d}x_1 \mathrm{d}x_2$$

我们有

$$U = \sqrt{|\det u|} \iint_{-\infty}^{\infty} \mathrm{d}x_1 \mathrm{d}x_2 \left| \begin{pmatrix} u_{11} & u_{12} \\ u_{21} & u_{22} \end{pmatrix} \begin{pmatrix} x_1 \\ x_2 \end{pmatrix} \right\rangle \left\langle \begin{pmatrix} x_1 \\ x_2 \end{pmatrix} \right|$$

$$= \sqrt{|\det u|}\frac{1}{\pi} \iint_{-\infty}^{\infty} \mathrm{d}x_1 \mathrm{d}x_2 : \exp\left\{ -\frac{1}{2}\left[ \left(u_{11}x_1 + u_{12}x_2\right)^2 + \left(u_{21}x_1 + u_{22}x_2\right)^2 \right] \right.$$

$$- \sqrt{2}\left(u_{11}x_1 + u_{12}x_2\right)a_1^\dagger + \sqrt{2}\left(u_{21}x_1 + u_{22}x_2\right)a_2^\dagger$$

$$\left. -\frac{1}{2}\left(x_1^2 + x_2^2\right) + \sqrt{2}\left(x_1 a_1 + x_2 a_2\right) - \frac{1}{2}\left(a_1 + a_1^\dagger\right)^2 - \frac{1}{2}\left(a_2 + a_2^\dagger\right)^2 \right\}: \tag{7.22}$$

记住 $m$ 和 $\omega$ 是任意参数, 我们可以令

$$m\omega = \sqrt{m_1 m_2 \omega_- \omega_+}, \quad \omega_- \omega_+ = \sqrt{\omega_1^2 \omega_2^2 - \frac{\lambda^2}{m_1 m_2}}\tag{7.23}$$

于是方程 (7.23) 变为

$$u = \begin{pmatrix} -\sqrt{\dfrac{m\omega}{m_1\omega_+}}\sin\theta & -\sqrt{\dfrac{m\omega}{m_1\omega_-}}\cos\theta \\[2mm] \sqrt{\dfrac{m\omega}{m_2\omega_+}}\cos\theta & -\sqrt{\dfrac{m\omega}{m_2\omega_-}}\sin\theta \end{pmatrix}$$

$$= \begin{pmatrix} -\sqrt{\dfrac{m_2\omega_-}{m_1\omega_+}}\sin\theta & -\sqrt{\dfrac{m_2\omega_+}{m_1\omega_-}}\cos\theta \\[2mm] \sqrt{\dfrac{m_1\omega_-}{m_2\omega_+}}\cos\theta & -\sqrt{\dfrac{m_1\omega_+}{m_2\omega_-}}\sin\theta \end{pmatrix} \equiv \begin{pmatrix} A & B \\ C & D \end{pmatrix}\tag{7.24}$$

其中 $\det u = 1$, 于是我们对式 (7.22) 实施积分, 得

$$U = \iint_{-\infty}^{\infty} \mathrm{d}x_1 \mathrm{d}x_2 \left| \begin{pmatrix} A & B \\ C & D \end{pmatrix} \begin{pmatrix} x_1 \\ x_2 \end{pmatrix} \right\rangle \left\langle \begin{pmatrix} x_1 \\ x_2 \end{pmatrix} \right|$$

$$= \frac{2}{\sqrt{L}} \exp\left[ \frac{1}{2L}\left(A^2 + B^2 - C^2 - D^2\right)\left(a_1^{\dagger 2} - a_2^{\dagger 2}\right) + 4\left(AC + BD\right)a_1^\dagger a_2^\dagger \right]$$

介观电路中的量子纠缠、热真空和热力学性质
Quantum Entanglement, Thermal Vacuum, and Thermodynamic Properties in Mesoscopic Circuits

$$\times : \exp\left[\left(a_1^\dagger, a_2^\dagger\right)(g - I)\begin{pmatrix} a_1 \\ a_2 \end{pmatrix}\right]:$$

$$\times \exp\left\{\frac{1}{2L}\left[\left(B^2 + D^2 - A^2 - C^2\right)\left(a_1^2 - a_2^2\right) + 4\left(AC + BD\right)a_1 a_2\right]\right\} \tag{7.25}$$

其中

$$L = A^2 + B^2 + C^2 + D^2 + 2$$

$$= \frac{m_2\omega_-}{m_1\omega_+}\sin^2\theta + \frac{m_2\omega_+}{m_1\omega_-}\cos^2\theta + \frac{m_1\omega_-}{m_2\omega_+}\cos^2\theta + \frac{m_1\omega_+}{m_2\omega_-}\sin^2\theta + 2$$

$$= \frac{\left[(m_2\omega_-)^2 + (m_1\omega_+)^2\right]\sin^2\theta + \left[(m_2\omega_+)^2 + (m_1\omega_-)^2\right]\cos^2\theta}{m_1\omega_+ m_2\omega_-} + 2$$

$$g = \frac{2}{L}\begin{pmatrix} A+D & B-C \\ C-B & A+D \end{pmatrix} \tag{7.26}$$

$$g^{-1} = \frac{1}{L}\begin{pmatrix} A+D & C-B \\ B-C & A+D \end{pmatrix}, \quad I = \begin{pmatrix} 1 & 0 \\ 0 & 1 \end{pmatrix} \tag{7.27}$$

对于 $U$ 现在采用双模压缩算子的显式形式. 将 $U^\dagger\hat{\mathcal{H}}U$ 作用到 $|00\rangle$, 我们有

$$U^\dagger\hat{\mathcal{H}}U|00\rangle = \left[\left(a_1^\dagger a_1 + \frac{1}{2}\right)\omega_+\hbar + \left(a_2^\dagger a_2 + \frac{1}{2}\right)\omega_-\hbar\right]|00\rangle$$

$$= \frac{1}{2}\left(\omega_+ + \omega_-\right)\hbar|00\rangle \tag{7.28}$$

于是 $\hat{\mathcal{H}}$ 的基态是 $U|00\rangle$,

$$\hat{\mathcal{H}}U|00\rangle = \frac{1}{2}\left(\omega_+ + \omega_-\right)\hbar U|00\rangle \tag{7.29}$$

以及 $U|00\rangle$ 是双模压缩态,

$$U|00\rangle = \frac{2}{\sqrt{L}}\exp\left\{\frac{1}{2L}\left[\left(A^2 + B^2 - C^2 - D^2\right)\left(a_1^{\dagger 2} - a_2^{\dagger 2}\right) + 4\left(AC + BD\right)a_1^\dagger a_2^\dagger\right]\right\}|00\rangle \tag{7.30}$$

由于 $\exp\left[4\left(AC + BD\right)a_1^\dagger a_2^\dagger\right]$ 的存在, 这也是一个纠缠态.

定义两个正交量

$$X_1 = \frac{1}{2}\left(\hat{x}_1 + \hat{x}_2\right), \quad X_2 = \frac{1}{2}\left(\hat{p}_1 + \hat{p}_2\right) \tag{7.31}$$

从式 (7.31), 我们知道

$$\hat{x}_i = \sqrt{\frac{\hbar}{2m\omega}}\left(a_i + a_i^\dagger\right), \quad \hat{p}_i = \sqrt{\frac{m\omega\hbar}{2}}\mathrm{i}\left(a_i^\dagger - a_i\right) \quad (i = 1, 2) \tag{7.32}$$

以及 $\langle 00 | \hat{x}_i | 00 \rangle = 0$，$\langle 00 | \hat{p}_i | 00 \rangle = 0$，

$$\langle 00 | \hat{x}_i^2 | 00 \rangle = \frac{\hbar}{2m\omega}, \quad \langle 00 | \hat{p}_i^2 | 00 \rangle = \frac{m\omega\hbar}{2} \tag{7.33}$$

利用式（7.31）和

$$U^{\dagger} \begin{pmatrix} \hat{x}_1 \\ \hat{x}_2 \end{pmatrix} U = u \begin{pmatrix} \hat{x}_1 \\ \hat{x}_2 \end{pmatrix}, \quad U^{\dagger} \begin{pmatrix} \hat{p}_1 \\ \hat{p}_2 \end{pmatrix} U = (u^{\mathrm{T}})^{-1} \begin{pmatrix} \hat{p}_1 \\ \hat{p}_2 \end{pmatrix}$$

$$(u^{\mathrm{T}})^{-1} = \begin{pmatrix} D & -B \\ -C & A \end{pmatrix} \tag{7.34}$$

我们计算

$$U^{\dagger} X_1 U = \frac{1}{2} (A + C) \hat{x}_1 + \frac{1}{2} (D + B) \hat{x}_2 \tag{7.35}$$

$$U^{\dagger} X_2 U = \frac{1}{2} (D - B) \hat{p}_1 + \frac{1}{2} (A - C) \hat{p}_2 \tag{7.36}$$

以及

$$\Delta X_1^2 = \langle 00 | U^{\dagger} X_1^2 U | 00 \rangle - \left[ \langle 00 | U^{\dagger} X_1 U | 00 \rangle \right]^2$$

$$= \frac{1}{8} \left( \frac{\hbar}{m\omega} \right)^2 \left[ (D + B)^2 + (A + C)^2 \right] \tag{7.37}$$

$$\Delta X_2^2 = \langle 00 | U^{\dagger} X_2^2 U | 00 \rangle - \left[ \langle 00 | U^{\dagger} X_2 U | 00 \rangle \right]^2$$

$$= \frac{(m\omega\hbar)^2}{8} \left[ (D - B)^2 + (A - C)^2 \right] \tag{7.38}$$

这里

$$A^2 + B^2 - C^2 - D^2 = \left( \frac{m_2 \omega_-}{m_1 \omega_+} - \frac{m_1 \omega_+}{m_2 \omega_-} \right) \sin^2 \theta + \left( \frac{m_2 \omega_+}{m_1 \omega_-} - \frac{m_1 \omega_-}{m_2 \omega_+} \right) \cos^2 \theta$$

注意到 $AD - BC = 1$，我们有

$$\left[ (D + B)^2 + (A + C)^2 \right] \left[ (D - B)^2 + (A - C)^2 \right]$$

$$= \left[ (A^2 + B^2) - (D^2 + C^2) \right]^2 + 4 (AD - BC)^2$$

$$= (A^2 + B^2 - C^2 - D^2)^2 + 4 \tag{7.39}$$

于是量子噪声为

$$\Delta X_1 \Delta X_2 = \frac{\hbar}{8} \sqrt{(A^2 + B^2 - C^2 - D^2)^2 + 4} \tag{7.40}$$

其中 $A, B, C, D$ 由式（7.34）给出.

介观电路中的量子纠缠、热真空和热力学性质
Quantum Entanglement, Thermal Vacuum, and Thermodynamic Properties in Mesoscopic Circuits

## 7.1.4 电容耦合双 LC 电路的特征频率

现在我们回到我们最初的主题——由等式（7.2）描述的具有电容耦合的双 LC 电路，如式（7.3）所示，在式（7.39）中我们令

$$m_1 \to L_1, \quad m_2 \to L_2, \quad \omega_1^2 \to \frac{C_1 + C_3}{C_1 C_3 L_1}, \quad \omega_2^2 \to \frac{C_2 + C_3}{C_2 C_3 L_2}, \quad \lambda \to \frac{1}{C_3} \tag{7.41}$$

那么特征频率是

$$\omega_\pm^2 = \frac{C_2 L_2 (C_1 + C_3) + C_1 L_1 (C_3 + C_2)}{2 C_1 C_2 C_3 L_1 L_2} \pm \frac{1}{2} \sqrt{\left( \frac{C_1 + C_3}{C_1 C_3 L_1} - \frac{C_2 + C_3}{C_2 C_3 L_2} \right)^2 + \frac{4}{C_3^2 L_1 L_2}} \tag{7.42}$$

该结果很复杂. 特别地，当 $C_2 = C_1 = 0$ 时，对应的 Hamilton 量为

$$H_0 = \frac{p_1^2}{2L_1} + \frac{p_2^2}{2L_2} + \frac{(q_1 - q_2)^2}{2C} \tag{7.43}$$

通过替换

$$L_1 \to m_1, \quad L_2 \to m_2, \quad \frac{1}{C L_1} \to \omega_1^2, \quad \frac{1}{C L_2} \to \omega_2^2, \quad \frac{1}{C} \to \lambda$$

利用式（7.42），得到该介观电路的特征频率

$$\omega_\pm^2 = \frac{C L_1 + C L_2}{2 C L_1 C L_2} \pm \frac{1}{2} \sqrt{\left( \frac{L_2 - L_1}{C L_1 L_2} \right)^2 + \frac{4}{C^2 L_1 L_2}}$$

进一步得到

$$\omega_+^2 = \frac{L_1 + L_2}{C L_1 L_2}, \quad \omega_-^2 = 0$$

该结果的 $\omega_+ = \dfrac{1}{\sqrt{C L_1 L_2 / (L_1 + L_2)}}$ 表明该电路的等效电感为 $L_1 L_2 / (L_1 + L_2)$，正如所预料的那样.

总的来说，我们第一次讨论了介观双回路，即有电容 $C_3$ 耦合的 LC 电路的量子化，不仅推导出了能级 (本征频率) $\omega_\pm^2$，也导出了 Hamilton 量对角化的压缩算符，这个复杂电路中的量子噪声电路由此被揭示.

## 7.2 有互感的双 LC 电路的解纠缠和量子噪声

互感起到纠缠的作用, 为了解纠缠, 也要寻找幺正算符. 具有互感 $M$ 的介观双 LC 电路的经典 Lagrange 函数

$$\mathcal{L} = \frac{1}{2}\left(L_1 I_1^2 + L_2 I_2^2\right) + M I_1 I_2 - \frac{1}{2}\left(\frac{q_1^2}{C_1} + \frac{q_2^2}{C_2}\right) \tag{7.44}$$

其中 $M I_1 I_2$ 表示 $L_1$ 和 $L_2$ 之间的互感项, 在存在漏磁的情况下, $0 < M < \sqrt{L_1 L_2}$. 考虑电荷 $q_1, q_2$ 作为正则坐标, 它们的共轭为

$$p_1 = \frac{\partial \mathcal{L}}{\partial \dot{q}_1} = L_1 I_1 + M I_2 \tag{7.45}$$

$$p_2 = \frac{\partial \mathcal{L}}{\partial \dot{q}_2} = L_2 I_2 + M I_1 \tag{7.46}$$

Hamilton 量为

$$
\begin{aligned}
\mathcal{H} &= p_1 \dot{q}_1 + p_2 \dot{q}_2 - \mathcal{L} \\
&= \frac{1}{2}\left(L_1 I_1^2 + L_2 I_2^2\right) + M I_1 I_2 + \frac{1}{2}\left(\frac{q_1^2}{C_1} + \frac{q_2^2}{C_2}\right) \\
&= \frac{1}{2A}\left(\frac{p_1^2}{L_1} + \frac{p_2^2}{L_2}\right) - \frac{M}{A L_1 L_2} p_1 p_2 + \frac{1}{2}\left(\frac{q_1^2}{C_1} + \frac{q_2^2}{C_2}\right)
\end{aligned} \tag{7.47}
$$

其中

$$A = 1 - \frac{M^2}{L_1 L_2} \quad (M^2 < L_1 L_2) \tag{7.48}$$

将 $q_i, p_i$ 量子化为一对共轭的算符 $\hat{q}_i, \hat{p}_i$, 并施加量化条件 $[\hat{q}_i, \hat{p}_j] = \mathrm{i}\hbar \delta_{ij}$, $\mathcal{H} \to \hat{\mathcal{H}}$ 表示算符. 其中 $\frac{M}{A L_1 L_2}\hat{p}_1 \hat{p}_2$ 导致了量子纠缠.

### 7.2.1 用于解纠缠 $\hat{\mathcal{H}}$ 的解纠缠算符 $U$

为了解纠缠 $\hat{\mathcal{H}}$, 我们引入幺正算符 $U$, 基于坐标 $|q_i\rangle$ 表示为

$$U = \iint_{-\infty}^{\infty} \mathrm{d}q_1 \mathrm{d}q_2 \left| u\begin{pmatrix} q_1 \\ q_2 \end{pmatrix} \right\rangle \left\langle \begin{pmatrix} q_1 \\ q_2 \end{pmatrix} \right|, \quad \det u = 1 \tag{7.49}$$

其中 $\left\langle \left( \begin{array}{c} q_1 \\ q_2 \end{array} \right) \right| \equiv \langle q_1, q_2 |$ 是双模坐标本征态，

$$\hat{q}_i \left| \left( \begin{array}{c} q_1 \\ q_2 \end{array} \right) \right\rangle = q_i \left| \left( \begin{array}{c} q_1 \\ q_2 \end{array} \right) \right\rangle, \quad u = \left( \begin{array}{cc} u_{11} & u_{12} \\ u_{21} & u_{22} \end{array} \right) \tag{7.50}$$

方程（7.50）明显地展示了经典矩阵 $u$ 变换到 Hilbert 空间中量子力学幺正算子 $U$ 的映射，从式（7.49）我们知道 $\hat{q}_i$ 的变换规则

$$U \left( \begin{array}{c} \hat{q}_1 \\ \hat{q}_2 \end{array} \right) U^\dagger = u^{-1} \left( \begin{array}{c} \hat{q}_1 \\ \hat{q}_2 \end{array} \right) \tag{7.51}$$

利用动量表示的完备性关系，转化为动量表示

$$\iint_{-\infty}^{\infty} \mathrm{d}p_1 \mathrm{d}p_2 \left| \left( \begin{array}{c} p_1 \\ p_2 \end{array} \right) \right\rangle \left\langle \left( \begin{array}{c} p_1 \\ p_2 \end{array} \right) \right| = 1$$

我们有

$$U = \frac{1}{2\pi} \iint_{-\infty}^{\infty} \mathrm{d}p_1 \mathrm{d}p_2 \iint_{-\infty}^{\infty} \mathrm{d}x_1 \mathrm{d}x_2 \left| \left( \begin{array}{c} p_1 \\ p_2 \end{array} \right) \right\rangle \left\langle \left( \begin{array}{c} q_1 \\ q_2 \end{array} \right) \right| \exp\left[ -\mathrm{i} \left( u^{\mathrm{T}} p \right)_j q_j \right]$$

$$= \iint_{-\infty}^{\infty} \mathrm{d}p_1 \mathrm{d}p_2 \left| \left( \begin{array}{c} p_1 \\ p_2 \end{array} \right) \right\rangle \left\langle u^{\mathrm{T}} \left( \begin{array}{c} p_1 \\ p_2 \end{array} \right) \right| \tag{7.52}$$

由此可见

$$U \left( \begin{array}{c} \hat{p}_1 \\ \hat{p}_2 \end{array} \right) U^\dagger = u^{\mathrm{T}} \left( \begin{array}{c} \hat{p}_1 \\ \hat{p}_2 \end{array} \right) \tag{7.53}$$

拟设

$$u = \left( \begin{array}{cc} 1 & E \\ G & H \end{array} \right), \quad \det u = H - EG = 1 \tag{7.54}$$

其中 $H, E, G$ 待定，于是

$$\left( u^{\mathrm{T}} \right)^{-1} = \left( \begin{array}{cc} H & -G \\ -E & 1 \end{array} \right) \tag{7.55}$$

在 $U^\dagger$ 变换下，可知

$$\hat{q}_1 \to U^\dagger \hat{q}_1 U = \hat{q}_1 + E\hat{q}_2 \tag{7.56}$$
$$\hat{q}_2 \to U^\dagger \hat{q}_2 U = G\hat{q}_1 + H\hat{q}_2$$
$$\hat{p}_1 \to U^\dagger \hat{p}_1 U = H\hat{p}_1 - G\hat{p}_2$$
$$\hat{p}_2 \to U^\dagger \hat{p}_2 U = -E\hat{p}_1 + \hat{p}_2$$

于是

$$U^\dagger \hat{\mathcal{H}} U = \frac{1}{2A} \left[ \frac{(Hp_1 - Gp_2)^2}{L_1} + \frac{(-Ep_1 + p_2)^2}{L_2} \right]$$

$$- \frac{M}{AL_1L_2} \left( Hp_1 - Gp_2 \right) \left( -Ep_1 + p_2 \right)$$

$$+ \frac{1}{2} \left[ \frac{(q_1 + Eq_2)^2}{C_1} + \frac{(Gq_1 + Hq_2)^2}{C_2} \right] \tag{7.57}$$

令 $\hat{p}_1\hat{p}_2, \hat{q}_1\hat{q}_2$ 为零,即意味着解纠缠,我们需要

$$L_2HG + L_1E + M(GE + H) = 0 \tag{7.58}$$

$$C_2E + C_1GH = 0 \tag{7.59}$$

结合 $H - EG = 1$ 和式(7.59),可知

$$H = \frac{C_2}{C_2 + C_1G^2} \tag{7.60}$$

于是

$$E = \frac{-GC_1}{C_2 + C_1G^2} \tag{7.61}$$

由此可见

$$HG = \frac{C_2G}{C_2 + C_1G^2} = -\frac{C_2}{C_1}E \tag{7.62}$$

将式(7.62)代入式(7.60),得到

$$-L_2\frac{C_2}{C_1}E + L_1E + M(2EG + 1) = 0 \tag{7.63}$$

从式(7.63)和式(7.61)得到

$$MC_1G^2 + G(L_1C_1 - L_2C_2) - MC_2 = 0 \tag{7.64}$$

该方程有两个解

$$G = \frac{(L_2C_2 - L_1C_1) \pm \sqrt{(L_1C_1 - L_2C_2)^2 + 4M^2C_1C_2}}{2MC_1} \tag{7.65}$$

不失一般性,我们取负号,且令

$$(C_2L_2 - C_1L_1)^2 + 4M^2C_2C_1 = \Delta \tag{7.66}$$

于是我们有

$$G = \frac{C_2L_2 - C_1L_1 - \sqrt{\Delta}}{2MC_1} = \frac{-2MC_2}{\sqrt{\Delta} + C_2L_2 - C_1L_1}$$

$$E = \frac{C_1M}{\sqrt{\Delta}} \tag{7.67}$$

$$H = \frac{\sqrt{\Delta} - (C_1L_1 - C_2L_2)}{2\sqrt{\Delta}}$$

因此可得解纠缠算符

$$U = \iint_{-\infty}^{\infty} dq_1 dq_2 \left| \begin{pmatrix} 1 & E \\ G & H \end{pmatrix} \begin{pmatrix} q_1 \\ q_2 \end{pmatrix} \right\rangle \left\langle \begin{pmatrix} q_1 \\ q_2 \end{pmatrix} \right| \tag{7.68}$$

## 7.2.2　带互感的双 LC 电路的特征频率

方程（7.57）现在为解纠缠后的 Hamilton 量，

$$U^\dagger \hat{\mathcal{H}} U = \frac{p_1^2}{2AL_1L_2}\left(L_2H^2 + L_1E^2 + 2MHE\right) + \frac{p_2^2}{2AL_1L_2}\left(L_2G^2 + L_1 + 2MG\right)$$
$$+ \frac{q_1^2}{2}\left(\frac{1}{C_1} + \frac{G^2}{C_2}\right) + \frac{q_1^2}{2}\left(\frac{E^2}{C_1} + \frac{H^2}{C_2}\right) \tag{7.69}$$

利用式（7.67），我们可以计算

$$L_2H^2 + L_1E^2 + 2MHE = \frac{M^2C_1G - MC_2L_2}{G\sqrt{\Delta}} \tag{7.70}$$

$$L_2G^2 + L_1 + 2MG = -\frac{(L_2G + M)\sqrt{\Delta}}{MC_1} \tag{7.71}$$

$$\frac{1}{C_1} + \frac{G^2}{C_2} = \frac{C_2 + C_1G^2}{C_1C_2} = -\frac{G}{EC_2} \tag{7.72}$$

$$\frac{E^2}{C_1} + \frac{H^2}{C_2} = -\frac{M}{G\sqrt{\Delta}} \tag{7.73}$$

于是式（7.69）变为

$$U^\dagger \hat{\mathcal{H}} U = \frac{p_1^2}{2AL_1L_2\frac{G\sqrt{\Delta}}{M^2C_1G - MC_2L_2}} + \frac{q_1^2}{2}\left(-\frac{G}{EC_2}\right)$$
$$+ \frac{p_2^2}{2AL_1L_2\left[-\frac{MC_1}{(L_2G + M)\sqrt{\Delta}}\right]} + \frac{q_2^2}{2}\left(-\frac{M}{G\sqrt{\Delta}}\right) \tag{7.74}$$

通过比较标准的谐振子 Hamilton 量 $\frac{p^2}{2\mu} + \frac{\mu\omega^2 q^2}{2}$，同时使用式（7.67），我们得到特征频率为

$$-\frac{G}{EC_2}\frac{M^2C_1G - MC_2l_2}{AL_1L_2G\sqrt{\Delta}} = \frac{C_2L_2 + C_1L_1 + \sqrt{\Delta}}{2AL_1L_2C_1C_2} \equiv \omega_+^2 \tag{7.75}$$

以及

$$\frac{\frac{M}{G\sqrt{\Delta}}}{AL_1L_2\frac{MC_1}{(L_2G + M)\sqrt{\Delta}}} = \frac{C_2L_2 + C_1L_1 - \sqrt{\Delta}}{2AL_1L_2C_2C_1} \equiv \omega_-^2 \tag{7.76}$$

由于 $A = 1 - M^2/(L_1 L_2)$，

$$\omega_\pm^2 = \frac{C_2 L_2 + C_1 L_1 \pm \sqrt{\Delta}}{2 C_2 C_1 (L_1 L_2 - M)} \tag{7.77}$$

该频率可以在实验中探测到.

### 7.2.3　用 IWOP 技术导出压缩真空态的量子噪声

我们想要计算等式（7.68）中的积分，以导出 $U$ 的具体表达式. 不失一般性，我们在某些 Fock 空间中引入湮灭算符和产生算符：

$$a_i = \sqrt{\frac{m\omega}{2\hbar}}\hat{q}_i + \mathrm{i}\frac{\hat{p}_i}{\sqrt{2m\omega\hbar}}, \quad a_i^\dagger = \sqrt{\frac{m\omega}{2\hbar}}\hat{q}_i - \mathrm{i}\frac{\hat{p}_i}{\sqrt{2m\omega\hbar}} \tag{7.78}$$

其中 $m$（质量）和 $\omega$（角频率）的值是任意选取的. 令 $|0\rangle$ 是可以被 $a_i$ 湮灭的真空态，$a_i|0\rangle = 0$，然后给出 Fock 空间中坐标本征态的表达式

$$\langle q_i| = \left(\frac{m_i\omega_i}{\pi\hbar}\right)^{1/4}\langle 0|\exp\left(-\frac{m_i\omega_i}{2\hbar}q_1^2 + \sqrt{\frac{2m_i\omega_i}{\hbar}}q_i a_i - \frac{1}{2}a_i^2\right) \tag{7.79}$$

无论 $m$（质量）和 $\omega$（角频率）的值是多少，$\langle q_i|$ 的完备性关系都一直成立，

$$\int_{-\infty}^{\infty}\mathrm{d}q\,|q\rangle\langle q| = 1 \tag{7.80}$$

这是因为可以进行积分变量转换 $\sqrt{\frac{m\omega}{\hbar}}f\left(\sqrt{\frac{m\omega}{\hbar}}q\right)\mathrm{d}q \to f(q)\,\mathrm{d}q$. 所以，为了方便，我们在做式（7.68）中的积分的时候，令 $m = 1, \omega = 1, \hbar = 1$，这是很自然的，因为等式（7.68）中的积分结果只取决于矩阵元素 $E, G, H$. 借助 IWOP 技术，利用双模坐标本征态的简化表达式

$$\langle q_1, q_2| = \sqrt{\frac{1}{\pi}}\langle 00|\exp\left[-\frac{1}{2}\left(q_1^2 + q_2^2\right) + \sqrt{2}\left(q_1 a_1 + q_2 a_2\right) - \frac{1}{2}a_1^2 - \frac{1}{2}a_2^2\right] \tag{7.81}$$

使用真空投影算子的正规排序形式

$$|00\rangle\langle 00| = \;:\exp(-a_1^\dagger a_1 - a_2^\dagger a_2): \tag{7.82}$$

我们得到

$$U = \iint_{-\infty}^{\infty}\mathrm{d}q_1\mathrm{d}q_2\left|\begin{pmatrix} 1 & E \\ G & H \end{pmatrix}\begin{pmatrix} q_1 \\ q_2 \end{pmatrix}\right\rangle\left\langle\left(\begin{pmatrix} q_1 \\ q_2 \end{pmatrix}\right)\right|$$

$$
= \frac{1}{\pi} \iint_{-\infty}^{\infty} \mathrm{d}q_1 \mathrm{d}q_2 : \exp\left\{ -\frac{1}{2} \left[ (q_1 + Eq_2)^2 + (Gq_1 + Hq_2)^2 \right] \right.
$$
$$
- \sqrt{2} \left( q_1 + Eq_2 \right) a_1^\dagger + \sqrt{2} \left( Gq_1 + Hq_2 \right) a_2^\dagger
$$
$$
\left. -\frac{1}{2} \left( q_1^2 + q_2^2 \right) + \sqrt{2} \left( q_1 a_1 + q_2 a_2 \right) - \frac{1}{2} \left( a_1 + a_1^\dagger \right)^2 - \frac{1}{2} \left( a_2 + a_2^\dagger \right)^2 \right\} :
$$
$$
= \frac{2}{\sqrt{L}} \exp\left\{ \frac{1}{2L} \left[ \left( 1 + E^2 - G^2 - H^2 \right) \left( a_1^{\dagger 2} - a_2^{\dagger 2} \right) + 4 \left( G + EG \right) a_1^\dagger a_2^\dagger \right] \right\}
$$
$$
\times : \exp\left[ \left( a_1^\dagger, a_2^\dagger \right) (g - I) \begin{pmatrix} a_1 \\ a_2 \end{pmatrix} \right] :
$$
$$
\times \exp\left\{ \frac{1}{2L} \left[ \left( E^2 + H^2 - 1 - G^2 \right) \left( a_1^2 - a_2^2 \right) + 4 \left( G + EH \right) a_1 a_2 \right] \right\} \tag{7.83}
$$

其中

$$
L = E^2 + G^2 + H^2 + 3 \tag{7.84}
$$
$$
g = \frac{2}{L} \begin{pmatrix} 1 + H & E - G \\ G - E & 1 + H \end{pmatrix}, \quad I = \begin{pmatrix} 1 & 0 \\ 0 & 1 \end{pmatrix} \tag{7.85}
$$

然后得到 $U\,|00\rangle$ 双模广义的压缩态

$$
U\,|00\rangle = \frac{2}{\sqrt{L}} \exp\left\{ \frac{1}{2L} \left[ \left( 1 + E^2 - G^2 - H^2 \right) \left( a_1^{\dagger 2} - a_2^{\dagger 2} \right) + 4 \left( G + EH \right) a_1^\dagger a_2^\dagger \right] \right\} |00\rangle \tag{7.86}
$$

由于 $\exp[4\left(G + EH\right) a_1^\dagger a_2^\dagger]$ 的存在,该式也是个纠缠态.

定义两个正交量

$$
X_1 = \frac{1}{2} \left( \hat{q}_1 + \hat{q}_2 \right), \quad X_2 = \frac{1}{2} \left( \hat{p}_1 + \hat{p}_2 \right) \tag{7.87}
$$

从 $\langle 00|\, \hat{q}_i \,|00\rangle = 0$, $\langle 00|\, \hat{p}_i \,|00\rangle = 0$,我们有

$$
\langle 00|\, q_i^2 \,|00\rangle = \frac{1}{2}, \quad \langle 00|\, \hat{p}_i^2 \,|00\rangle = \frac{1}{2} \tag{7.88}
$$

以及

$$
U^\dagger X_1 U = \frac{1}{2} \left( 1 + G \right) q_1 + \frac{1}{2} \left( H + E \right) q_2 \tag{7.89}
$$
$$
U^\dagger X_2 U = \frac{1}{2} \left( H - E \right) \hat{p}_1 + \frac{1}{2} \left( 1 - G \right) \hat{p}_2 \tag{7.90}
$$

更进一步,我们计算方差

$$
\Delta X_1^2 = \langle 00|\, U^\dagger X_1^2 U \,|00\rangle - \left( \langle 00|\, U^\dagger X_1 U \,|00\rangle \right)^2 = \frac{1}{8} \left[ (H + E)^2 + (1 + G)^2 \right] \tag{7.91}
$$
$$
\Delta X_2^2 = \langle 00|\, U^\dagger X_2^2 U \,|00\rangle - \left( \langle 00|\, U^\dagger X_2 U \,|00\rangle \right)^2 = \frac{1}{8} \left[ (H - E)^2 + (1 - G)^2 \right] \tag{7.92}
$$

所以量子噪声是（这里我们恢复了 Planck 常量）

$$\Delta X_1 \Delta X_2 = \frac{\hbar}{8}\sqrt{(1+E^2-G^2-H^2)^2+4} \qquad (7.93)$$

其中 $E,G,H$ 如式（7.67）所示. 可以大致看出，互感系数 $M$ 越大，噪声越大.

总的来说，我们量子化了有互感耦合的介观双 LC 电路的 Hamilton 量. 借助于 IWOP 技术，我们不仅推导了能级（特征频率），还导出了 Hamilton 量的解纠缠算符和量子噪声. 本章所采用的方法有助于量子计算机的介观电路设计.

# 7.3 介观电路中量子纠缠的经典对应

从量子力学诞生之日起，它的经典对应（或类比）一直是物理学家关心的话题. 本节首次讨论量子纠缠有没有经典类比（或对应），我们通过以下例子给出肯定回答：在介观电路量子化的框架中，对有互感的介观双 LC 电路，我们先用有序算符内的积分理论证明其互感是产生量子纠缠的源头，再求出其特征频率的公式，就发现它与如下描述的一个经典系统的小振动频率的表达式有相似之处，该经典系统如图 7.1 所示，两个墙壁各连一个相同的弹簧，两个弹簧之间通过一个滑动小车可以在光滑的桌面上运动，小车上挂有一根单摆，用分析力学求此系统的小振动频率，发现与上述介观电路的特征频率形式类似，单摆的摆动会造成小车来回振动，摆、小车和弹簧的互相牵制效应反映了小车和摆的"纠缠".

觉察物理相似性是前进的因素. Maxwell 善于从类比中悟出共性，他写道："为了不通过一种物理理论而获得物理思想，我们就应当熟悉现存的物理相似性. 所谓物理相似性，我认为是在一种科学定律和一些能够相互阐明的定律之间存在着的局部相似."量子力学中的很多概念有经典对应或类比，如平移、转动和宇称等. Dirac 认为量子幺正变换是经典正则变换的对应，但也有不存在经典对应的例子，如自旋. 如 Maxwell 所说，物理类比是发展物理学的一条途径，那么量子纠缠有没有经典对应（或类比）呢？

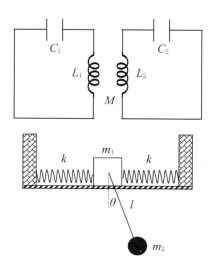

**图 7.1** 有互感的介观双 LC 电路及经典系统的小振动模型

在固态物理中,当输运尺度与电荷非弹性相干长度可以比拟时,电路中的量子效应必须被计入,这种情形下的电路便称为介观电路. 随着集成电路向原子尺度趋小化,电路理论的研究进入量子领域. 历史上,一个单 LC 电路的状态作为一个电路的"元胞",被 Louisell 在 1973 年量子化,他认电荷 $q$ 为正则坐标,电流 $I = dq/dt$ 乘上电感 $L$ 为正则动量,$p = L dq/dt$,进一步,将 $(q, p)$ 加上量子化条件 $[\hat{q}, \hat{p}] = i\hbar$,则 LC 电路被视为一个量子谐振子. 此后,很多有关介观电路量子化的研究论文陆续发表.

如前所述,在分析力学中,带有互感(系数为 $M$)的介观双 LC 电路的经典拉格朗日量是

$$\mathcal{L} = \frac{1}{2}\left(L_1 I_1^2 + L_2 I_2^2\right) + M I_1 I_2 - \frac{1}{2}\left(\frac{q_1^2}{C_1} + \frac{q_2^2}{C_2}\right) \tag{7.94}$$

这里 $M I_1 I_2$ 代表两个单回路中的电流相互作用,$L_1$ 和 $L_2$ 是在无漏磁情形下两个单回路的电感,$0 < M < \sqrt{L_1 L_2}$. 取 $q_1, q_2$ 为正则坐标,其共轭量是

$$p_1 = \frac{\partial \mathcal{L}}{\partial \dot{q}_1} = L_1 I_1 + M I_2 \tag{7.95}$$

$$p_2 = \frac{\partial \mathcal{L}}{\partial \dot{q}_2} = L_2 I_2 + M I_1 \tag{7.96}$$

相应的 Hamilton 量是

$$\begin{aligned}
\mathcal{H} &= p_1 \dot{q}_1 + p_2 \dot{q}_2 - \mathcal{L} \\
&= \frac{1}{2}\left(L_1 I_1^2 + L_2 I_2^2\right) + M I_1 I_2 + \frac{1}{2}\left(\frac{q_1^2}{C_1} + \frac{q_2^2}{C_2}\right)
\end{aligned}$$

$$= \frac{1}{2A}\left(\frac{p_1^2}{L_1}+\frac{p_2^2}{L_2}\right) - \frac{M}{AL_1L_2}p_1p_2 + \frac{1}{2}\left(\frac{q_1^2}{C_1}+\frac{q_2^2}{C_2}\right) \tag{7.97}$$

其中定义了

$$A = 1 - \frac{M^2}{L_1L_2}, \quad M^2 < L_1L_2 \tag{7.98}$$

将 $q_i, p_i$ 作为共轭对进行正则量子化为算符 $\hat{q}_i, \hat{p}_i$, 加上量子化条件 $[\hat{q}_i, \hat{p}_j] = \mathrm{i}\hbar\delta_{ij}$, $\mathcal{H} \to \hat{\mathcal{H}}$ 是 Hamilton 算符. $\frac{M}{AL_1L_2}\hat{p}_1\hat{p}_2$ 是引起量子纠缠的项. 为什么如此说呢? 因为按照以前文献可知, 此项会导致双模压缩态的产生, 非简并参量放大器输出的双模压缩态的信号模和闲置模是纠缠在一起的.

为了在理论上消去 $\hat{\mathcal{H}}$ 中的耦合项, 我们试图找到一个幺正算符 $U$, 将 $\hat{\mathcal{H}}$ 对角化. 采用坐标表象 $|q_i\rangle$, 我们记

$$U = \iint_{-\infty}^{\infty} \mathrm{d}q_1\mathrm{d}q_2 \left| u\begin{pmatrix} q_1 \\ q_2 \end{pmatrix} \right\rangle \left\langle \begin{pmatrix} q_1 \\ q_2 \end{pmatrix} \right|, \quad \det u = 1 \tag{7.99}$$

这里 $\left\langle \begin{pmatrix} q_1 \\ q_2 \end{pmatrix} \right| \equiv \langle q_1, q_2|$ 是双模坐标本征态,

$$\hat{q}_i \left| \begin{pmatrix} q_1 \\ q_2 \end{pmatrix} \right\rangle = q_i \left| \begin{pmatrix} q_1 \\ q_2 \end{pmatrix} \right\rangle, \quad u = \begin{pmatrix} u_{11} & u_{12} \\ u_{21} & u_{22} \end{pmatrix} \tag{7.100}$$

$u$ 是一个待定的 $2 \times 2$ 矩阵, 由对角化的要求确定. 方程 (11.10) 明显地体现了经典矩阵 $u$ 映射为 Hilbert 空间中的量子幺正算符 $U$. 用式 (7.99) 和式 (11.10) 得到 $\hat{q}_i$ 的变换性质

$$U \begin{pmatrix} \hat{q}_1 \\ \hat{q}_2 \end{pmatrix} U^\dagger = u^{-1} \begin{pmatrix} \hat{q}_1 \\ \hat{q}_2 \end{pmatrix} \tag{7.101}$$

转到动量表象, 用其完备性

$$\iint_{-\infty}^{\infty} \mathrm{d}p_1\mathrm{d}p_2 \left| \begin{pmatrix} p_1 \\ p_2 \end{pmatrix} \right\rangle \left\langle \begin{pmatrix} p_1 \\ p_2 \end{pmatrix} \right| = 1 \tag{7.102}$$

以及

$$\left\langle \begin{pmatrix} p_1 \\ p_2 \end{pmatrix} \middle| u\begin{pmatrix} q_1 \\ q_2 \end{pmatrix} \right\rangle = \frac{1}{2\pi} \exp\left[-\mathrm{i}\left(u^{\mathrm{T}}p\right)_j q_j\right] \tag{7.103}$$

(这里重复指标表示求和), 得到 $U$ 的动量表示

$$U = \frac{1}{2\pi}\iint_{-\infty}^{\infty}\mathrm{d}p_1\mathrm{d}p_2\iint_{-\infty}^{\infty}\mathrm{d}q_1\mathrm{d}q_2 \left| \begin{pmatrix} p_1 \\ p_2 \end{pmatrix} \right\rangle \left\langle \begin{pmatrix} q_1 \\ q_2 \end{pmatrix} \right| \exp\left[-\mathrm{i}\left(u^{\mathrm{T}}p\right)_j q_j\right] \tag{7.104}$$

$$= \iint_{-\infty}^{\infty}\mathrm{d}p_1\mathrm{d}p_2 \left| \begin{pmatrix} p_1 \\ p_2 \end{pmatrix} \right\rangle \left\langle u^{\mathrm{T}}\begin{pmatrix} p_1 \\ p_2 \end{pmatrix} \right|$$

介观电路中的量子纠缠、热真空和热力学性质
Quantum Entanglement, Thermal Vacuum, and Thermodynamic Properties in Mesoscopic Circuits

于是得到

$$U \begin{pmatrix} \hat{p}_1 \\ \hat{p}_2 \end{pmatrix} U^\dagger = u^{\mathrm{T}} \begin{pmatrix} \hat{p}_1 \\ \hat{p}_2 \end{pmatrix} \tag{7.105}$$

假设 $u$ 的形式是

$$u = \begin{pmatrix} 1 & E \\ G & H \end{pmatrix}, \quad \det u = H - EG = 1 \tag{7.106}$$

这里 $H, E, G$ 是待定的, 则

$$\left( u^{\mathrm{T}} \right)^{-1} = \begin{pmatrix} H & -G \\ -E & 1 \end{pmatrix} \tag{7.107}$$

在 $U^\dagger$ 变换下,

$$\begin{aligned} \hat{q}_1 &\to U^\dagger \hat{q}_1 U = \hat{q}_1 + E\hat{q}_2 \\ \hat{q}_2 &\to U^\dagger \hat{q}_2 U = G\hat{q}_1 + H\hat{q}_2 \\ \hat{p}_1 &\to U^\dagger \hat{p}_1 U = H\hat{p}_1 - G\hat{p}_2 \\ \hat{p}_2 &\to U^\dagger \hat{p}_2 U = -E\hat{p}_1 + \hat{p}_2 \end{aligned} \tag{7.108}$$

故 $\hat{\mathcal{H}}$ 在 $U^\dagger$ 变换下变成

$$\begin{aligned} U^\dagger \hat{\mathcal{H}} U = &\frac{1}{2A} \left[ \frac{(Hp_1 - Gp_2)^2}{L_1} + \frac{(-Ep_1 + p_2)^2}{L_2} \right] \\ &- \frac{M}{AL_1L_2} (Hp_1 - Gp_2)(-Ep_1 + p_2) \\ &+ \frac{1}{2} \left[ \frac{(q_1 + Eq_2)^2}{C_1} + \frac{(Gq_1 + Hq_2)^2}{C_2} \right] \end{aligned} \tag{7.109}$$

对角化要求式（7.109）中含 $\hat{p}_1\hat{p}_2$ 和 $\hat{q}_1\hat{q}_2$ 的项消失, 即要求

$$L_2 HG + L_1 E + M(GE + H) = 0 \tag{7.110}$$
$$C_2 E + C_1 GH = 0 \tag{7.111}$$

这意味着退纠缠. 联立 $H - EG = 1$, 可知

$$H = \frac{C_2}{C_2 + C_1 G^2} \tag{7.112}$$

于是

$$E = \frac{-GC_1}{C_2 + C_1 G^2} \tag{7.113}$$

接着有

$$HG = \frac{C_2 G}{C_2 + C_1 G^2} = -\frac{C_2}{C_1} E \tag{7.114}$$

将式（7.114）代入式（7.112）, 导出

$$-L_2 \frac{C_2}{C_1} E + L_1 E + M(2EG + 1) = 0 \tag{7.115}$$

由式（7.115）和式（7.114）给出

$$MC_1G^2 + G\left(L_1C_1 - L_2C_2\right) - MC_2 = 0 \tag{7.116}$$

此方程的通解是

$$G = \frac{L_2C_2 - L_1C_1 \pm \sqrt{\left(L_1C_1 - L_2C_2\right)^2 + 4M^2C_1C_2}}{2MC_1} \tag{7.117}$$

不失一般性，取负号，并令

$$\left(C_2L_2 - C_1L_1\right)^2 + 4M^2C_2C_1 = \Delta \tag{7.118}$$

可得

$$\begin{aligned}
G &= \frac{C_2L_2 - C_1L_1 - \sqrt{\Delta}}{2MC_1} = \frac{-2MC_2}{\sqrt{\Delta} + C_2L_2 - C_1L_1} \\
E &= \frac{C_1M}{\sqrt{\Delta}}, \quad H = \frac{\sqrt{\Delta} - \left(C_1L_1 - C_2L_2\right)}{2\sqrt{\Delta}}
\end{aligned} \tag{7.119}$$

于是相应的退纠缠算符是

$$U = \iint_{-\infty}^{\infty} \mathrm{d}q_1 \mathrm{d}q_2 \left| \begin{pmatrix} 1 & E \\ G & H \end{pmatrix} \begin{pmatrix} q_1 \\ q_2 \end{pmatrix} \right\rangle \left\langle \begin{pmatrix} q_1 \\ q_2 \end{pmatrix} \right| \tag{7.120}$$

用有序算符内的积分理论以及双模坐标本征态的 Fock 表象

$$\langle q_1, q_2 | = \sqrt{\frac{1}{\pi}} \langle 00 | \exp\left[-\frac{1}{2}\left(q_1^2 + q_2^2\right) + \sqrt{2}\left(q_1 a_1 + q_2 a_2\right) - \frac{1}{2}a_1^2 - \frac{1}{2}a_2^2\right] \tag{7.121}$$

其中 $\left[a_i, a_j^\dagger\right] = \delta_{ij}$，真空投影算符的正规乘积表示

$$|00\rangle\langle 00| = : \exp\left(-a_1^\dagger a_1 - a_2^\dagger a_2\right) : \tag{7.122}$$

对 $U$ 的表达式积分，得到

$$\begin{aligned}
U &= \iint_{-\infty}^{\infty} \mathrm{d}q_1 \mathrm{d}q_2 \left| \begin{pmatrix} I & E \\ G & H \end{pmatrix} \begin{pmatrix} q_1 \\ q_2 \end{pmatrix} \right\rangle \left\langle \begin{pmatrix} q_1 \\ q_2 \end{pmatrix} \right| \\
&= \frac{1}{\pi} \iint_{-\infty}^{\infty} \mathrm{d}q_1 \mathrm{d}q_2 : \exp\left\{-\frac{1}{2}\left[\left(q_1 + Eq_2\right)^2 + \left(Gq_1 + Hq_2\right)^2\right]\right. \\
&\quad -\sqrt{2}\left(q_1 + Eq_2\right)a_1^\dagger + \sqrt{2}\left(Gq_1 + Hq_2\right)a_2^\dagger - \frac{1}{2}\left(q_1^2 + q_2^2\right) \\
&\quad \left. +\sqrt{2}\left(q_1 a_1 + q_2 a_2\right) - \frac{1}{2}\left(a_1 + a_1^\dagger\right)^2 - \frac{1}{2}\left(a_2 + a_2^\dagger\right)^2\right\} : \\
&= \frac{2}{\sqrt{L}} \exp\left\{\frac{1}{2L}\left[\left(1 + E^2 - G^2 - H^2\right)\left(a_1^{\dagger 2} - a_2^{\dagger 2}\right) + 4\left(G + EG\right)a_1^\dagger a_2^\dagger\right]\right\}
\end{aligned}$$

$$\times \; : \exp\left[ \left( a_1^\dagger \; a_2^\dagger \right) (g - I) \begin{pmatrix} a_1 \\ a_2 \end{pmatrix} \right] :$$

$$\times \exp\left\{ \frac{1}{2L} \left[ \left( E^2 + H^2 - 1 - G^2 \right) \left( a_1^2 - a_2^2 \right) + 4 \left( G + EH \right) a_1 a_2 \right] \right\} \tag{7.123}$$

其中

$$L = E^2 + G^2 + H^2 + 3$$

$$g = \frac{2}{L} \begin{pmatrix} I + H & E - G \\ G - E & I + H \end{pmatrix}, \quad I = \begin{pmatrix} 1 & 0 \\ 0 & 1 \end{pmatrix} \tag{7.124}$$

可见 $U \left| 00 \right\rangle$ 是一个双模压缩态,

$$U \left| 00 \right\rangle = \frac{2}{\sqrt{L}} \exp\left\{ \frac{1}{2L} \left[ \left( 1 + E^2 - G^2 - H^2 \right) \left( a_1^{\dagger 2} - a_2^{\dagger 2} \right) \right. \right.$$

$$\left. \left. + 4 \left( G + EH \right) a_1^\dagger a_2^\dagger \right] \right\} \left| 00 \right\rangle \tag{7.125}$$

同时它也是一个纠缠态. 可见互感的存在导致量子纠缠. 该结果表示的是两个介观回路处于纠缠态. 注意到这是在双模坐标表象下表示出来的, 此处的广义坐标 $q_1, q_2$ 对应两个介观回路的电容各自携带的电量. 这就意味着测量其中一个回路电容上的电量后, 另外一个回路的电容上的电量也会塌缩到某个特定值上. 当然, 如果换成动量表象 (对应两个回路中各自的电流), 也依然有纠缠的特性.

去除含 $\hat{p}_1 \hat{p}_2$ 和 $\hat{q}_1 \hat{q}_2$ 的项后, 有

$$U^\dagger \hat{\mathcal{H}} U = \frac{p_1^2}{2AL_1L_2} \left( L_2 H^2 + L_1 E^2 + 2MHE \right) + \frac{p_2^2}{2AL_1L_2} \left( L_2 G^2 + L_1 + 2MG \right)$$

$$+ \frac{q_1^2}{2} \left( \frac{1}{C_1} + \frac{G^2}{C_2} \right) + \frac{q_1^2}{2} \left( \frac{E^2}{C_1} + \frac{H^2}{C_2} \right) \tag{7.126}$$

用式 (7.119) 算出

$$L_2 H^2 + L_1 E^2 + 2MHE = \frac{M^2 C_1 G - M C_2 L_2}{G\sqrt{\Delta}} \tag{7.127}$$

$$L_2 G^2 + L_1 + 2MG = -\frac{\left( L_2 G + M \right) \sqrt{\Delta}}{MC_1} \tag{7.128}$$

$$\frac{1}{C_1} + \frac{G^2}{C_2} = \frac{C_2 + C_1 G^2}{C_1 C_2} = -\frac{G}{EC_2} \tag{7.129}$$

$$\frac{E^2}{C_1} + \frac{H^2}{C_2} = -\frac{M}{G\sqrt{\Delta}} \tag{7.130}$$

于是 (7.126) 变成

$$U^\dagger \hat{\mathcal{H}} U = \frac{\left( M^2 C_1 G - M C_2 L_2 \right)}{2AL_1L_2G\sqrt{\Delta}} p_1^2 - \frac{G}{2EC_2} q_1^2 - \frac{\left( L_2 G + M \right) \sqrt{\Delta}}{2AL_1L_2MC_1} p_2^2 - \frac{M}{2G\sqrt{\Delta}} q_2^2$$

与谐振子 Hamilton 量的标准形式 $\dfrac{p^2}{2m} + \dfrac{m\omega^2 q^2}{2}$ 比较,可得两个特征频率:

$$-\frac{G}{EC_2} \frac{M^2 C_1 G - M C_2 L_2}{A L_1 L_2 G \sqrt{\Delta}} = \frac{C_2 L_2 + C_1 L_1 + \sqrt{\Delta}}{2 A L_1 L_2 C_1 C_2} \equiv \omega_+^2 \tag{7.131}$$

$$\frac{\dfrac{M}{G\sqrt{\Delta}}}{A L_1 L_2 \dfrac{M_1}{(L_2 G + M)\sqrt{\Delta}}} = \frac{C_2 L_2 + C_1 L_1 - \sqrt{\Delta}}{2 A L_1 L_2 C_2 C_1} \equiv \omega_-^2 \tag{7.132}$$

再用 $A = 1 - \dfrac{M^2}{L_1 L_2}$,可见

$$\omega_\pm^2 = \frac{C_2 L_2 + C_1 L_1 \pm \sqrt{(C_2 L_2 - C_1 L_1)^2 + 4 M^2 C_2 C_1}}{2 C_2 C_1 (L_1 L_2 - M^2)} \tag{7.133}$$

或

$$\omega_\pm^2 = \frac{C_2 L_2 + C_1 L_1 \pm \sqrt{(C_2 L_2 + C_1 L_1)^2 + 4 C_2 C_1 (M^2 - L_2 L_1)}}{2 C_2 C_1 (L_1 L_2 - M^2)}$$

$$= \frac{C_2 L_2 + C_1 L_1}{2 C_2 C_1 (L_1 L_2 - M^2)} \pm \sqrt{\left[\frac{(C_2 L_2 + C_1 L_1)}{2 C_2 C_1 (L_1 L_2 - M^2)}\right]^2 - \frac{1}{C_2 C_1 (L_1 L_2 - M^2)}} \tag{7.134}$$

这是可以用实验验证的.

现在我们转而讨论自由滑动小车-单摆系统的微振动频率. 从分析力学观点可对摆线偏离竖直线的角度 $\theta$ 和滑块的坐标 $x$,分别写下动能与势能,动能是

$$T = \frac{1}{2} m_1 \dot{x}^2 + \frac{m_2}{2}\left[(\dot{x} + l\dot{\theta}\cos\theta)^2 + l^2\dot{\theta}^2 \sin^2\theta\right] \tag{7.135}$$

其中第一项是滑动小车的动能,第二项是摆球的动能,反映了摆球同时参与滑动和摆动的速度合成规则,即三角形余弦定理,

$$(\dot{x} + l\dot{\theta}\cos\theta)^2 + l^2\dot{\theta}^2\sin^2\theta = \dot{x}^2 + l^2\dot{\theta}^2 + 2\dot{x}l\dot{\theta}\cos\theta \tag{7.136}$$

势能是

$$V = -m_2 g l \cos\theta + 2 \times \frac{1}{2} k x^2 \tag{7.137}$$

从 $\mathcal{L} = T - V$ 以及

$$\frac{\mathrm{d}}{\mathrm{d}t}\frac{\partial \mathcal{L}}{\partial \dot{x}} = \frac{\partial \mathcal{L}}{\partial x}, \quad \frac{\mathrm{d}}{\mathrm{d}t}\frac{\partial \mathcal{L}}{\partial \dot{\theta}} = \frac{\partial \mathcal{L}}{\partial \theta} \tag{7.138}$$

导出动力学方程

$$(m_1 + m_2)\ddot{x} + m_2 l\ddot{\theta}\cos\theta - m_2 l\dot{\theta}^2 \sin\theta + 2kx = 0 \tag{7.139}$$

$$l\ddot{\theta} + \ddot{x}\cos\theta + g\sin\theta = 0 \tag{7.140}$$

在小振动时，$\cos\theta \approx 1, \sin\theta \approx \theta$，故以上两式分别约化为

$$(m_1 + m_2)\ddot{x} + m_2 l\ddot{\theta} + 2kx = 0 \tag{7.141}$$

$$l\ddot{\theta} + \ddot{x} + g\theta = 0 \tag{7.142}$$

即

$$m_1\ddot{x} = m_2 g\theta - 2kx \tag{7.143}$$

$$m_1 l\ddot{\theta} = 2kx - g(m_1 + m_2)\theta \tag{7.144}$$

在晃动过程中，小车与摆有相同的频率，故可令

$$x = Y\sin\omega t \tag{7.145}$$

$$\theta = Z\sin\omega t \tag{7.146}$$

代入上面两式，得到

$$\left(\omega^2 m_1 - 2k\right)Y + m_2 gZ = 0 \tag{7.147}$$

$$2kY + \left[m_1 l\omega^2 - g(m_1 + m_2)\right]Z = 0 \tag{7.148}$$

当其系数行列式为零时才有非平庸解，即

$$\begin{vmatrix} \omega^2 m_1 - 2k & m_2 g \\ 2k & -g(m_1 + m_2) + m_1 l\omega^2 \end{vmatrix} = 0 \tag{7.149}$$

也就是

$$m_1^2 l\omega^4 - m_1\left[2kl + g(m_1 + m_2)\right]\omega^2 + 2kgm_1 = 0 \tag{7.150}$$

由此解出

$$\omega^2 = \frac{m_1\left[g(m_1 + m_2) + 2kl\right] \pm \sqrt{\left[g(m_1 + m_2) + 2kl\right]^2 m_1^2 - 4lm_1^2 2km_1 g}}{2lm_1^2} \tag{7.151}$$

所以弹簧自由滑动小车-单摆系统的微振动频率是

$$\omega^2 = \frac{(m_1 + m_2)g + 2kl}{2m_1 l} \pm \sqrt{\left[\frac{(m_1 + m_2)g + 2kl}{2m_1 l}\right]^2 - \frac{2kg}{m_1 l}} \tag{7.152}$$

这里的两个根都是正定的，都是物理解，$\dfrac{2kg}{m_1 l} = \dfrac{2k}{m_1} \times \dfrac{g}{l}$ 代表弹簧振子带动小车运动（以 $2k/m_1$ 表征）与单摆运动（以 $g/l$ 表征）之间的耦合，是量子纠缠的经典类比.

现在我们将介观电路的本征频率改写为

$$\omega_\pm^2 = \frac{C_2 L_2 + C_1 L_1 \pm \sqrt{(C_2 L_2 + C_1 L_1)^2 + 4C_2 C_1(M^2 - L_2 L_1)}}{2C_2 C_1(L_1 L_2 - M^2)}$$

$$= \frac{C_2 L_2 + C_1 L_1}{2 C_2 C_1 (L_1 L_2 - M^2)} \pm \sqrt{\left[ \frac{(C_2 L_2 + C_1 L_1)}{2 C_2 C_1 (L_1 L_2 - M^2)} \right]^2 - \frac{1}{C_2 C_1 (L_1 L_2 - M^2)}} \quad (7.153)$$

再和上述力学系统的频率（7.152）做一比较，就可见如下的对应：

$$\frac{(m_1 + m_2) g + 2kl}{2 m_1 l} \leftrightarrow \frac{C_1 L_1 + C_2 L_2}{2 C_1 C_2 (L_1 L_2 - m^2)} \quad (7.154)$$

$$\frac{2kg}{m_1 l} = \frac{2k}{m_1} \times \frac{g}{l} \leftrightarrow \frac{1}{C_1 C_2 (L_1 L_2 - m^2)} \quad (7.155)$$

于是我们找到了一个鲜明的例子，即量子纠缠可以有经典力学模拟或对应. 我们期望有更多的例子出现.

　　**小结**　本节首次讨论量子纠缠有没有经典类比（或对应）的问题，指出在介观电路量子化的框架中，带有互感的介观双 LC 电路与两个弹簧之间夹一个小滑车在光滑的地面上附带一个单摆的运动可以比拟，我们先用有序算符内的积分理论证明第一个系统的互感是产生量子纠缠的源头，再求出其特征频率的公式，就发现它与第二个系统的小振动频率公式类似. 单摆的摆动会造成小车来回振动，摆、小车和弹簧的互相牵制效应反映了小车和摆的"纠缠". 从两个系统的振动频率对比中发现有类似，这是数学严格推导的结果，而不是哲学观点上的逻辑推理. 时至今日，我们还不能武断有量子纠缠的系统就不存在可以类比的经典力学系统，真理是在探索讨论中渐渐显露的，我们这里严密正确的推导希望能起抛砖引玉的作用.

# 第 8 章

# 不变本征算符方法求解介观量子电路的能级

不变本征算符方法结合了 Heisenberg 方程和 Schrödinger 方程的优点.

在量子力学的发展过程中,如何求解量子系统的能谱始终是一个基本而关键的问题. 长期以来,人们的一般做法都是根据系统的 Hamilton 量建立定态 Schrödinger 方程,求解它而得到能量本征态和本征值. 但是在涉及微分方程求解时,常常遇到解不出的困难, 步履维艰,与此同时, 和 Schrödinger 方程有着同等重要地位的 Heisenberg 方程,却很少被直接用于求解能谱,人们厚此薄彼的主要原因是较熟悉微分方程求解的做法. 量子力学史告诉我们,当初 Heisenberg 创建量子力学时,他所关心的不是粒子的坐标或动量, 而是关注物理上可观测的光谱,即两个能级之间的跃迁,这就牵涉两个态矢量,若用列矩阵代表态矢,就自然会用到矩阵计算 (Born 先意识到这一点),据此,Heisenberg 引入了量子跃迁矩阵,从而创立了矩阵力学. 可见 Heisenberg 的思路也是针对能谱问题的,尽管长期以来人们没有给予足够的重视.

为了改善这种现状,经过研究我们发现,对于很多系统来说,在求量子体系能级时, 除了直接处理 Schrödinger 波动方程的解外,还可直接对算符进行操作来达到目的,我们把这一套对算符操作求量子体系能级的方法进行归纳总结,并称之为不变本征算符方法(Invariant Eigen-Operator Method,简称 IEO 方法). 这一方法从 Heisenberg 思想出发,关注能级的间隙,同时结合 Schrödinger 算符的物理意义,把本征态的思想推广到不变本征算符的概念,从而使得 Heisenberg 方程的用途更加广泛,在不少情形下,不变本征算符方法避免了对角化 Hamilton 量的传统做法,显得尤为简便.

## 8.1 IEO 方法的引入

古人云:"睫在眼前长不见,道非身处更何求." IEO 方法的灵感来源于量子力学最基本的 Schrödinger 方程与 Heisenberg 方程的和谐. Schrödinger 把 $\mathrm{i}\hbar\frac{\partial}{\partial t}$ 和 Hamilton 算符 $\mathcal{H}$ 视为等价的(为方便起见,本章中取 $\hbar = 1$),故而在很多文献里,$\mathrm{i}\frac{\partial}{\partial t}$ 被称为 Schrödinger 算子. Schrödinger 方程为

$$\mathrm{i}\frac{\partial}{\partial t}\,|\psi\rangle = \mathcal{H}\,|\psi\rangle$$

对于一个不显含时间的 Hamilton 量 $\mathcal{H}$,其定态 Schrödinger 方程为 $\mathcal{H}\psi = E\psi$. 当转到 Heisenberg 表象中时,一个力学量算符 $O$ 的时间演化受 Heisenberg 方程的支配,即

$$\mathrm{i}\frac{\partial}{\partial t}O = [O,\mathcal{H}] \tag{8.1}$$

由此 $O$ 满足

$$[O,\mathcal{H}] = \lambda\hat{O}$$

那么 $\lambda$ 就对应 $\mathrm{i}\frac{\partial}{\partial t} \to \mathcal{H}$. 若对 $O$ 做一次微商 $\mathrm{i}\frac{\partial}{\partial t}$ 还不满足算符方程 $\mathrm{i}\frac{\partial}{\partial t}O = \lambda\hat{O}$ 的话,就再做第 $n$ 次微商并再用 Heisenberg 方程. 如果算符 $O_e$ 满足

$$\left(\mathrm{i}\frac{\mathrm{d}}{\mathrm{d}t}\right)^n\hat{O} = [\cdots[[\hat{O},\hat{\mathcal{H}}],\hat{\mathcal{H}}]\cdots,\hat{\mathcal{H}}] = \lambda\hat{O} \tag{8.2}$$

那么系统的能级为 $\sqrt[n]{\lambda}$. 这是因为 Schrödinger 算子 $\mathrm{i}\frac{\mathrm{d}}{\mathrm{d}t} \leftrightarrow \hat{\mathcal{H}}$,$\left(\mathrm{i}\frac{\mathrm{d}}{\mathrm{d}t}\right)^n \leftrightarrow \hat{\mathcal{H}}^n$,故方程(8.2)可以看作本征方程,$\left(\mathrm{i}\frac{\mathrm{d}}{\mathrm{d}t}\right)^n$ 的本征值是 $\lambda$,$\hat{O}_e$ 称为不变本征算符(Invariant Eigen-Operator). 为了更详细地说明,设 $|\psi_a\rangle$,$|\psi_b\rangle$ 是 $\hat{\mathcal{H}}$ 的两个近邻本征态,本征值分别是 $E_a$,$E_b$. 在式(8.2)中取 $n = 2$,就有

$$\langle\psi_a|\left(\mathrm{i}\frac{\mathrm{d}}{\mathrm{d}t}\right)^2\hat{O}_e\,|\psi_b\rangle = \langle\psi_a|\left[\left[\hat{O}_e,\hat{\mathcal{H}}\right],\hat{\mathcal{H}}\right]|\psi_b\rangle = \langle\psi_a|\left(\hat{O}_e\hat{\mathcal{H}}^2 - 2\hat{\mathcal{H}}\hat{O}_e\hat{\mathcal{H}} + \hat{\mathcal{H}}^2\hat{O}_e\right)|\psi_b\rangle$$

$$= (E_b - E_a)^2 \langle \psi_a | \hat{O}_e | \psi_b \rangle = \lambda \langle \psi_a | \hat{O}_e | \psi_b \rangle \tag{8.3}$$

由于 $\langle \psi_a | \hat{O}_e | \psi_b \rangle$ 是非零矩阵元, $|\psi_a\rangle$ 和 $|\psi_b\rangle$ 间的能级差是 $E_a - E_b = \sqrt{\lambda}$. 所以, 对于 $n$, 能级差是 $\sqrt[n]{\lambda}$.

方程 (8.1) 可以看作是和能量本征态方程 "平行" 的方程, 换句话说, 算符 $\hat{O}$ 在 $\mathrm{i}\dfrac{\mathrm{d}}{\mathrm{d}t}$ 的作用下是 "不变量". 这样, 如果算符满足式 (8.1), 我们就称它为系统的一个一阶不变本征算符. 利用这些不变本征算符来求解系统能谱的方法相应地称为 IEO 方法. 在波函数的定态本征方程中, 本征值即表示系统的能量. 而在我们引入的算符本征方程中, 本征值与系统 Hamilton 量的本征能谱有密切关系, 它对应的是系统的能级差.

## 8.2　不变本征算符方法求有互感耦合的双 LC 电路的特征频率

设系统的 Lagrange 量为

$$\mathcal{L} = \frac{1}{2}\left(L_1 I_1^2 + L_2 I_2^2\right) + M I_1 I_2 - \frac{1}{2}\left(\frac{q_1^2}{C_1} + \frac{q_2^2}{C_2}\right) + \varepsilon_1(t) q_1 + \varepsilon_2(t) q_2$$

对于有漏磁的情况, 即当 $0 < M < \sqrt{L_1 L_2}$ 时, $\det H \neq 0$, 系统为正则系统, 我们可以采用通常的正则量子化方法, 将系统量子化.

对于电荷 $q_1, q_2$, 其共轭变量为

$$P_1(t) = \frac{\partial \mathcal{L}}{\partial \dot{q}_1} = L_1 I_1 + M I_2$$
$$P_2(t) = \frac{\partial \mathcal{L}}{\partial \dot{q}_2} = L_2 I_2 + M I_1$$

所以系统的 Hamilton 量

$$\begin{aligned}
\mathcal{H} &= P_1 \dot{q}_1 + P_2 \dot{q}_2 - \mathcal{L} \\
&= \frac{1}{2}\left(L_1 I_1^2 + L_2 I_2^2\right) + M I_1 I_2 + \frac{1}{2}\left(\frac{q_1^2}{C_1} + \frac{q_2^2}{C_2}\right) - \varepsilon_1(t) q_1 - \varepsilon_2(t) q_2 \\
&= \frac{L_1 L_2}{2(L_1 L_2 - M^2)}\left(\frac{P_1^2}{L_1} + \frac{P_2^2}{L_2}\right) - \frac{M}{L_1 L_2 - M^2} P_1 P_2 \\
&\quad + \frac{1}{2}\left(\frac{q_1^2}{C_1} + \frac{q_2^2}{C_2}\right) - \varepsilon_1 q_1 - \varepsilon_2 q_2
\end{aligned}$$

定义无量纲量

$$F = 1 - \frac{M^2}{L_1 L_2}$$

我们用不变本征算符方法求有互感耦合的双 LC 电路的特征频率. 设不变本征算符是

$$O_e = P_1 + g P_2 \tag{8.4}$$

这里 $g$ 待定. 由 Heisenberg 方程得到

$$\begin{aligned}
\mathrm{i}\frac{\mathrm{d}}{\mathrm{d}t} O_e &= [O_e, H_0] \\
&= \left[ P_1 + g P_2, \frac{1}{2}\left( \frac{q_1^2}{C_1} + \frac{q_2^2}{C_2} \right) \right] \\
&= -\mathrm{i}\frac{q_1}{C_1} - \mathrm{i}g\frac{q_2}{C_2}
\end{aligned} \tag{8.5}$$

相应的 IEO 方程是

$$\begin{aligned}
\left( \mathrm{i}\frac{\mathrm{d}}{\mathrm{d}t} \right)^2 O_e &= \mathrm{i}\frac{\mathrm{d}}{\mathrm{d}t}\left[ -\mathrm{i}\frac{q_1}{C_1} - \mathrm{i}g\frac{q_2}{C_2} \right] \\
&= \left[ -\mathrm{i}\frac{q_1}{C_1} - \mathrm{i}g\frac{q_2}{C_2}, \frac{1}{2F}\left( \frac{P_1^2}{L_1} + \frac{P_2^2}{L_2} \right) - \frac{M}{F L_1 L_2} P_1 P_2 \right] \\
&= \left( \frac{1}{C_1 F L_1} - \frac{gM}{C_2 F L_1 L_2} \right) P_1 + \left( \frac{g}{C_2 F L_2} - \frac{M}{C_1 F L_1 L_2} \right) P_2 \\
&= \omega^2 O_e
\end{aligned} \tag{8.6}$$

比较式（8.6）和式（8.5），给出

$$\frac{1}{g} = \frac{\dfrac{1}{C_1 L_1} - \dfrac{gM}{C_2 L_1 L_2}}{\dfrac{g}{C_2 L_2} - \dfrac{M}{C_1 L_1 L_2}} = \frac{C_2 L_2 - gM C_1}{g C_1 L_1 - M C_2}$$

即

$$g^2 M C_1 - g \left( C_2 L_2 - C_1 L_1 \right) - M C_2 = 0 \tag{8.7}$$

其解是

$$g = \frac{C_2 L_2 - C_1 L_1 \pm \sqrt{\left( C_2 L_2 - C_1 L_1 \right)^2 + 4 M^2 C_1 C_2}}{2 M C_1}$$

为了以后的方便，令

$$\left( C_2 L_2 - C_1 L_1 \right)^2 + 4 M^2 C_2 C_1 = \Delta$$

代入式（8.6），给出

$$\omega^2 = \frac{1}{C_1 F L_1} - \frac{M}{C_2 F L_1 L_2} \frac{C_2 L_2 - C_1 L_1 \pm \sqrt{\Delta}}{2 M C_1}$$

$$= \frac{C_2 L_2 + C_1 L_1 \pm \sqrt{\Delta}}{2 C_1 C_2 F L_1 L_2} = \frac{C_2 L_2 + C_1 L_1 \pm \sqrt{\Delta}}{2 C_1 C_2 (L_1 L_2 - M^2)} \tag{8.8}$$

这是有互感的介观双 LC 电路特征频率的平方.

验证

$$\frac{\partial}{\partial q_1} = -\frac{q_1}{C_1} + \varepsilon_1(t), \quad \frac{\partial}{\partial q_2} = -\frac{q_2}{C_2} + \varepsilon_2(t)$$

$$L_1 \frac{\mathrm{d}^2 q_1}{\mathrm{d}t^2} + M \frac{\mathrm{d}^2 q_2}{\mathrm{d}t^2} + \frac{q_1}{C_1} - \varepsilon_1(t) = 0$$

$$L_2 \frac{\mathrm{d}^2 q_2}{\mathrm{d}t^2} + M \frac{\mathrm{d}^2 q_1}{\mathrm{d}t^2} + \frac{q_2}{C_2} - \varepsilon_2(t) = 0$$

令

$$q_1 = Q_1 \mathrm{e}^{\mathrm{i}\omega t}, \quad q_2 = Q_2 \mathrm{e}^{\mathrm{i}\omega t}$$

代入齐次方程组并消去所有的 $\mathrm{e}^{\mathrm{i}\omega t}$ 因子,得

$$L_1 Q_1 \omega^2 + M Q_2 \omega^2 - \frac{Q_1}{C_1} = 0, \quad L_2 Q_2 \omega^2 + M Q_1 \omega^2 - \frac{Q_2}{C_2} = 0$$

整理得

$$\left(L_1 \omega^2 - \frac{1}{C_1}\right) Q_1 + M \omega^2 Q_2 = 0, \quad M \omega^2 Q_1 + \left(L_2 \omega^2 - \frac{1}{C_2}\right) Q_2 = 0$$

此方程有解的前提是两方程不独立,即行列式

$$\begin{vmatrix} L_1 \omega^2 - 1/C_1 & M \omega^2 \\ M \omega^2 & L_2 \omega^2 - 1/C_2 \end{vmatrix} = 0$$

由此得

$$\left(L_1 \omega^2 - \frac{1}{C_1}\right) \left(L_2 \omega^2 - \frac{1}{C_2}\right) - M^2 \omega^4 = 0$$

即

$$\left(L_1 L_2 - M^2\right) \omega^4 - \left(\frac{L_1}{C_2} + \frac{L_2}{C_1}\right) \omega^2 + \frac{1}{C_1 C_2} = 0$$

解得

$$\omega^2 = \frac{\dfrac{L_1}{C_2} + \dfrac{L_2}{C_1} \pm \sqrt{\left(\dfrac{L_1}{C_2} + \dfrac{L_2}{C_1}\right)^2 - 4\left(L_1 L_2 - M^2\right)\dfrac{1}{C_1 C_2}}}{2\left(L_1 L_2 - M^2\right)}$$

$$= \frac{L_1 C_1 + L_2 C_2 \pm \sqrt{L_1^2 C_1^2 + L_2^2 C_2^2 - 2 C_1 C_2 L_1 L_2 + 4 M^2 C_1 C_2}}{2\left(L_1 L_2 - M^2\right) C_1 C_2}$$

与由不变本征算符方法计算得到的结果一致. 这说明此电路确实存在两个特征频率.

特别当 $L_1 = L_2 \equiv L, C_1 = C_2 \equiv C$ 时,上式退化成

$$\omega = \sqrt{\frac{1}{C(L \pm M)}} \tag{8.9}$$

则

$$\frac{L_1 L_2}{2(L_1 L_2 - M^2)} \frac{P_1^2}{L_1} = \frac{P_1^2}{2FL_1}, \quad \frac{L_1 L_2}{2(L_1 L_2 - M^2)} \frac{P_2^2}{L_2} = \frac{P_2^2}{2FL_2}$$

根据经典电路的等效理论,$Fl_1$ 和 $Fl_2$ 是等效串并联电路中的两个等效电感,但

$$\frac{M}{L_1 L_2 - M^2} P_1 P_2 = \frac{M P_1 P_2}{L_1 L_2 F}$$

## 8.3　有互感耦合的三个 LC 电路的特征频率(辐射频率)

作为推广,我们求有互感耦合的三个 LC 电路(图 8.1)的特征频率. 其经典 Lagrange 函数是

$$\mathcal{L} = \frac{1}{2} \sum_{i=1}^{3} \left( L_i I_i^2 - \frac{q_i^2}{C_i} + \varepsilon q_i \right) + M \sum_{1 \leqslant i < j \leqslant 3} I_i I_j \tag{8.10}$$

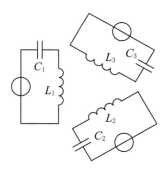

图 8.1　有互感耦合的三个 LC 电路

## 8.3.1 对称情形

为了突出方法本身的特点,我们考虑 $L_1 = L_2 = L_3 \equiv L, C_1 = C_2 = C_3 \equiv C.$ 取 $q_1, q_2, q_3$ 为正则坐标,相应的动量是

$$
\begin{aligned}
P_1 &= \frac{\partial \mathcal{L}}{\partial \dot{q}_1} = LI_1 + M(I_2 + I_3) \\
P_2 &= \frac{\partial \mathcal{L}}{\partial \dot{q}_2} = LI_2 + M(I_1 + I_3) \\
P_3 &= \frac{\partial \mathcal{L}}{\partial \dot{q}_3} = LI_3 + M(I_1 + I_2)
\end{aligned}
\tag{8.11}
$$

写成矩阵形式

$$
\begin{pmatrix} P_1 \\ P_2 \\ P_3 \end{pmatrix} = K \begin{pmatrix} I_1 \\ I_2 \\ I_3 \end{pmatrix}, \quad K = \begin{pmatrix} L & M & M \\ M & L & M \\ M & M & L \end{pmatrix}
$$

其逆

$$
\begin{pmatrix} I_1 \\ I_2 \\ I_3 \end{pmatrix}
$$

$$
= \frac{1}{(L-M)(L^2+LM-2M^2)} \begin{pmatrix} L^2-M^2 & M^2-ML & M^2-ML \\ M^2-ML & L^2-M^2 & M^2-ML \\ M^2-ML & M^2-LM & L^2-M^2 \end{pmatrix} \begin{pmatrix} P_1 \\ P_2 \\ P_3 \end{pmatrix}
$$

$$
= K^{-1} \begin{pmatrix} P_1 \\ P_2 \\ P_3 \end{pmatrix}
$$

$$
K^{-1} = \frac{1}{(L-M)(L+2M)} \begin{pmatrix} L+M & -M & -M \\ -M & L+M & -M \\ -M & -M & L+M \end{pmatrix}
$$

Hamilton 量为

$$
\mathcal{H} = P_1 \dot{q}_1 + P_2 \dot{q}_2 + P_3 \dot{q}_3 - \mathcal{L} = \mathcal{H}_0 - \varepsilon \sum_{i=1}^{3} q_i
\tag{8.12}
$$

其中

$$
\mathcal{H}_0 = \frac{1}{2} L \sum_i I_i^2 + M(I_1 I_2 + I_2 I_3 + I_1 I_3) + \frac{1}{2C}(q_1^2 + q_2^2 + q_3^2)
$$

$$= \frac{1}{2} (P_1, P_2, P_3) K^{-1} \begin{pmatrix} P_1 \\ P_2 \\ P_3 \end{pmatrix} + \frac{1}{2C} (q_1^2 + q_2^2 + q_3^2)$$

$$= \frac{(L+M)(P_1^2 + P_2^2 + P_3^2) - 2M(P_1 P_2 + P_2 P_3 + P_1 P_3)}{2(L-M)(L+2M)} + \frac{1}{2C}(q_1^2 + q_2^2 + q_3^2)$$

为以下讨论方便,记

$$\alpha = \frac{L+M}{(L-M)(L+2M)}, \quad \beta = \frac{1}{C}, \quad \gamma = -\frac{M}{(L-M)(L+2M)}$$

故

$$\mathcal{H}_0 = \frac{\alpha}{2}(P_1^2 + P_2^2 + P_3^2) + \frac{\beta}{2}(q_1^2 + q_2^2 + q_3^2) + \gamma(P_1 P_2 + P_2 P_3 + P_1 P_3)$$

我们现在使用 IEO 方法来推导 $H_0$ 的能级差. 假设不变本征算符是

$$O_{\mathrm{e}} = P_1 + g_1 P_2 + g_2 P_3 \tag{8.13}$$

其中 $g_1, g_2$ 待定. 使用 Heisenberg 方程,有

$$\begin{aligned}
\mathrm{i}\frac{\mathrm{d}}{\mathrm{d}t} O_{\mathrm{e}} &= [O_{\mathrm{e}}, \mathcal{H}_0] \\
&= \left[ P_1 + g_1 P_2 + g_2 P_3, \frac{\beta}{2}(q_1^2 + q_2^2 + q_3^2) \right] \\
&= -\mathrm{i}\beta(q_1 + g_1 q_2 + g_2 q_3)
\end{aligned}$$

对应的 IEO 方程为

$$\begin{aligned}
\left(\mathrm{i}\frac{\mathrm{d}}{\mathrm{d}t}\right)^2 O_{\mathrm{e}} &= \mathrm{i}\frac{\mathrm{d}}{\mathrm{d}t} [-\mathrm{i}\beta(q_1 + g_1 q_2 + g_2 q_3)] \\
&= (\alpha\beta + g_1\beta\gamma + g_2\beta\gamma) P_1 + (g_1\alpha\beta + \beta\gamma + g_2\beta\gamma) P_2 \\
&\quad + (g_2\alpha\beta + \beta\gamma + g_1\beta\gamma) P_2 \\
&= \omega^2 O_{\mathrm{e}}
\end{aligned} \tag{8.14}$$

我们得到

$$\begin{cases} g_1^2 + g_1 g_2 - g_2 - 1 = 0 \\ g_2^2 + g_1 g_2 - g_1 - 1 = 0 \end{cases} \tag{8.15}$$

这个方程组有两组解:

$$g_1 = g_2 = 1, \quad \text{或} \quad g_1 = -1 - g_2$$

每组解对应一个能级差. 当 $g_1 = g_2 = 1$ 时,我们有

$$\omega_1 = \sqrt{\beta(\alpha + 2\gamma)}$$

介观电路中的量子纠缠、热真空和热力学性质
Quantum Entanglement, Thermal Vacuum, and Thermodynamic Properties in Mesoscopic Circuits

当 $g_1 = -1 - g_2$ 时,我们有

$$\omega_2 = \sqrt{\beta(\alpha - \gamma)}$$

返回原始变量,我们有

$$\omega_1 = \sqrt{\frac{1}{C(L + 2M)}}, \quad \omega_2 = \sqrt{\frac{1}{C(L - M)}} \tag{8.16}$$

这是三个带互感的介观 LC 电路的特征频率.

由于特征频率的推导意味着能量量子化,本章介绍的方法可以应用于其他更复杂的介观电路的量子化.

## 8.3.2　矩阵形式

在这里,我们进一步将 IEO 方程改写为矩阵形式.

一般来说,二次型 Hamilton 量具有以下形式:

$$\mathcal{H} = (P_1, P_2, P_3)\mathcal{M}\begin{pmatrix} P_1 \\ P_2 \\ P_3 \end{pmatrix} + (Q_1, Q_2, Q_3)\mathcal{N}\begin{pmatrix} Q_1 \\ Q_2 \\ Q_3 \end{pmatrix}$$

$$\equiv P_i M_{ij} P_j + Q_i N_{ij} Q_j$$

其中重复的指标意味着求和,$[P_j, Q_i] = -\mathrm{i}\hbar$,$\mathcal{M}, \mathcal{N}$ 都是对称矩阵,

$$M_{ij} = M_{ji}, \quad N_{ij} = N_{ji}$$

假设不变本征算符是

$$O_e = (t_1, t_2, t_3)\begin{pmatrix} P_1 \\ P_2 \\ P_3 \end{pmatrix} = t_i P_i$$

其中 $t_i$ 待定,于是我们可以计算

$$\begin{aligned}
[O_e, \mathcal{H}] &= [t_i P_i, Q_j N_{jk} Q_k] \\
&= t_i N_{jk}[Q_j[P_i, Q_k] + [P_i, Q_j]Q_k] \\
&= -\mathrm{i}(t_i N_{ji} Q_j + t_i N_{ik} Q_i) \\
&= -\mathrm{i}2 t_i N_{ij} Q_j
\end{aligned}$$

由此可知

$$\frac{1}{-2\mathrm{i}}[O_e, [O_e, \mathcal{H}]] = [t_i N_{ij} Q_j, P_k M_{kl} P_l]$$

$$= t_i N_{ij} M_{kl} \left( P_k \left[ Q_j, P_l \right] + \left[ Q_j, P_k \right] P_l \right)$$
$$= \mathrm{i} t_i N_{ij} M_{kl} \left( P_k \delta_{jl} + P_l \delta_{jk} \right)$$
$$= \mathrm{i} \left( t_i N_{ij} M_{kj} P_k + t_i N_{ij} M_{jl} P_l \right)$$
$$= 2 \mathrm{i} t_i N_{ij} M_{jk} P_k$$

即

$$[O_{\mathrm{e}}, [O_{\mathrm{e}}, \mathcal{H}]] = 4 t_i N_{ij} M_{jk} P_k$$

通过对比二阶 IEO 方程

$$[O_{\mathrm{e}}, [O_{\mathrm{e}}, \mathcal{H}]] = \omega^2 O_{\mathrm{e}}$$

我们得到

$$4 t_i N_{ij} M_{jk} P_k = \omega^2 t_k P_k$$

因此我们得到 $t_i$ 的方程

$$4 M_{kj} N_{ji} t_i = \omega^2 t_k$$

或者它的矩阵形式

$$\mathcal{M} \mathcal{N} t = \frac{\omega^2}{4} t$$

其中 $\omega^2/4$ 是 $\mathcal{M} \mathcal{N}$ 的本征值.

Hamilton 量为

$$\mathcal{H}_0 = \frac{(L+M)\left(P_1^2 + P_2^2 + P_3^2\right) - 2M\left(P_1 P_2 + P_2 P_3 + P_1 P_3\right)}{2(L-M)(L+2M)} + \frac{1}{2C}\left(q_1^2 + q_2^2 + q_3^2\right)$$

$$\equiv (P_1, P_2, P_3) \mathcal{M} \begin{pmatrix} P_1 \\ P_2 \\ P_3 \end{pmatrix} + (Q_1, Q_2, Q_3) \mathcal{N} \begin{pmatrix} Q_1 \\ Q_2 \\ Q_3 \end{pmatrix}$$

所以我们确定

$$\mathcal{M} = \frac{1}{2(L-M)(L+2M)} \begin{pmatrix} L+M & -M & -M \\ -M & L+M & -M \\ -M & -M & L+M \end{pmatrix}$$

$$\mathcal{N} = \begin{pmatrix} \frac{1}{2C} & 0 & 0 \\ 0 & \frac{1}{2C} & 0 \\ 0 & 0 & \frac{1}{2C} \end{pmatrix}$$

可以推导出 $\mathcal{M} \mathcal{N}$ 的本征值是

$$\lambda_1 = \frac{1}{4C(L+2M)}, \quad \lambda_2 = \lambda_3 = \frac{1}{4C(L-M)}$$

因此,特征频率是

$$\omega_1 = \sqrt{\frac{1}{C(L+2M)}}, \quad \omega_2 = \omega_3 = \sqrt{\frac{1}{C(L-M)}}$$

## 8.3.3 有两个非对称互感的三电路的特征频率

现在处理三个 LC 电路的电感,紧邻的电感两两之间有不相同的互感,但不相邻的电感之间没有互感. 从 Lagrange 量得到正则动量

$$P_1 = \frac{\partial \mathcal{L}}{\partial \dot{q}_1} = LI_1 + m_{12}I_2$$

$$P_2 = \frac{\partial \mathcal{L}}{\partial \dot{q}_2} = LI_2 + m_{12}I_1 + m_{23}I_3$$

$$P_3 = \frac{\partial \mathcal{L}}{\partial \dot{q}_3} = LI_3 + m_{23}I_2$$

写成矩阵形式

$$\begin{pmatrix} P_1 \\ P_2 \\ P_3 \end{pmatrix} = \begin{pmatrix} L & m_{12} & 0 \\ m_{12} & L & m_{23} \\ 0 & m_{23} & L \end{pmatrix} \begin{pmatrix} I_1 \\ I_2 \\ I_3 \end{pmatrix} \equiv K' \begin{pmatrix} I_1 \\ I_2 \\ I_3 \end{pmatrix}$$

$K'$ 的逆矩阵为

$$K'^{-1} = \frac{1}{L^3 - Lm_{12}^2 - Lm_{23}^2} \begin{pmatrix} L^2 - m_{23}^2 & -Lm_{12} & m_{12}m_{23} \\ -Lm_{12} & L^2 & -Lm_{23} \\ m_{12}m_{23} & -Lm_{23} & L^2 - m_{12}^2 \end{pmatrix}$$

于是

$$\mathcal{H}' = P_1\dot{q}_1 + P_2\dot{q}_2 + P_3\dot{q}_3 - \mathcal{L} = \mathcal{H}_0' - \varepsilon \sum_{i=1}^{3} q_i$$

其中

$$\mathcal{H}_0' = (P_1, P_2, P_3)K'^{-1} \begin{pmatrix} L/2 & m_{12} & 0 \\ m_{12} & L/2 & m_{23} \\ 0 & m_{23} & L/2 \end{pmatrix} K'^{-1} \begin{pmatrix} P_1 \\ P_2 \\ P_3 \end{pmatrix} + \frac{1}{2C}(q_1^2 + q_2^2 + q_3^2)$$

因此

$$\mathcal{M}' = K'^{-1} \begin{pmatrix} L/2 & m_{12} & 0 \\ m_{12} & L/2 & m_{23} \\ 0 & m_{23} & L/2 \end{pmatrix} K'^{-1}, \quad \mathcal{N}' = \begin{pmatrix} \frac{1}{2C} & 0 & 0 \\ 0 & \frac{1}{2C} & 0 \\ 0 & 0 & \frac{1}{2C} \end{pmatrix}$$

此时求解 $\mathcal{M}'\mathcal{N}'$ 的特征值可能会很复杂, 因为涉及两个矩阵的逆的乘积. 考虑到逆矩阵的本征值就是该矩阵本征值的倒数, 于是可以考虑 $(\mathcal{M}\mathcal{N})^{-1}$ 的本征值, 由于 $\mathcal{N}^{-1} = 2CI$, 所以

$$(\mathcal{M}'\mathcal{N}')^{-1} = 2CK' \begin{pmatrix} L/2 & m_{12} & 0 \\ m_{12} & L/2 & m_{23} \\ 0 & m_{23} & L/2 \end{pmatrix}^{-1} K'$$

它的具体形式是

$$(\mathcal{M}'\mathcal{N}')^{-1}$$
$$= \frac{2C}{L^2 - 4\left(m_{12}^2 + m_{23}^2\right)}$$
$$\times \begin{pmatrix} 2L\left(L^2 - 3m_{12}^2 - 4m_{23}^2\right) & -4m_{12}\left(m_{12}^2 + m_{23}^2\right) & 2Lm_{12}m_{23} \\ -4m_{12}\left(m_{12}^2 + m_{23}^2\right) & 2L\left(L^2 - 3m_{12}^2 - 3m_{23}^2\right) & -4m_{23}\left(m_{12}^2 + m_{23}^2\right) \\ 2Lm_{12}m_{23} & -4m_{23}\left(m_{12}^2 + m_{23}^2\right) & 2L\left(L^2 - 4m_{12}^2 - 3m_{23}^2\right) \end{pmatrix}$$

它有三个特征值

$$\lambda_1 = 4CL$$
$$\lambda_2 = \frac{4C\left[L^3 - 3l\left(m_{12}^2 + m_{23}^2\right) - 2\sqrt{\left(m_{12}^2 + m_{23}^2\right)^3}\right]}{L^2 - 4\left(m_{12}^2 + m_{23}^2\right)}$$
$$\lambda_3 = \frac{4C\left[L^3 - 3L\left(m_{12}^2 + m_{23}^2\right) + 2\sqrt{\left(m_{12}^2 + m_{23}^2\right)^3}\right]}{L^2 - 4\left(m_{12}^2 + m_{23}^2\right)}$$

因此频率为

$$\omega_1 = \sqrt{\frac{4}{\lambda_1}} = \sqrt{\frac{1}{CL}}$$
$$\omega_2 = \sqrt{\frac{4}{\lambda_2}} = \sqrt{\frac{L^2 - 4\left(m_{12}^2 + m_{23}^2\right)}{C\left[L^3 - 3L\left(m_{12}^2 + m_{23}^2\right) - 2\sqrt{\left(m_{12}^2 + m_{23}^2\right)^3}\right]}}$$
$$\omega_3 = \sqrt{\frac{4}{\lambda_3}} = \sqrt{\frac{L^2 - 4\left(m_{12}^2 + m_{23}^2\right)}{C\left[L^3 - 3l\left(m_{12}^2 + m_{23}^2\right) + 2\sqrt{\left(m_{12}^2 + m_{23}^2\right)^3}\right]}}$$

## 8.4　一般二次型 Hamilton 量的不变本征算符

考虑二次型 Hamilton 量的一般形式,在正则坐标 $q_i, p_i$ 表示中,有

$$\mathcal{H} = \frac{1}{2} \sum_{i,j} M_{ij} p_i p_j + \frac{1}{2} \sum_{i,j} \left( N_{ij} q_i p_j + N_{ji}^* p_j q_i \right) + \frac{1}{2} \sum_{i,j} L_{ij} q_i q_j \tag{8.17}$$

$\mathcal{H}$ 的 Hermite 性要求 $M_{ij} = M_{ji}^*, L_{ij} = L_{ji}^*$. 假设 $M_{ij} = M_{ji}, L_{ij} = L_{ji}$. $q_i, p_i$ 满足

$$[q_i, p_j] = \mathrm{i} \delta_{ij}, \quad [q_i, q_j] = [p_i, p_j] = 0$$

于是

$$\begin{aligned}
[q_i, \mathcal{H}] &= \mathrm{i} \sum_j M_{ji} p_j + \mathrm{i} \sum_j \frac{1}{2} \left( N_{ji} + N_{ij}^* \right) q_j \\
[p_i, \mathcal{H}] &= -\mathrm{i} \sum_{i,j} L_{ji} q_j - \mathrm{i} \sum_{i,j} \frac{1}{2} \left( N_{ji} + N_{ij}^* \right) p_j
\end{aligned} \tag{8.18}$$

把它们写成矩阵形式

$$\left[ (q,p), \mathcal{H} \right] = (q,p) K'$$

这里

$$(q,p) \equiv (q_1, \cdots, q_n, p_1, \cdots, p_n)$$

而

$$K' = \mathrm{i} \begin{pmatrix} \frac{1}{2} \left( \mathcal{N} + \mathcal{N}^\dagger \right) & -\mathcal{L} \\ \mathcal{M} & -\frac{1}{2} \left( \mathcal{N} + \mathcal{N}^\dagger \right) \end{pmatrix}$$

不变本征算符 $O_e = (q,p) V$ 满足

$$\mathrm{i} \frac{\partial}{\partial t} O_e = \left[ (q,p) V, \mathcal{H} \right] = (q,p) K' V = \lambda (q,p) V$$

不变本征方程是

$$K' V = \lambda V$$

## 8.4.1 均匀磁场中电子所受混合位势的能级

作为应用,我们考虑均匀磁场 $B = B\hat{z}$ 中电子受混合位势 $\frac{m}{2}\left(\omega_1^2 x^2 + \omega_2^2 y^2\right) + kxy$ 的动力学问题. 为简单起见,选对称规范 $A = B\left(-\frac{y}{2}, \frac{x}{2}, 0\right)$,Hamilton 量是

$$\mathcal{H} = \frac{1}{2m}\left(P_x - \frac{eB}{2}y\right)^2 + \frac{1}{2m}\left(P_y + \frac{eB}{2}x\right)^2 + \frac{m}{2}\left(\omega_1^2 x^2 + \omega_2^2 y^2\right) + kxy$$

根据式(8.18)有

$$K' = \mathrm{i}\begin{pmatrix} 0 & \Omega/2 & -m\Omega^2/4 - m\omega_1^2 & -k \\ -\Omega/2 & 0 & -k & -m\Omega^2/4 - m\omega_2^2 \\ 1/m & 0 & 0 & \Omega/2 \\ 0 & 1/m & -\Omega/2 & 0 \end{pmatrix} \tag{8.19}$$

这里 $\Omega = eB/m$ 是电子运动的同步频率.

由矩阵 $K'$ 的本征值方程可给出

$$\lambda^4 - \lambda^2\left(\Omega^2 + \omega_1^2 + \omega_2^2\right) + \omega_1^2\omega_2^2 - \frac{k^2}{m^2} = 0$$

故而

$$\lambda^2 = \frac{\Omega^2 + \omega_1^2 + \omega_2^2 \pm \sqrt{(\Omega^2 + \omega_1^2 + \omega_2^2)^2 + 4k^2/m^2 - 4\omega_1^2\omega_2^2}}{2} \tag{8.20}$$

$\lambda$ 必须是实数,这就要求

$$\frac{k^2}{m^2} \leqslant \omega_1^2\omega_2^2 \tag{8.21}$$

这里举一个例子:当 $\frac{k^2}{m^2} > \omega_1^2\omega_2^2$ 时,我们可以得到虚数 $\lambda$.

## 8.4.2 规范不变性

众所周知,矢势 $A_\mu$ 和 $A_\mu' = A_\mu + \partial_\mu f$ 描述了相同的电磁场. 变换 $A_\mu \to A_\mu' = A_\mu + \partial_\mu f$ 称为规范变换. 物理在规范变换下是不变的,这种现象称为规范不变性. 在这一小节我们使用 IEO 方法检查规范不变性.

我们选择矢势 $A = B(\mu x - \alpha y, \beta x + \nu y, 0)$，其中 $\alpha + \beta = 1$，$\mu$，$\nu$ 是任意的数.
$B = \nabla \times A = B\hat{z}$. 在这样的规范选择中，Hamilton 量为

$$\mathcal{H} = \frac{1}{2m}[P_x - eB(\alpha y - \mu x)]^2 + \frac{1}{2m}[P_y + eB(\beta x + \nu y)]^2 + \frac{m}{2}(\omega_1^2 x^2 + \omega_2^2 y^2) + kxy$$

对易关系为

$$[x, \mathcal{H}] = \frac{\mathrm{i}P_x}{m} - \frac{\mathrm{i}eB}{m}(\alpha y - \mu x)$$

$$[y, \mathcal{H}] = \frac{\mathrm{i}P_y}{m} + \frac{\mathrm{i}eB}{m}(\beta x + \nu y)$$

$$[P_x, \mathcal{H}] = -\frac{\mathrm{i}eB}{m}\mu P_x + \frac{\mathrm{i}e^2 B^2}{m}\mu(\alpha y - \mu x) - \frac{\mathrm{i}eB}{m}\beta P_y - \frac{\mathrm{i}e^2 B^2}{m}\beta(\beta x + \nu y) - \mathrm{i}m\omega_1^2 x - \mathrm{i}ky$$

$$[P_y, \mathcal{H}] = \frac{\mathrm{i}eB}{m}\alpha P_x - \frac{\mathrm{i}e^2 B^2}{m}\alpha(\alpha y - \mu x) - \frac{\mathrm{i}e^2 B^2}{m}\nu(\beta x + \nu y) - \frac{\mathrm{i}eB}{m}\nu P_y - \mathrm{i}m\omega_2^2 y - \mathrm{i}kx$$

于是在该情况下有

$$K' = \mathrm{i}\begin{pmatrix} \mu\Omega & \beta\Omega & -m(\beta^2 + \mu^2)\Omega^2 - m\omega_1^2 & -k \\ -\alpha\Omega & \nu\Omega & -k & -m(\alpha^2 + \nu^2)\Omega^2 - m\omega_2^2 \\ 1/m & 0 & -\mu\Omega & \alpha\Omega \\ 0 & 1/m & -\beta\Omega & -\nu\Omega \end{pmatrix} \tag{8.22}$$

这里 $K'$ 与我们在方程（8.19）中计算的对称规范非常不同. 然而特征值方程是相同的，

$$\lambda^4 - \lambda^2(\Omega^2 + \omega_1^2 + \omega_2^2) + \omega_1^2\omega_2^2 - \frac{k^2}{m^2} = 0 \tag{8.23}$$

方程（8.23）不依赖于 $\alpha, \beta, \mu, \nu$. 因此，我们验证了规范选择 $A = B(\lambda x - \alpha y, \beta x + \mu y, 0)$ 的规范不变性.

总之，IEO 方法使求解二次型 Hamilton 量的能量更加方便和简洁.

## 8.4.3　求简正模

使用不变特征向量法，我们已经展示了量子化 Hamilton 量的经典广义坐标表示

$$\hat{\mathcal{H}} = \frac{1}{2}\sum_{i,j}^{n} M_{ij}\hat{p}_i\hat{p}_j + \frac{1}{2}\sum_{i,j}^{n} L_{ij}\hat{q}_i\hat{q}_j \tag{8.24}$$

其中 $\hat{\mathcal{H}}$ 的 Hermite 性要求 $M_{ij} = M_{ji}^*$，$L_{ij} = L_{ji}^*$，可以通过 IEO 方法推导出来，这既方便又有效. 获取广义坐标的标准程序总结如下：

(1) 直接从 Hamilton 量 $\hat{\mathcal{H}}$ 得到矩阵 $\mathcal{M}, \mathcal{L}$.

(2) 求正交矩阵 $R, R^{-1} = R^{\mathrm{T}}$, 使得

$$R^{\mathrm{T}} \left( \mathcal{M}^{1/2} \mathcal{L} \mathcal{M}^{1/2} \right) R = \mathrm{diag} \left( \lambda_q \right) \tag{8.25}$$

然后引入新的正则坐标,

$$\hat{q}' = \hat{q} \mathcal{M}^{-1/2} R, \quad \hat{p}' = \hat{p} \mathcal{M}^{1/2} R \tag{8.26}$$

满足

$$\left[ \hat{q}'_i, \hat{p}'_j \right] = \mathrm{i} \delta_{ij} \tag{8.27}$$

利用方程(8.26),我们得到

$$
\begin{aligned}
\hat{\mathcal{H}} &= \frac{1}{2} \hat{p} \mathcal{M} \hat{p}^{\mathrm{T}} + \frac{1}{2} \hat{q} \mathcal{L} \hat{q}^{\mathrm{T}} \\
&= \frac{1}{2} \hat{p}' R^{\mathrm{T}} \mathcal{M}^{-1/2} \mathcal{M} \mathcal{M}^{-1/2} R \hat{p}'^{\mathrm{T}} + \frac{1}{2} \hat{q}' R^{\mathrm{T}} \mathcal{M}^{1/2} \mathcal{L} \mathcal{M}^{1/2} R \hat{q}'^{\mathrm{T}} \\
&= \frac{1}{2} \hat{p}' \hat{p}'^{\mathrm{T}} + \frac{1}{2} \hat{q}' \mathrm{diag} \left( \lambda_q \right) \hat{q}'^{\mathrm{T}}
\end{aligned}
\tag{8.28}
$$

于是 $q' = q \mathcal{M}^{-1/2} R$ 正是我们需要的广义坐标.

# 第 9 章

# 用纠缠态表象导出有互感和共用电容的介观双回路量子电路的特征频率

20 世纪 80 年代，Louisell 首先考虑了单 LC 电路的量子化，获得了真空态的量子噪声. 近年来，有很多文章研究复杂介观电路的量子化和噪声，但以往的研究都没有讨论复杂电路作为一个整体的特征频率. 其原因是在经典电路理论的框架内没有量子效应，人们只需根据 Kirchhoff 定律求出电路的电流、电压和阻抗损耗就可以了. 但是我们认为进入量子领域，应该讨论复杂电路作为一个整体的特征频率，因为复杂电路内部存在量子纠缠. 在本章中，我们讨论有互感 $M$ 和共用电容 $C$ 的介观双电路的量子化. 在给出其正确的量子 Hamilton 算符后，用纠缠态表象首次求出了系统在恒稳电路状态下的量子化能级公式及特征频率 $\sqrt{\dfrac{L_1 + 2M + L_2}{(L_1 L_2 - M^2) C}}$，这表明特征频率随着互感增大而增大；当互感为零时，即两个回路的电感彻底分离，互不影响，特征频率变为 $\sqrt{\dfrac{1}{L_1 C} + \dfrac{1}{L_2 C}} = \sqrt{\omega_1^2 + \omega_2^2}$，其中 $\omega_1 = 1/\sqrt{L_1 C}$ 和 $\omega_2 = 1/\sqrt{L_2 C}$ 分别为单回路 1 和单回路 2 的特征频率. 所以本章突破了对复杂电路的经典处理的范围，提出了讨论特征频率的新观点.

在讨论经典电路的时候,人们使用 Kirchhoff 定律以及电容和电感的简单性质就能得到有关电路在经典范畴内的一切信息. 以存在互感的双 LC 电路为例,将电荷量 $q$ 看作广义坐标,电流 $I$ 看作广义动量,类比 Hamilton 力学的处理方法,将电路的 Hamilton 体系构建出来. 当然,至此依然局限在经典范畴. 直到我们将 Hamilton 量 $\mathcal{H}$ 量子化后,许多经典范畴内没有的新的结论和性质才一一显现出来.

# 9.1 描述有互感和共用电容的系统的 Lagrange 量、Hamilton 量和正则变换

考虑如图 9.1 所示的有互感和共用电容的介观双电路,两个电感之间有互感,电路的一端有电源 $\varepsilon(t)$, 从两个回路的电流方程可以看出 Lagrange 量为

$$\mathcal{L} = \frac{1}{2}\left(L_1 I_1^2 + L_2 I_2^2\right) + M I_1 I_2 - \frac{1}{2}\frac{(q_1 - q_2)^2}{C} + \varepsilon(t)\, q_1 \tag{9.1}$$

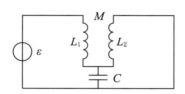

**图 9.1** 有互感和共用电容的介观双电路

其中 $\frac{1}{2}\left(L_1 I_1^2 + L_2 I_2^2\right) + M I_1 I_2$ 是电流流动产生的能量,可视为动能,而 $\frac{1}{2}\frac{(q_1 - q_2)^2}{C}$ 是电荷聚集在电容器极板两端产生的电势能,$q_i\,(i=1,2)$ 代表电路中的电荷,$L_i$ 代表电感,$C$ 是回路的耦合电容,$\varepsilon(t)$ 是外电源,$M$ 代表互感,

$$M = K\sqrt{L_1 L_2} \tag{9.2}$$

$K$ 代表漏磁程度,$K$ 越大表明漏磁越小,通常 $K < 1$. 由式（9.1）得到

$$\begin{aligned}
\frac{\partial \mathcal{L}}{\partial q_1} &= -\frac{q_1 - q_2}{C} + \varepsilon(t) \\
\frac{\mathrm{d}}{\mathrm{d}t}\left(\frac{\partial \mathcal{L}}{\partial \dot{q}_1}\right) &= \frac{\mathrm{d}}{\mathrm{d}t}\left(\frac{\partial \mathcal{L}}{\partial I_1}\right) = \frac{\mathrm{d}}{\mathrm{d}t}\left(L_1 I_1 + M I_2\right) = L_1 \frac{\mathrm{d}^2 q_1}{\mathrm{d}t^2} + M \frac{\mathrm{d}^2 q_2}{\mathrm{d}t^2}
\end{aligned} \tag{9.3}$$

根据 Lagrange 方程

$$\frac{\mathrm{d}}{\mathrm{d}t}\left(\frac{\partial \mathcal{L}}{\partial \dot{q}_i}\right) - \frac{\partial \mathcal{L}}{\partial q_i} = 0 \quad (i = 1, 2) \tag{9.4}$$

对于回路 1 来说,我们有

$$L_1 \frac{\mathrm{d}^2 q_1}{\mathrm{d}t^2} + M \frac{\mathrm{d}^2 q_2}{\mathrm{d}t^2} + \frac{q_1 - q_2}{C} = \varepsilon(t) \tag{9.5}$$

同理,回路 2 的 Lagrange 方程为

$$L_2 \frac{\mathrm{d}^2 q_2}{\mathrm{d}t^2} + M \frac{\mathrm{d}^2 q_1}{\mathrm{d}t^2} - \frac{q_1 - q_2}{C} = 0 \tag{9.6}$$

这与用 Kirchhoff 定理得出的回路的动力学方程一致. 这说明式(9.1)确定的系统 Lagrange 量是正确的. $q_i$ 的正则动量为

$$
\begin{aligned}
p_1 &= \frac{\partial \mathcal{L}}{\partial \dot{q}_1} = \frac{\partial \mathcal{L}}{\partial I_1} = L_1 I_1 + M I_2 \\
p_2 &= \frac{\partial \mathcal{L}}{\partial \dot{q}_2} = \frac{\partial \mathcal{L}}{\partial I_2} = L_2 I_2 + M I_1
\end{aligned} \tag{9.7}
$$

由于 $K = M/\sqrt{L_1 L_2} < 1, L_1 L_2 - M^2 \neq 0$,故从式(9.6)和式(9.7)得

$$\begin{pmatrix} I_1 \\ I_2 \end{pmatrix} = \begin{pmatrix} L_1 & M \\ M & L_2 \end{pmatrix}^{-1} \begin{pmatrix} p_1 \\ p_2 \end{pmatrix} = \frac{1}{L_1 L_2 - M^2} \begin{pmatrix} L_2 & -M \\ -M & L_1 \end{pmatrix} \begin{pmatrix} p_1 \\ p_2 \end{pmatrix} \tag{9.8}$$

或

$$I_1 = \frac{L_2 p_1 - M p_2}{L_1 L_2 - M^2}, \quad I_2 = \frac{L_1 p_2 - M p_1}{L_1 L_2 - M^2} \tag{9.9}$$

对 Lagrange 量做 Legendre 变换,注意到式(9.9),得到 Hamilton 量

$$
\begin{aligned}
\mathcal{H} &= \sum_{i=1}^{2} \dot{q}_i p_i - \mathcal{L} I_1 (L_1 I_1 + M I_2) + I_2 (L_2 I_2 + M I_1) \\
&\quad - \mathcal{L} \frac{1}{2}\left[ L_1 \left(\frac{L_2 p_1 - M p_2}{L_1 L_2 - M^2}\right)^2 + L_2 \left(\frac{L_1 p_2 - M p_1}{L_1 L_2 - M^2}\right)^2 \right] \\
&\quad + M \left(\frac{L_2 p_1 - M p_2}{L_1 L_2 - M^2}\right)\left(\frac{L_1 p_2 - M p_1}{L_1 L_2 - M^2}\right) + \frac{1}{2}\frac{(q_1 - q_2)^2}{C} - \varepsilon(t) q_1 \\
&= \frac{p_1^2}{2 A L_1} + \frac{p_2^2}{2 A L_2} - \frac{M}{A L_1 L_2} p_1 p_2 + \frac{1}{2}\frac{(q_1 - q_2)^2}{C} - \varepsilon(t) q_1
\end{aligned} \tag{9.10}
$$

这里

$$A = 1 - K^2 = 1 - \frac{M^2}{L_1 L_2} \tag{9.11}$$

以下我们只考虑稳恒电路的情况，即电流已经达到恒定，外源的贡献 $\varepsilon(t)q_1$ 正好抵消电路中产生的焦耳热. 所以在下面的讨论中，我们可以认为系统的量子化 Hamilton 量不显含时间 $t$，

$$\mathcal{H}_0 = \frac{p_1^2}{2AL_1} + \frac{p_2^2}{2AL_2} - \frac{M}{AL_1L_2}p_1p_2 + \frac{1}{2}\frac{(q_1-q_2)^2}{C} \tag{9.12}$$

其中 $q_\alpha, p_\beta$ $(\alpha, \beta = 1, 2)$ 视作 Hermite 算符，满足正则对易关系：

$$[q_\alpha, p_\beta] = \mathrm{i}\hat{\delta}_{\alpha\beta} \tag{9.13}$$

我们的目的是求其能级、零点能及特征频率，因为 $p_1p_2$ 与 $q_1q_2$ 项都会引起量子纠缠，故我们将用纠缠态表象实现目标.

## 9.2　两个互为共轭的纠缠态表象

令

$$q_i = \frac{1}{\sqrt{2}}\left(a_i + a_i^\dagger\right), \quad p_i = \frac{1}{\sqrt{2}\mathrm{i}}\left(a_i - a_i^\dagger\right), \quad \left[a_i, a_j^\dagger\right] = \delta_{ij} \tag{9.14}$$

这里已取 $\hbar = m = \omega = 1$. 引入一个双模 Fock 空间，其产生（湮灭）算符为 $a_i^\dagger$ $(a_i)$. 引入态矢量

$$|\eta\rangle = \exp\left(\left[-\frac{1}{2}|\eta|^2 + \eta a_1^\dagger - \eta^* a_2^\dagger + a_1^\dagger a_2^\dagger\right)|00\rangle, \quad \eta = \eta_1 + \mathrm{i}\eta_2 \tag{9.15}$$

我们可以证明它是 $p_1 + p_2$ 及 $q_1 - q_2$ 的共同本征态，$[p_1 + p_2, q_1 - q_2] = 0$. 事实上，用 $a_1, a_2$ 分别作用在 $|\eta\rangle$ 上，有

$$a_1|\eta\rangle = \left(\eta + a_2^\dagger\right)|\eta\rangle, \quad a_2|\eta\rangle = -\left(\eta^* - a_1^\dagger\right)|\eta\rangle \tag{9.16}$$

由此导出

$$\frac{1}{\sqrt{2}}\left[\left(a_1 + a_1^\dagger\right) - \left(a_2 + a_2^\dagger\right)\right]|\eta\rangle = \sqrt{2}\eta_1|\eta\rangle = (q_1 - q_2)|\eta\rangle \tag{9.17}$$

$$\frac{1}{\sqrt{2}\mathrm{i}}\left[\left(a_1 - a_1^\dagger\right) + \left(a_2 - a_2^\dagger\right)\right]|\eta\rangle = \sqrt{2}\eta_2|\eta\rangle = (p_1 - p_2)|\eta\rangle \tag{9.18}$$

可见 $\eta$ 的实部和虚部分别对应 $q_1 - q_2$ 和 $p_1 - p_2$ 的本征值. 可以用有序算符内的积分技术和 $|00\rangle\langle 00| = : \exp\left(-a_1^\dagger a_1 - a_2^\dagger a_2\right) :$,简捷地证明 $|\eta\rangle$ 满足完备性关系:

$$\int \frac{\mathrm{d}^2\eta}{\pi} |\eta\rangle\langle\eta|$$
$$= \int \frac{\mathrm{d}^2\eta}{\pi} : \exp(-|\eta|^2 + \eta a_1^\dagger - \eta^* a_2^\dagger + a_1^\dagger a_2^\dagger - a_1^\dagger a_1 - a_2^\dagger a_2 + \eta^* a_1 - \eta a_2 + a_1 a_2) :$$
$$= 1$$

利用式（9.15），又有

$$\langle\eta| \left(a_1^\dagger - a_2\right) = \eta^* \langle\eta| , \quad \langle\eta| \left(a_2^\dagger - a_1\right) = -\eta \langle\eta| \tag{9.19}$$

由式（9.17）及式（9.18）得到

$$\langle\eta'| \left(a_1 - a_2^\dagger\right) |\eta\rangle = \eta \langle\eta' | \eta\rangle = \eta' \langle\eta' | \eta\rangle \tag{9.20}$$
$$\langle\eta'| \left(a_2 - a_1^\dagger\right) |\eta\rangle = -\eta'^* \langle\eta' | \eta\rangle = -\eta^* \langle\eta' | \eta\rangle \tag{9.21}$$

因此 $|\eta\rangle$ 是正交归一的,即

$$\langle\eta' | \eta\rangle = \pi\delta^{(2)}\left(\eta' - \eta\right) \tag{9.22}$$

以 $q_i$ 作为正则坐标,则相对坐标和质心坐标分别为

$$q_{\mathrm{r}} = q_1 - q_2, \quad q_{\mathrm{c}} = \mu_1 q_1 + \mu_2 q_2 \tag{9.23}$$

其中

$$\mu_1 \equiv \frac{L_1}{L_1 + L_2}, \quad \mu_2 \equiv \frac{L_2}{L_1 + L_2} \tag{9.24}$$

另一方面,质量加权相对动量和总动量分别为

$$p_{\mathrm{r}} = \mu_2 p_1 - \mu_1 p_2, \quad p = p_1 + p_2 \tag{9.25}$$

于是可见

$$[q_{\mathrm{r}}, p] = 0, \quad [q_{\mathrm{c}}, p] = \mathrm{i}, \quad [q_{\mathrm{c}}, p_{\mathrm{r}}] = 0, \quad [q_{\mathrm{r}}, p_{\mathrm{r}}] = \mathrm{i} \tag{9.26}$$

从而有

$$q_1 = q_{\mathrm{c}} + \mu_2 q_{\mathrm{r}}, \quad q_2 = q_{\mathrm{c}} - \mu_1 q_{\mathrm{r}}$$
$$p_1 = p_{\mathrm{r}} + \mu_1 p, \quad p_2 = \mu_2 p - p_{\mathrm{r}}$$
$$[q_{\mathrm{r}}, p] = 0, \quad [q_{\mathrm{c}}, p] = \mathrm{i}, \quad [q_{\mathrm{c}}, p_{\mathrm{r}}] = 0, \quad [q_{\mathrm{r}}, p_{\mathrm{r}}] = \mathrm{i} \tag{9.27}$$

显然 $q_c$ 与 $p_r$ 相互对易，$[q_c, p_r] = 0$，可以在 Fock 空间中求出它们的共同本征态：

$$|\xi\rangle = \exp\left\{ -\frac{1}{2}|\xi|^2 + \frac{1}{\sqrt{\lambda}}\left[\xi + (\mu_1 - \mu_2)\xi^*\right]a_1^\dagger \right.$$
$$+ \frac{1}{\sqrt{\lambda}}\left[\xi^* - (\mu_1 - \mu_2)\xi\right]a_2^\dagger$$
$$\left. + \frac{1}{\sqrt{\lambda}}\left[(\mu_2 - \mu_1)\left(a_1^{\dagger 2} - a_2^{\dagger 2}\right) - 4\mu_1\mu_2 a_1^\dagger a_2^\dagger\right]\right\}|00\rangle \tag{9.28}$$

其中 $\xi = \xi_1 + \mathrm{i}\xi_2$（$\xi_1$ 和 $\xi_2$ 均为实数）是复数，

$$\lambda \equiv 2\left(\mu_1^2 + \mu_2^2\right)$$

事实上，将 $a_1$ 和 $a_2$ 分别作用在 $|\xi\rangle$ 态上，得到

$$a_1|\xi\rangle = \left[\frac{2}{\sqrt{\lambda}}(\mu_1\xi_1 + \mathrm{i}\mu_2\xi_2) - 4\frac{\mu_1\mu_2}{\lambda}a_2^\dagger + \frac{2}{\lambda}(\mu_2 - \mu_1)a_1^\dagger\right]|\xi\rangle \tag{9.29}$$

$$a_2|\xi\rangle = \left[\frac{2}{\sqrt{\lambda}}(\mu_2\xi_1 - \mathrm{i}\mu_1\xi_2) - 4\frac{\mu_1\mu_2}{\lambda}a_1^\dagger - \frac{2}{\lambda}(\mu_2 - \mu_1)a_2^\dagger\right]|\xi\rangle \tag{9.30}$$

由此给出

$$(\mu_1 a_1 + \mu_2 a_2)|\xi\rangle = \left[\sqrt{\lambda}\xi_1 - \left(\mu_1 a_1^\dagger + \mu_2 a_2^\dagger\right)\right]|\xi\rangle \tag{9.31}$$

$$(\mu_1 a_2 - \mu_2 a_1)|\xi\rangle = \left[-\mathrm{i}\sqrt{\lambda}\xi_2 - \left(\mu_2 a_1^\dagger - \mu_1 a_2^\dagger\right)\right]|\xi\rangle \tag{9.32}$$

考虑到

$$q_c = \frac{1}{\sqrt{2}}\left[\mu_1\left(a_1 + a_1^\dagger\right) + \mu_2\left(a_2 + a_2^\dagger\right)\right] \tag{9.33}$$

$$p_r = \frac{\mathrm{i}}{\sqrt{2}}\left[\mu_1\left(a_2 - a_2^\dagger\right) - \mu_2\left(a_1 - a_1^\dagger\right)\right] \tag{9.34}$$

可知 $|\xi\rangle$ 确实是 $q_c$ 与 $p_r$ 的共同本征态，$\xi$ 的实部和虚部分别对应于 $q_c$ 与 $p_r$ 的本征值，即

$$q_c|\xi\rangle = \sqrt{\frac{\lambda}{2}}\xi_1|\xi\rangle \tag{9.35}$$

$$p_r|\xi\rangle = \sqrt{\frac{\lambda}{2}}\xi_2|\xi\rangle \tag{9.36}$$

用 IWOP 技术可以很方便地证明 $|\xi\rangle$ 的完备性：

$$\int\frac{\mathrm{d}^2\xi}{\pi}|\xi\rangle\langle\xi| = \int\frac{\mathrm{d}^2\xi}{\pi} : \exp\left\{ -|\xi|^2 + \frac{\xi}{\sqrt{\lambda}}\left[(\mu_1 + \mu_2)\left(a_1^\dagger + a_2\right)\right.\right.$$
$$\left. + (\mu_1 - \mu_2)\left(a_1 - a_2^\dagger\right)\right] + \frac{\xi^*}{\sqrt{\lambda}}\left[(\mu_1 - \mu_2)\left(a_1^\dagger - a_2\right)\right.$$

介观电路中的量子纠缠、热真空和热力学性质
Quantum Entanglement, Thermal Vacuum, and Thermodynamic Properties in Mesoscopic Circuits

$$+ (\mu_1 + \mu_2)(a_2^\dagger + a_1)] + \frac{1}{\lambda}(\mu_2 - \mu_1)\left(a_1^{\dagger 2} - a_2^{\dagger 2} + a_1^2 - a_2^2\right)$$

$$-a_1^\dagger a_1 - a_2^\dagger a_2 - \frac{4}{\lambda}\mu_1\mu_2\left(a_1^\dagger a_2^\dagger + a_1 a_2\right)\Big\} :$$

$$= 1$$

利用式（9.35）和式（9.36）有

$$\sqrt{\frac{2}{\lambda}}\left\langle \xi' \right| (q_c + \mathrm{i}p_r)\left| \xi \right\rangle = (\xi_1 + \mathrm{i}\xi_2)\left\langle \xi' \middle| \xi \right\rangle = \left(\xi_1' + \mathrm{i}\xi_2'\right)\left\langle \xi' \middle| \xi \right\rangle$$

于是

$$(\xi - \xi')\left\langle \xi' \middle| \xi \right\rangle = 0 \tag{9.37}$$

因此

$$\left\langle \xi' \middle| \xi \right\rangle = \pi\delta^{(2)}\left(\xi' - \xi\right) \tag{9.38}$$

插入相干态的完备性关系 $\int \frac{\mathrm{d}^2 z_1 \mathrm{d}^2 z_2}{\pi^2}\left| z_1 z_2 \right\rangle\left\langle z_1 z_2 \right|$，我们可以求得两个表象的内积为

$$\left\langle \eta \middle| \xi \right\rangle = \left\langle \eta \right| \int \frac{\mathrm{d}^2 z_1 \mathrm{d}^2 z_2}{\pi^2}\left| z_1 z_2 \right\rangle\left\langle z_1 z_2 \middle| \xi \right\rangle$$

$$= \int \frac{\mathrm{d}^2 z_1 \mathrm{d}^2 z_2}{\pi^2}\exp\left[-\frac{1}{2}\left(|\xi|^2 + |\eta|^2\right)\right]$$

$$\times \exp\Big\{ -|z_1|^2 - |z_2|^2 + \eta^* z_1 - \eta z_2 - z_1 z_2$$

$$+ \frac{1}{\sqrt{\lambda}}\left[\xi + (\mu_1 - \mu_2)\xi^*\right]z_1^* + \frac{1}{\sqrt{\lambda}}\left[\xi^* - (\mu_1 - \mu_2)\xi\right]z_2^*$$

$$+ \frac{1}{\lambda}\left[(\mu_2 - \mu_1)\left(z_1^{*2} - z_2^{*2}\right) - 4\mu_1\mu_2 z_1^* z_2^*\right]\Big\}$$

$$= \sqrt{\frac{\lambda}{4}}\exp\left\{\mathrm{i}\left[(\mu_1 - \mu_2)(\eta_1\eta_2 - \xi_1\xi_2) + \sqrt{\lambda}\left(\eta_1\xi_2 - \eta_2\xi_1\right)\right]\right\} \tag{9.39}$$

特别当 $L_1 = L_2, \mu_1 = \mu_2, \lambda = 1$ 时，

$$\left\langle \eta \middle| \xi \right\rangle = \frac{1}{2}\exp\left[\mathrm{i}(\eta_1\xi_2 - \eta_2\xi_1)\right]$$

是一个 Fourier 变换核，所以 $\left\langle \eta \right|, \left\langle \xi \right|$ 互为共轭.

# 9.3 用纠缠态表象求解 Schrödinger 方程

现在我们在纠缠态表象内求解有互感和共有电容的介观双电路的特征频率.

由式 (9.36) 可得

$$
\begin{aligned}
\langle\eta|\, p_{\mathrm{r}} &= \langle\eta|\, p_{\mathrm{r}} \int \frac{\mathrm{d}^2\xi}{\pi}\, |\xi\rangle\langle\xi| \\
&= \int \frac{\mathrm{d}^2\xi}{\pi} \sqrt{\frac{\lambda}{2}}\, \xi_2 \langle\eta|\,\xi\rangle\langle\xi| \\
&= \sqrt{\frac{\lambda^2}{8}} \int \frac{\mathrm{d}^2\xi}{\pi} \xi_2 \exp\left\{\mathrm{i}\left[(\mu_1-\mu_2)(\eta_1\eta_2-\xi_1\xi_2)+\sqrt{\lambda}(\eta_1\xi_2-\eta_2\xi_1)\right]\right\}\langle\xi| \\
&= -\sqrt{\frac{\lambda}{8}} \int \frac{\mathrm{d}^2\xi}{\pi}\left[\mathrm{i}\frac{\partial}{\partial\eta_1}+(\mu_1-\mu_2)\eta_2\right] \\
&\quad \times \exp\left\{\mathrm{i}\left[(\mu_1-\mu_2)(\eta_1\eta_2-\xi_1\xi_2)+\sqrt{\lambda}(\eta_1\xi_2-\eta_2\xi_1)\right]\right\}\langle\xi| \\
&= -\sqrt{\frac{1}{2}}\left[\mathrm{i}\frac{\partial}{\partial\eta_1}+(\mu_1-\mu_2)\eta_2\right] \int \frac{\mathrm{d}^2\xi}{\pi} \langle\eta|\,\xi\rangle\langle\xi| \\
&= -\sqrt{\frac{1}{2}}\left[\mathrm{i}\frac{\partial}{\partial\eta_1}+(\mu_1-\mu_2)\eta_2\right]\langle\eta| \tag{9.40}
\end{aligned}
$$

令

$$
\nu = A(L_1+L_2), \quad \mu = A^2\frac{L_1L_2}{L} = A\frac{L_1L_2}{L_1+L_2}
$$

则有

$$
\frac{p_1^2}{2AL_1}+\frac{p_2^2}{2AL_2}=\frac{p^2}{2L}+\frac{p_{\mathrm{r}}^2}{2\mu} \tag{9.41}
$$

系统的 Hamilton 量可以写为

$$
H_0 = \left(\frac{1}{2L}-\frac{K}{A\sqrt{L_1L_2}}\mu_1\mu_2\right)p^2 + \left(\frac{1}{2\mu}-k\right)p_{\mathrm{r}}^2 - \frac{K}{A\sqrt{L_1L_2}}(\mu_2-\mu_1)pp_{\mathrm{r}} + \frac{q_{\mathrm{r}}^2}{2C} \tag{9.42}
$$

设 $H_0$ 的能量本征态是 $|E_n\rangle$, $H_0|E_n\rangle=E_n|E_n\rangle$, 投影到 $\langle\eta|$ 表象上, 得到

$$
\begin{aligned}
\langle\eta|\,\mathcal{H}\,|E_n\rangle &= \left(\frac{1}{L}-\frac{2K}{A\sqrt{L_1L_2}}\mu_1\mu_2\right)\eta_2^2\langle\eta|\,E_n\rangle + \left(\frac{1}{2\mu}+\frac{K}{A\sqrt{L_1L_2}}\right)\langle\eta|\,p_{\mathrm{r}}^2\,|E_n\rangle \\
&\quad -\frac{K}{A\sqrt{L_1L_2}}(\mu_2-\mu_1)\sqrt{2}\eta_2\langle\eta|\,p_{\mathrm{r}}\,|E_n\rangle + \frac{\eta_1^2}{C}\langle\eta|\,E_n\rangle \tag{9.43}
\end{aligned}
$$

再由式（9.40）可导出

$$
\begin{aligned}
E_n \langle \eta| E_n \rangle = &\left\{ \frac{1}{2} \left( -\frac{K}{A\sqrt{L_1 L_2}} - \frac{1}{2\mu} \right) \left[ \frac{\partial}{\partial \eta_1} - \mathrm{i} \left( \mu_1 - \mu_2 \right) \eta_2 \right]^2 \right. \\
&+ \mathrm{i}\eta_2 \frac{K}{A\sqrt{L_1 L_2}} \left( \mu_2 - \mu_1 \right) \left[ \frac{\partial}{\partial \eta_1} - \mathrm{i} \left( \mu_1 - \mu_2 \right) \eta_2 \right] \\
&+ \left. \left[ \left( \frac{1}{\nu} - \frac{2K}{A\sqrt{L_1 L_2}} \mu_1 \mu_2 \right) \eta_2^2 + \frac{\eta_1^2}{C} \right] \right\} \langle \eta| E_n \rangle
\end{aligned} \tag{9.44}
$$

设在 $\langle \eta|$ 表象中，能量本征态 $|E_n\rangle$ 的波函数形式为

$$
\langle \eta| E_n \rangle = \exp \left[ \mathrm{i} \left( \mu_1 - \mu_2 \right) \eta_1 \eta_2 \right] \psi_n \tag{9.45}
$$

其中 $\psi_n$ 待求，则由

$$
\exp \left[ -\mathrm{i} \left( \mu_1 - \mu_2 \right) \eta_1 \eta_2 \right] \left[ \frac{\partial}{\partial \eta_1} - \mathrm{i} \left( \mu_1 - \mu_2 \right) \eta_2 \right] \exp \left[ \mathrm{i} \left( \mu_1 - \mu_2 \right) \eta_1 \eta_2 \right] = \frac{\partial}{\partial \eta_1} \tag{9.46}
$$

可得关于 $\psi_n$ 的微分方程

$$
\begin{aligned}
&\left\{ -\frac{1}{2} \left( \frac{1}{2\mu} + \frac{K}{A\sqrt{L_1 L_2}} \right) \frac{\partial^2}{\partial \eta_1^2} + \mathrm{i}\eta_2 \frac{K}{A\sqrt{L_1 L_2}} \left( \mu_2 - \mu_1 \right) \frac{\partial}{\partial \eta_1} \right. \\
&+ \left. \left[ \left( \frac{1}{L} - \frac{2K}{A\sqrt{L_1 L_2}} \mu_1 \mu_2 \right) \eta_2^2 + \frac{\eta_1^2}{C} - E_n \right] \right\} \psi_n = 0
\end{aligned} \tag{9.47}
$$

再令

$$
\psi_n = \exp \left[ -2\mathrm{i}\eta_1 \eta_2 \frac{K}{A\sqrt{L_1 L_2}} \left( \mu_1 - \mu_2 \right) \mu / \left( 1 + 2\mu \frac{K}{A\sqrt{L_1 L_2}} \right) \right] \varphi_n \equiv \mathrm{e}^{\mathrm{i}\eta_1 \rho} \varphi_n \tag{9.48}
$$

其中

$$
\rho \equiv -2\eta_2 \frac{K}{A\sqrt{L_1 L_2}} \mu \left( \mu_1 - \mu_2 \right) / \left( 1 + 2\mu \frac{K}{A\sqrt{L_1 L_2}} \right) \tag{9.49}
$$

则方程（9.47）中的前两项可写为

$$
\begin{aligned}
&-\frac{1}{2} \left( \frac{1}{2\mu} + \frac{K}{A\sqrt{L_1 L_2}} \right) \frac{\partial}{\partial \eta_1} \left[ \frac{\partial}{\partial \eta_1} - \frac{4\mu}{1 + 2\mu \dfrac{K}{A\sqrt{L_1 L_2}}} \mathrm{i}\eta_2 \frac{K}{A\sqrt{L_1 L_2}} \left( \mu_2 - \mu_1 \right) \right] \mathrm{e}^{\mathrm{i}\eta_1 \rho} \varphi_n \\
&= -\frac{1}{2} \left( \frac{1}{2\mu} + \frac{K}{A\sqrt{L_1 L_2}} \right) \frac{\partial}{\partial \eta_1} \left( \frac{\partial}{\partial \eta_1} - 2\mathrm{i}\rho \right) \mathrm{e}^{\mathrm{i}\eta_1 \rho} \varphi_n
\end{aligned} \tag{9.50}
$$

再由

$$
\mathrm{e}^{-\mathrm{i}\eta_1 \rho} \frac{\partial}{\partial \eta_1} \mathrm{e}^{\mathrm{i}\eta_1 \rho} = \frac{\partial}{\partial \eta_1} + \mathrm{i}\rho \tag{9.51}
$$

可知式（9.50）变为

$$-\frac{1}{2}\left(\frac{1}{2\mu}+\frac{K}{A\sqrt{L_1L_2}}\right)e^{i\eta_1\rho}e^{-i\eta_1\rho}\frac{\partial}{\partial\eta_1}e^{i\eta_1\rho}e^{-i\eta_1\rho}\left(\frac{\partial}{\partial\eta_1}-2i\rho\right)e^{i\eta_1\rho}\varphi_n$$

$$=-\frac{1}{2}\left(\frac{1}{2\mu}+\frac{K}{A\sqrt{L_1L_2}}\right)e^{i\eta_1\rho}\left(\frac{\partial}{\partial\eta_1}+i\rho\right)\left(\frac{\partial}{\partial\eta_1}-i\rho\right)\varphi_n$$

$$=-\frac{1}{2}\left(\frac{1}{2\mu}+\frac{K}{A\sqrt{L_1L_2}}\right)e^{i\eta_1\rho}\left(\frac{\partial^2}{\partial\eta_1^2}+\rho^2\right)\varphi_n \tag{9.52}$$

代入方程（9.47），可得 $\varphi_n$ 所满足的方程

$$\left\{-\frac{1}{2}\left(\frac{1}{2\mu}+\frac{K}{A\sqrt{L_1L_2}}\right)\frac{\partial^2}{\partial\eta_1^2}+\frac{1-\dfrac{K^2\mu\nu}{A^2L_1L_2}}{\nu\left(1+2\mu\dfrac{K}{\sqrt{L_1L_2}}\right)}\eta_2^2+\frac{\eta_1^2}{C}-E_n\right\}\varphi_n=0 \tag{9.53}$$

把上式与量子简谐振子定态方程

$$-\frac{1}{2m}\frac{d^2\varphi_n}{dx^2}+\frac{1}{2}m\omega^2x^2\varphi_n=\varepsilon_n\varphi_n \tag{9.54}$$

的能级 $\varepsilon_n=(n+1/2)\omega$ 做比较，可知属于方程（9.53）解的 $\varphi_n$ 的本征值是

$$E_n=\frac{1-\dfrac{K^2\mu\nu}{A^2L_1L_2}}{1+2\mu\dfrac{K}{A\sqrt{L_1L_2}}}\frac{\eta_2^2}{\nu}+\left(n+\frac{1}{2}\right)\sqrt{\frac{1}{\mu C}}\sqrt{1+2\mu\frac{K}{A\sqrt{L_1L_2}}} \tag{9.55}$$

由于 $A=1-K^2=1-\dfrac{M^2}{L_1L_2}$，$\mu=A^2\dfrac{L_1L_2}{\nu}$，$\nu=A\left(L_1+L_2\right)$，所以

$$\sqrt{\frac{1}{\mu C}}\sqrt{1+\frac{2\mu K}{A\sqrt{L_1L_2}}}=\sqrt{\frac{L_1+2M+L_2}{\left(L_1L_2-M^2\right)C}} \tag{9.56}$$

这是电路的特征频率. 由于总动量是守恒量，与 Hamilton 量 $\mathcal{H}$ 对易，

$$[p^2,\mathcal{H}]=0 \tag{9.57}$$

根据本征值方程 $p|\eta\rangle=\sqrt{2}\eta_2|\eta\rangle$，可把式（9.55）中的 $\eta_2^2$ 换成 $p^2/2$，其中 $p=L_1I_1+M\left(I_1+I_2\right)+L_2I_2$，从而有

$$\frac{1-K^2}{\nu\left(1+\dfrac{2\mu K}{A\sqrt{L_1L_2}}\right)}\frac{p^2}{2}=\frac{1}{\left(L_1+L_2\right)\left(1+\dfrac{2M}{L_1+L_2}\right)}\frac{\left(p_1+p_2\right)^2}{2}$$

$$=\frac{\left[L_1I_1+M\left(I_1+I_2\right)+L_2I_2\right]^2}{2\left(L_1+2M+L_2\right)} \tag{9.58}$$

所以有互感和共用电容的介观双电路的能级

$$E_n = \frac{1 - \dfrac{K^2 \mu \nu}{A^2 L_1 L_2}}{1 + 2\mu \dfrac{K}{A\sqrt{L_1 L_2}}} \frac{p^2}{2\nu} + \left(n + \frac{1}{2}\right)\sqrt{\frac{1}{\mu C}}\sqrt{1 + 2\mu \frac{K}{A\sqrt{L_1 L_2}}}$$

$$= \frac{[L_1 I_1 + M(I_1 + I_2) + L_2 I_2]^2}{2(L_1 + 2M + L_2)}$$

$$+ \left(n + \frac{1}{2}\right)\sqrt{\frac{L_1 + 2M + L_2}{(L_1 L_2 - M^2)C}} \quad (n = 0, 1, \cdots) \tag{9.59}$$

式中 $\dfrac{[L_1 I_1 + M(I_1 + I_2) + L_2 I_2]^2}{2(L_1 + 2M + L_2)}$ 是电感中的能量，而 $\dfrac{1}{2}\sqrt{\dfrac{L_1 + 2M + L_2}{(L_1 L_2 - M^2)C}}$ 是零点能. 于是我们就在 $\langle \eta |$ 表象内求出了 $\mathcal{H}_0$ 的能级. 结合式（9.47）、式（9.50）和式（9.51），得到纠缠态表象中的波函数

$$\langle \eta | E_n \rangle = \sqrt{\frac{\alpha}{\sqrt{\pi}2^n n!}} \exp\left[i\eta_1 \eta_2 \frac{(\mu_1 - \mu_2)(L_1 + L_2)}{L_1 + 2M + L_2}\right]\exp\left(-\frac{1}{2}\alpha^2 \eta_1^2\right)\mathrm{H}_n(\alpha \eta_1)$$

$$\alpha = \frac{1}{\sqrt{2\sqrt{C}}}\left[\frac{L_1 + 2M + L_2}{(1 - K^2)L_1 L_2}\right]^{\frac{3}{4}}$$

其中 $\mathrm{H}_n$ 是 Hermite 多项式.

# 9.4　讨论与分析

从式 (9.59) 可以看出，$\sqrt{\dfrac{L_1 + 2M + L_2}{(L_1 L_2 - M^2)C}}$ 是复杂电路的特征频率，互感 $M$ 越大，特征频率越高，这一点可以这样来理解，即互感大时，两个电感耦合得紧，较多能量束缚在电路中，零点能大；当互感为零，即两个回路的电感互不影响时特征频率变为 $\sqrt{\dfrac{1}{L_1 C} + \dfrac{1}{L_2 C}} = \sqrt{\omega_1^2 + \omega_2^2}$，其中 $\omega_1 = \dfrac{1}{\sqrt{L_1 C}}$ 和 $\omega_2 = \dfrac{1}{\sqrt{L_2 C}}$ 分别为孤立单回路 1 和单回路 2 的特征频率，这也是所期望的.

对照单 LC 电路的振荡 $\sqrt{\dfrac{1}{LC}}$，可知等效电感是 $\dfrac{L_1 L_2 - M^2}{L_1 + 2M + L_2}$，这符合在经典意义下的等效电感公式推导.

通过对此复杂电路量子化，我们首次引入了整个电路的量子特征频率的概念，并用纠缠态表象求出了它，因为复杂电路内部存在量子纠缠，而在经典框架中无从顾及这一点，本章的讨论超越了 Kirchhoff 定律，有望推广到其他电路.

# 附录  电路固有频率的经典解法

从 Lagrange 量

$$\mathcal{L} = \frac{1}{2}\left(L_1 I_1^2 + L_2 I_2^2\right) + M I_1 I_2 - \frac{1}{2}\frac{(q_1 - q_2)^2}{C} + \varepsilon(t) q_1$$

和 $\dfrac{\mathrm{d}}{\mathrm{d}t}\left(\dfrac{\partial}{\partial \dot{q}_i}\right) - \dfrac{\partial}{\partial q_i} = 0$ 得到

$$L_1 \frac{\mathrm{d}^2 q_1}{\mathrm{d}t^2} + M\frac{\mathrm{d}^2 q_2}{\mathrm{d}t^2} + \frac{q_1 - q_2}{C} = \varepsilon(t)$$

$$L_2 \frac{\mathrm{d}^2 q_2}{\mathrm{d}t^2} + M\frac{\mathrm{d}^2 q_1}{\mathrm{d}t^2} - \frac{q_1 - q_2}{C} = 0$$

我们直接解此微分方程组. 由于非齐次方程的通解 = 方程的特解 + 对应的齐次方程的通解,电路的固有频率只跟后面一项有关,所以可以先解出下面齐次方程的解:

$$L_1 \frac{\mathrm{d}^2 q_1}{\mathrm{d}t^2} + M\frac{\mathrm{d}^2 q_2}{\mathrm{d}t^2} + \frac{q_1 - q_2}{C} = 0$$

$$L_2 \frac{\mathrm{d}^2 q_2}{\mathrm{d}t^2} + M\frac{\mathrm{d}^2 q_1}{\mathrm{d}t^2} - \frac{q_1 - q_2}{C} = 0$$

令

$$q_1 = Q_1 \mathrm{e}^{\mathrm{i}\omega t}, \quad q_2 = Q_2 \mathrm{e}^{\mathrm{i}\omega t}$$

代入齐次方程组并消去所有的 $\mathrm{e}^{\mathrm{i}\omega t}$ 因子,得

$$L_1 Q_1 \omega^2 + M Q_2 \omega^2 - \frac{Q_1 - Q_2}{C} = 0$$

$$L_2 Q_2 \omega^2 + M Q_1 \omega^2 + \frac{Q_1 - Q_2}{C} = 0$$

整理得

$$\left(L_1 \omega^2 - \frac{1}{C}\right) Q_1 + \left(M\omega^2 + \frac{1}{C}\right) Q_2 = 0$$

$$\left(M\omega^2 + \frac{1}{C}\right) Q_1 + \left(L_2 \omega^2 - \frac{1}{C}\right) Q_2 = 0$$

此方程有解的前提是两方程不独立,即行列式

$$\begin{vmatrix} L_1\omega^2 - 1/C & M\omega^2 + 1/C \\ M\omega^2 + 1/C & L_2\omega^2 - 1/C \end{vmatrix} = 0$$

整理得

$$\left(L_1\omega^2 - \frac{1}{C}\right)\left(L_2\omega^2 - \frac{1}{C}\right) - \left(M\omega^2 + \frac{1}{C}\right)\left(M\omega^2 + \frac{1}{C}\right) = 0$$

即

$$\left(L_1L_2 - M^2\right)\omega^4 - \frac{L_1 + L_2 + 2M}{C}\omega^2 = 0$$

解得

$$\omega = \sqrt{\frac{L_1 + L_2 + 2M}{\left(L_1L_2 - M^2\right)C}}$$

说明此电路确实存在一个特征频率

$$\frac{L_1L_2 - M^2}{L_1 + L_2 + 2M}$$

这是异名端并联线圈的总电感.

# 第 10 章

# 介观 LC 量子电路的热真空态和热耗散

## 10.1 有限温度下介观 LC 电路的热真空态

集成电路和器件向原子级尺寸的小型化趋势刺激了纳米技术和微电子技术的快速发展. 当输运维度达到特征维度, 即电荷载流子的非弹性相干长度时, 必须考虑电路中的量子效应, 该电路称为介观电路. 在历史上, Louisell 在 1973 年对一个作为电路基本单元的 LC 电路进行了量子化, 他认为电荷 $q$ 是动态正则坐标, 而电流 $I = \mathrm{d}q/\mathrm{d}t$ 乘以电感 $L$ 是正则动量, $p = L\mathrm{d}q/\mathrm{d}t$, 通过使用量化条件 $[q,p] = \mathrm{i}\hbar$ 对 $(q,p)$ 进一步量子化, LC 电路的 Hamilton 量可以被量子化:

$$\mathcal{H} = \frac{1}{2L}p^2 + \frac{1}{2C}q^2 \tag{10.1}$$

其中 $[q,p] = \mathrm{i}\hbar$, 引入

$$q = \sqrt{\frac{\hbar\omega C}{2}}\left(a + a^\dagger\right), \quad p = \mathrm{i}\sqrt{\frac{\hbar\omega L}{2}}\left(a^\dagger - a\right), \quad \omega L = (\omega C)^{-1} \tag{10.2}$$

于是 $\mathcal{H} = \omega\hbar\left(a^\dagger a + 1/2\right)$,裸真空态下的量子涨落是

$$(\Delta q)^2 = \frac{\hbar\omega C}{2}, \quad (\Delta p)^2 = \frac{\hbar\omega L}{2} \tag{10.3}$$

除了超导体以外,任何电路在运行中都会产生焦耳热,所以我们要考虑有限温度 $T \neq 0$ 时的 LC 电路. 对于可观测量(力学量)的平均应该用系综平均. 范洪义和梁先庭首先计算了介观 LC 电路基态在 $T \neq 0$ 时的量子噪声. 这里我们继续计算激发态 $|n\rangle = \frac{a^{\dagger n}}{\sqrt{n!}}|0\rangle$ 在有限温度下的量子噪声、其在振幅衰减通道中的演化,并研究相应的量子涨落.

有限温度下的介观 LC 电路的基态不是真空态,而是热真空态 $|0(\beta)\rangle$,是依赖于温度的:

$$|0(\beta)\rangle = \operatorname{sech}\theta\exp\left(a^\dagger\tilde{a}^\dagger\tanh\theta\right)|0\tilde{0}\rangle, \quad \tanh\theta = \exp\left(-\frac{\hbar\omega}{2kT}\right) \tag{10.4}$$

这里 $\beta = 1/(kT)$,$k$ 是 Boltzmann 常量,$|0\tilde{0}\rangle$ 是零温度下的真空态,$a|0\tilde{0}\rangle = 0$,$\tilde{a}|0\tilde{0}\rangle = 0$,$\tilde{a}^\dagger$ 是环境模式的量子产生算符,$[\tilde{a},\tilde{a}^\dagger] = [a,a^\dagger] = 1$.

$$\langle 0(\beta)|0(\beta)\rangle = 1$$

由于 $|0(\beta)\rangle$ 是关于 $a^\dagger$ 与 $\tilde{a}^\dagger$ 对称的,

$$\langle 0(\beta)|a^\dagger a|0(\beta)\rangle = \langle 0(\beta)|\tilde{a}^\dagger\tilde{a}|0(\beta)\rangle$$

$|0(\beta)\rangle\langle 0(\beta)|$ 是一个纯态密度算符,故平均能量可计算如下:

$$\begin{aligned}
\langle 0(\beta)|a^\dagger a|0(\beta)\rangle &= \langle 0(\beta)|\tilde{a}\tilde{a}^\dagger\tanh^2\theta|0(\beta)\rangle \\
&= \tanh^2\theta\,\langle 0(\beta)|\left(\tilde{a}^\dagger\tilde{a} + 1\right)|0(\beta)\rangle \\
&= \tanh^2\theta + \tanh^2\theta\,\langle 0(\beta)|a^\dagger a|0(\beta)\rangle
\end{aligned}$$

因此

$$\langle 0(\beta)|a^\dagger a|0(\beta)\rangle = \frac{\tanh^2\theta}{1 - \tanh^2\theta} = \sinh^2\theta \equiv n_c$$

满足 Bose 统计. 式(10.4)可以看作双模压缩真空态,

$$\begin{aligned}
&|0(\beta)\rangle = S(\theta)|0\tilde{0}\rangle \\
&S(\theta) \equiv \exp\left[-\theta\left(a\tilde{a} - a^\dagger\tilde{a}^\dagger\right)\right]
\end{aligned} \tag{10.5}$$

是双模压缩算符,它把 $|0\tilde{0}\rangle$ 变为热真空态 $|0(\beta)\rangle$. 记

$$\tanh\theta = \sqrt{1-\gamma}, \quad n_c = \frac{1-\gamma}{\gamma}$$

则

$$|0(\beta)\rangle = \sqrt{\gamma} e^{\tilde{a}^\dagger a^\dagger \sqrt{1-\gamma}} |\tilde{0}0\rangle$$

与温度相关的真空态 $|0(\beta)\rangle$ 的定义应确保真空期望值与混态（密度算符）下计算的系综平均值一致,其中 $|0(\beta)\rangle$ 被命名为热真空态,即

$$\langle \hat{A} \rangle = \mathrm{tr}(\rho \hat{A}) = \langle 0(\beta)| A |0(\beta)\rangle, \quad \rho = e^{-\beta\mathcal{H}}/Z(\beta) \tag{10.6}$$

其中 $\mathcal{H}$ 是系统的 Hamilton 量, $Z(\beta) = \mathrm{tr}(e^{-\beta\mathcal{H}})$ 是配分函数, $\beta = 1/(kT)$, $k$ 是 Boltzmann 常量, $T$ 表示温度. 为方便起见,在扩展的 Hilbert 空间中引入一个虚构的场（或称为 tilde 共轭场,表示为算符 $\tilde{a}^\dagger$ ）,因此初始场态 $|n\rangle = \dfrac{a^{\dagger n}}{\sqrt{n!}} |0\rangle$ 在 Hilbert 空间 $H$ 中伴随着 $\tilde{H}$ 空间的 $|\tilde{n}\rangle = \dfrac{\tilde{a}^{\dagger n}}{\sqrt{n!}} |\tilde{0}\rangle$, $\langle \tilde{n} | \tilde{m} \rangle = \delta_{nm}$. 算符遵循同样的规则:作用在空间 $H$,每一个湮灭算符 $a$ 都在 $\tilde{H}$ 空间中有一个映象 $\tilde{a}$.

可见对于一个谐振子 $\hat{\mathcal{H}} = (a^\dagger a + 1/2)\omega\hbar$, $|0(\beta)\rangle$ 的具体形式是

$$|0(\beta)\rangle = (1 - e^{-\beta\hbar\omega})^{1/2} \exp\left(e^{-\beta\hbar\omega/2} a^\dagger \tilde{a}^\dagger\right) |0\tilde{0}\rangle, \quad \beta = 1/(kT) \tag{10.7}$$

$|0\tilde{0}\rangle = |0\rangle |\tilde{0}\rangle$ 可以被 $a$ 或 $\tilde{a}$ 湮灭, $[\tilde{a}, \tilde{a}^\dagger] = [a, a^\dagger] = 1$, 不同的系统对应于不同的热真空状态. 由式（10.6）和式（10.7）,我们看到

$$\begin{aligned}\langle 0(\beta)| a^\dagger a |0(\beta)\rangle &= (1 - e^{-\beta\hbar\omega}) \langle 0\tilde{0}| \exp\left(e^{-\beta\hbar\omega/2} a\tilde{a}\right) a^\dagger a \exp\left(e^{-\beta\hbar\omega/2} a^\dagger\tilde{a}^\dagger\right) |0\tilde{0}\rangle \\ &= [\exp(\beta\hbar\omega) - 1]^{-1}\end{aligned} \tag{10.8}$$

这符合 Bose-Einstein 统计. 通过引入

$$\tanh\theta = \exp\left(-\frac{\hbar\omega}{2kT}\right), \quad \sinh^2\theta = \left[\exp\left(\frac{\hbar\omega}{kT}\right) - 1\right]^{-1}, \quad \mathrm{sech}\,\theta = \sqrt{1 - \exp\left(-\frac{\hbar\omega}{kT}\right)} \tag{10.9}$$

热真空状态可以改写为

$$|0(\beta)\rangle = \mathrm{sech}\,\theta \exp\left[a^\dagger \tilde{a}^\dagger \tanh\theta\right] |0\tilde{0}\rangle = S(\theta) |0\tilde{0}\rangle \tag{10.10}$$

其中

$$S(\theta) = \exp\left[\theta\left(a^\dagger \tilde{a}^\dagger - a\tilde{a}\right)\right] \tag{10.11}$$

它的形式类似于双模压缩算符,所以 $S(\theta)$ 被命名为热压缩算符,它将零温度下的真空态 $|0\tilde{0}\rangle$ 压缩到有限温度 $T$ 下的热真空态 $|0(\beta)\rangle$. 因为双模压缩态是一种纠缠态,所以 $|0(\beta)\rangle$ 可以被认为是一种纠缠态,其中系统的模式 $a^\dagger$ 与 tilde 模式 $\tilde{a}^\dagger$ 纠缠.

## 10.2 热真空态的 Wigner 函数和有限温度下 LC 电路的量子涨落

由坐标表象和动量表象完备性关系

$$\frac{1}{\sqrt{\pi}} : e^{-(x-X)^2} : = |x\rangle \langle x|, \quad \frac{1}{\sqrt{\pi}} : e^{-(p-P)^2} : = |p\rangle \langle p|$$

我们立刻推广到新的 $x$-$p$ 相空间完备性关系

$$\frac{1}{\pi} \iint_{-\infty}^{\infty} dx dp : e^{-(x-X)^2 - (p-P)^2} : = 1$$

$\Delta(\alpha, \alpha^*)$ 是 Wigner 算符,

$$\Delta(x,p) = \frac{1}{\pi} : e^{-(x-X)^2 - (p-P)^2} :$$

$\Delta(x,p)$ 的边缘积分导致纯态,

$$\int dx \Delta(x,p) \to |p\rangle \langle p|, \quad \int dp \Delta(x,p) \to |x\rangle \langle x|$$

令

$$\alpha = \frac{x + ip}{\sqrt{2}}, \quad a = \frac{X + iP}{\sqrt{2}}, \quad a^\dagger = \frac{X - iP}{\sqrt{2}}$$

则

$$\Delta(x,p) \to \Delta(\alpha, \alpha^*) = \frac{1}{\pi} : e^{-2(a-\alpha)(a^\dagger - \alpha^*)} : = \frac{1}{\pi} e^{2\alpha a^\dagger} : e^{-2a^\dagger a} : e^{2\alpha^* a - 2|\alpha|^2} \tag{10.12}$$

而

$$\frac{1}{\pi} : e^{-(x-X)^2 - (p-P)^2} : \equiv \Delta(x,p)$$

的引入是十分自然的. 注意 $\Delta(x,p)$ 不能写成纯态 $|\rangle \langle|$ 的形式, 属于混合态表象. 但 $\Delta(x,p)$ 的边缘积分导致纯态,

$$\int dx \Delta(x,p) \to \frac{1}{\sqrt{\pi}} : e^{-(p-P)^2} : = |p\rangle \langle p|$$

$$\int dp \Delta(x,p) \to \frac{1}{\sqrt{\pi}} : e^{-(x-X)^2} : = |x\rangle \langle x|$$

由于完备性, 任意 $H(X,P)$ 算符函数都可以用 $\Delta(x,p)$ 展开,

$$H(X,P) = \iint_{-\infty}^{\infty} \mathrm{d}x\mathrm{d}p\Delta(x,p)h(x,p)$$

展开函数 $h(x,p)$ 是 $H(X,P)$ 的一种经典对应, 恰为 Weyl-Wigner 对应. 鉴于历史原因, 称 $\Delta(x,p)$ 是 Wigner 算符, 但是它最初并不是以式 (10.12) 的正规乘积方式引入的. $\mathcal{A}(\alpha,\alpha^*)$ 是经典对应. 基于此, 运算符 $A$ 的集合平均值可通过以下公式计算:

$$\langle A \rangle = 2 \int \mathrm{d}^2\alpha W(\alpha,\alpha^*)\mathcal{A}(\alpha,\alpha^*) \tag{10.13}$$

其中 $\mathcal{A}(\alpha,\alpha^*)$ 是 $A$ 的经典对应. $W(\alpha,\alpha^*)$ 是 $|0(\beta)\rangle$ 的 Wigner 函数,

$$
\begin{aligned}
&\langle 0(\beta)|\Delta(\alpha,\alpha^*)|0(\beta)\rangle \\
&= \frac{1-\mathrm{e}^{-\beta\hbar\omega}}{\pi}\mathrm{e}^{-2|\alpha|^2}\langle 0\tilde{0}|\exp\left(\mathrm{e}^{-\beta\hbar\omega/2}a\tilde{a}\right)\mathrm{e}^{2\alpha a^\dagger}:\mathrm{e}^{-2a^\dagger a}:\mathrm{e}^{2\alpha^* a}\exp\left(\mathrm{e}^{-\beta\hbar\omega/2}a^\dagger\tilde{a}^\dagger\right)|0\tilde{0}\rangle \\
&= \frac{1-\mathrm{e}^{-\beta\hbar\omega}}{\pi\left(1+\mathrm{e}^{-\beta\hbar\omega}\right)}\exp\left[\frac{-2\left(1-\mathrm{e}^{-\beta\hbar\omega}\right)}{1+\mathrm{e}^{-\beta\hbar\omega}}|\alpha|^2\right]
\end{aligned}
$$

我们计算了介观 LC 电路中电荷 $q$ 和电流 $p$ 的量子涨落. 我们知道它们在相空间中的经典 Weyl 对应是

$$q \to \frac{\alpha+\alpha^*}{\sqrt{2}}\sqrt{\frac{\hbar}{\omega L}}, \quad p \to \frac{\alpha-\alpha^*}{\sqrt{2}}\sqrt{L\omega\hbar} \tag{10.14}$$

于是利用式 (10.13) 我们有

$$\langle q \rangle = 2\int \mathrm{d}^2\alpha W(\alpha,\alpha^*)\frac{\alpha+\alpha^*}{\sqrt{2}}\sqrt{\frac{\hbar}{\omega L}} = 0 \tag{10.15}$$

以及

$$\langle q^2 \rangle = \int \mathrm{d}^2\alpha W(\alpha,\alpha^*)\frac{\hbar}{\omega L}(\alpha+\alpha^*)^2 = \frac{\hbar\omega C}{2}\frac{1+\mathrm{e}^{-\hbar\omega/(kT)}}{1-\mathrm{e}^{-\hbar\omega/(kT)}} = (\Delta q)^2 \tag{10.16}$$

同样, 我们计算

$$\langle p^2 \rangle = \int \mathrm{d}^2\alpha W(\alpha,\alpha^*)\omega L\hbar(\alpha-\alpha^*)^2 = \frac{\hbar\omega L}{2}\frac{1+\mathrm{e}^{-\hbar\omega/(kT)}}{1-\mathrm{e}^{-\hbar\omega/(kT)}} = (\Delta p)^2 \tag{10.17}$$

可见

$$\Delta p\Delta q = \frac{\hbar}{2}\frac{1+\mathrm{e}^{-\hbar\omega/(kT)}}{1-\mathrm{e}^{-\hbar\omega/(kT)}} = \frac{\hbar}{2}\cosh\frac{\hbar\omega}{2kT} \tag{10.18}$$

当热真空态消失时, 量子涨落增加, 注意到 $T$ 与阻尼参数 $\kappa$ 有关.

本节我们研究了介观 LC 电路的热真空态的耗散, 发现量子涨落随热真空态温度的降低而增加.

## 10.3　有限温度下 LC 电路的热激发态的量子涨落

本节讨论 $S\,|n,\tilde{n}\rangle$ 的电荷和电流的量子涨落.

相干热态表示法有助于计算各种平均值. 我们可以看到

$$S^{\dagger}\,(q - \tilde{q})\,S = \frac{1}{\mu}\,(q - \tilde{q})$$

$$S^{\dagger}\,(p + \tilde{p})\,S = \frac{1}{\mu}\,(p + \tilde{p})$$

$$\mu = \sqrt{\frac{1 + \tanh\theta}{1 - \tanh\theta}}$$

因此 $q - \tilde{q}$ 和 $p + \tilde{p}$ 在热激发数态 $S\,|n,\tilde{n}\rangle$ 下的涨落分别为

$$
\begin{aligned}
\left[\Delta\,(q - \tilde{q})\right]^2 &= \langle n,\tilde{n}|\,S^{\dagger}\,(q - \tilde{q})^2\,S\,|n,\tilde{n}\rangle \\
&= \frac{1}{\mu^2}\,\langle n,\tilde{n}|\,(q - \tilde{q})^2\,|n,\tilde{n}\rangle \\
&= (2n + 1)\,\frac{\hbar\omega C}{2}\,\frac{1 - \mathrm{e}^{-\hbar\omega/(2kT)}}{1 + \mathrm{e}^{-\hbar\omega/(2kT)}}
\end{aligned}
\tag{10.19}
$$

$$\left[\Delta\,(p + \tilde{p})\right]^2 = (2n + 1)\,\frac{\hbar\omega L}{2}\,\frac{1 - \mathrm{e}^{-\hbar\omega/(2kT)}}{1 + \mathrm{e}^{-\hbar\omega/(2kT)}} \tag{10.20}$$

进一步,在热压缩变换下,

$$S^{\dagger}aS\,(\theta) = a\cosh\theta + \tilde{a}^{\dagger}\sinh\theta, \quad S^{\dagger}\tilde{a}S\,(\theta) = \tilde{a}\cosh\theta + a^{\dagger}\sinh\theta \tag{10.21}$$

我们有

$$
\begin{aligned}
\langle n,\tilde{n}|\,S^{\dagger}q\tilde{q}S\,|n,\tilde{n}\rangle &= \frac{\hbar\omega C}{2}\,\langle n,\tilde{n}|\,S^{\dagger}\,(a + a^{\dagger})\,(\tilde{a} + \tilde{a}^{\dagger})\,S\,|n,\tilde{n}\rangle \\
&= \frac{\hbar\omega C}{4}\,\langle n,\tilde{n}|\,(\tilde{a}^{\dagger}\tilde{a} + \tilde{a}\tilde{a}^{\dagger} + aa^{\dagger} + a^{\dagger}a)\,|n,\tilde{n}\rangle\sinh 2\theta \\
&= (2n + 1)\hbar\omega C\,\frac{\mathrm{e}^{-\hbar\omega/(2kT)}}{1 - \mathrm{e}^{-\hbar\omega/(kT)}}
\end{aligned}
\tag{10.22}
$$

以及

$$\langle n,\tilde{n}|\,S^{\dagger}p\tilde{p}S\,|n,\tilde{n}\rangle = -\,(2n + 1)\,\frac{\hbar\omega L}{2}\,\frac{\mathrm{e}^{-\hbar\omega/(2kT)}}{1 - \mathrm{e}^{-\hbar\omega/(kT)}} \tag{10.23}$$

然后从等式（10.22）和（10.23）可知

$$\langle n,\tilde{n}|\,S^{\dagger}q^2 S\,|n,\tilde{n}\rangle = \langle n,\tilde{n}|\,S^{\dagger}\tilde{q}^2 S\,|n,\tilde{n}\rangle$$

$$= \frac{2n+1}{2} \hbar\omega C \frac{1+\mathrm{e}^{-\omega\hbar/(Tk)}}{1-\mathrm{e}^{-\omega\hbar/(Tk)}}$$

以及

$$\langle n,\tilde{n}| S^\dagger p^2 S |n,\tilde{n}\rangle = \frac{2n+1}{2} \hbar\omega L \frac{1+\mathrm{e}^{-\omega\hbar/(Tk)}}{1-\mathrm{e}^{-\omega\hbar/(Tk)}}$$

因此,热数态的涨落是

$$\Delta p \Delta q = \frac{(2n+1)\hbar}{2} \frac{1+\mathrm{e}^{-\omega\hbar/(Tk)}}{1-\mathrm{e}^{-\omega\hbar/(Tk)}} = \frac{(2n+1)\hbar}{2} \coth\frac{\beta\omega\hbar}{2}$$

因此,噪声随着 $n$ 或 $T$ 的增加而产生. 激发态越高,产生的噪声越多. 特别地,当 $|n,\tilde{n}\rangle = |0,\tilde{0}\rangle$ 时,噪声变为 $\frac{\hbar}{2} \coth\frac{\beta\omega\hbar}{2}$.

另一方面,利用方程(10.23)我们有

$$\langle n,\tilde{n}| S^\dagger a^\dagger a S |n,\tilde{n}\rangle = n\cosh^2\theta + (1+n)\sinh^2\theta \tag{10.24}$$

以及

$$\langle n,\tilde{n}| S^\dagger \left(a^\dagger a\right)^2 S |n,\tilde{n}\rangle = n^2\cosh^4\theta + (1+n)^2\sinh^4\theta + (2n+1)^2\sinh^2\theta\cosh^2\theta \tag{10.25}$$

于是

$$\Delta\left(a^\dagger a\right) = \sqrt{2n^2+2n+1}\,\sinh\theta\cosh\theta$$
$$= \frac{\mathrm{e}^{-\omega\hbar/(2kT)}}{1-\mathrm{e}^{-\omega\hbar/(kT)}}\sqrt{2n^2+2n+1} \tag{10.26}$$

因为 $\left(a^\dagger a + \frac{1}{2}\right)\omega\hbar = \frac{1}{2L}p^2 + \frac{1}{2C}q^2$,所以介观 LC 电路的整体能量涨落由式(10.26)给出.

总之,在热场动力学(TFD)的背景下,在相干热态表示中使用热 Wigner 算符的简洁表达式,我们导出了介观 LC 电路激发态的量子涨落. 结果表明,随着 $T, \theta$ 和 $n$ 的增加,量子噪声变得越来越大. 我们的方法可能是处理热效应最简单的方法.

# 10.4   用 IWOP 技术和相干态表象推导热真空态 $|0(\beta)\rangle$

利用

$$\mathrm{e}^{-\beta\hbar\omega a^\dagger a} = :\exp\left[\left(\mathrm{e}^{-\beta\hbar\omega}-1\right)a^\dagger a\right]:$$

(其中 : : 表示算符的正规排序) 及 IWOP 技术,我们有

$$: \exp\{(e^{-\beta\hbar\omega} - 1)a^\dagger a\} := \int \frac{d^2 z}{\pi} : \exp(-|z|^2 + z^* a^\dagger e^{-\beta\hbar\omega/2} + za e^{-\beta\hbar\omega/2} - a^\dagger a) :$$

考虑到真空投影算符的正规排序为 $|0\rangle \langle 0| =: e^{-a^\dagger a} :$,我们将上式写为

$$: \exp\{(e^{-\beta\hbar\omega} - 1)a^\dagger a\} := \int \frac{d^2 z}{\pi} e^{z^* a^\dagger e^{-\beta\hbar\omega/2}} |0\rangle \langle 0| e^{za e^{-\beta\hbar\omega/2}} \langle \tilde{z} |\tilde{0}\rangle \langle \tilde{0} |\tilde{z}\rangle \quad (10.27)$$

其中 $|\tilde{z}\rangle$ 是虚模相干态,

$$|\tilde{z}\rangle = \exp\left(z\tilde{a}^\dagger - z^*\tilde{a}\right)|\tilde{0}\rangle, \quad \tilde{a}|\tilde{z}\rangle = z|\tilde{z}\rangle, \quad \langle \tilde{0}|\tilde{z}\rangle = e^{-|z|^2/2}$$

此外,在方程(10.27)两边乘以系数 $1 - e^{-\beta\hbar\omega}$,然后使用相干态的完备性关系

$$\int \frac{d^2 z}{\pi} |\tilde{z}\rangle \langle \tilde{z}| = 1$$

得到

$$
\begin{aligned}
&\left(1 - e^{-\beta\hbar\omega}\right) \int \frac{d^2 z}{\pi} \langle \tilde{z}| e^{z^* a^\dagger e^{-\beta\hbar\omega/2}} |0\tilde{0}\rangle \langle 0\tilde{0}| e^{za e^{-\beta\hbar\omega/2}} |\tilde{z}\rangle \\
&= \left(1 - e^{-\beta\hbar\omega}\right) \int \frac{d^2 z}{\pi} \langle \tilde{z}| e^{a^\dagger \tilde{a}^\dagger e^{-\beta\hbar\omega/2}} |0\tilde{0}\rangle \langle 0\tilde{0}| e^{a\tilde{a} e^{-\beta\hbar\omega/2}} |\tilde{z}\rangle \\
&= \left(1 - e^{-\beta\hbar\omega}\right) \widetilde{tr} \left[\int \frac{d^2 z}{\pi} |\tilde{z}\rangle \langle \tilde{z}| \left(e^{a^\dagger \tilde{a}^\dagger e^{-\beta\hbar\omega/2}} |0\tilde{0}\rangle \langle 0\tilde{0}| e^{a\tilde{a} e^{-\beta\hbar\omega/2}}\right)\right] \\
&= \widetilde{tr} \left[0(\beta) \langle 0(\beta)|\right]
\end{aligned}
$$

其中 $\widetilde{tr}$ 表示对 tilde 模式求迹,所以

$$|0(\beta)\rangle = \sqrt{1 - e^{-\beta\hbar\omega}} \exp\left(a^\dagger \tilde{a}^\dagger e^{-\beta\hbar\omega/2}\right)|0\tilde{0}\rangle$$

因此,根据等式(10.27),我们由混沌场算符导出了热真空态,这是一种全新的方法.

$e^{\lambda a^\dagger a}$ 的正规排序展开为

$$e^{\lambda a^\dagger a} =: \exp\left[\left(e^\lambda - 1\right)a^\dagger a\right] :$$

利用 IWOP 技术求部分迹:

$$
\begin{aligned}
\widetilde{tr}\left[|0(\beta)\rangle \langle 0(\beta)|\right] &= \widetilde{tr}\left[\int \frac{d^2 z}{\pi} |\tilde{z}\rangle \langle \tilde{z}| 0(\beta)\rangle \langle 0(\beta)|\right] \\
&= \operatorname{sech}^2\theta \int \frac{d^2 z}{\pi} \langle \tilde{z}| e^{a^\dagger \tilde{a}^\dagger \tanh\theta} |0,\tilde{0}\rangle \langle 0,\tilde{0}| e^{a\tilde{a}\tanh\theta} |\tilde{z}\rangle \\
&= \operatorname{sech}^2\theta \int \frac{d^2 z}{\pi} \langle \tilde{z}| e^{a^\dagger z^* \tanh\theta} |0,\tilde{0}\rangle \langle 0,\tilde{0}| e^{az\tanh\theta} |\tilde{z}\rangle
\end{aligned}
$$

$$= \mathrm{sech}^2\theta \int \frac{\mathrm{d}^2 z}{\pi} e^{a^\dagger z^* \tanh\theta} |0\rangle \langle 0| e^{az\tanh\theta} e^{-|z|^2}$$

$$= \mathrm{sech}^2\theta \int \frac{\mathrm{d}^2 z}{\pi} : e^{-|z|^2 + a^\dagger z^* \tanh\theta + az\tanh\theta - a^\dagger a} :$$

$$= \mathrm{sech}^2\theta : e^{a^\dagger a(\tanh^2\theta - 1)} : \equiv \gamma : \exp\left(-\gamma a^\dagger a\right) :$$

$$= \mathrm{sech}^2\theta e^{a^\dagger a \ln \tanh^2\theta} = \left(1 - e^{-\frac{\hbar\omega}{kT}}\right) e^{-\frac{\hbar\omega}{kT} a^\dagger a} = \rho_{\mathrm{c}} \tag{10.28}$$

这里用到了 $\tanh\theta = \exp\left(-\frac{\hbar\omega}{2\kappa T}\right)$. 这揭示了通过在 $|0(\beta)\rangle$ 的虚模上求迹确实可以推导出混沌光场的密度矩阵 $\rho_{\mathrm{c}}$.

# 10.5 耗散通道主方程的解

由于介观量子电路与环境之间总是发生能量交换, 这就带来了热真空态的耗散和量子退相干, 由如下的主方程支配:

$$\frac{\mathrm{d}\rho(t)}{\mathrm{d}t} = \kappa\left(2a\rho a^\dagger - a^\dagger a\rho - \rho a^\dagger a\right) \tag{10.29}$$

其中 $\rho$ 为体系的密度算符, $\kappa$ 是衰变的速度. 为了直接解方程, 我们引入双模纠缠态

$$|\eta\rangle = \exp\left(-\frac{1}{2}|\eta|^2 + \eta a^\dagger - \eta^* \tilde{a}^\dagger + a^\dagger \tilde{a}^\dagger\right) |0\tilde{0}\rangle \tag{10.30}$$

这里 $\tilde{a}^\dagger$ 是独立于实模 $a^\dagger$ 的虚模产生算符, $|\tilde{0}\rangle$ 被 $\tilde{a}$ 湮灭, $[\tilde{a}, \tilde{a}^\dagger] = 1$, $[a, \tilde{a}^\dagger] = 0$. $|\eta\rangle$ 满足本征方程

$$(a - \tilde{a}^\dagger)|\eta\rangle = \eta|\eta\rangle, \quad (a^\dagger - \tilde{a})|\eta\rangle = \eta^*|\eta\rangle$$
$$\langle\eta|(a^\dagger - \tilde{a}) = \eta^*\langle\eta|, \quad \langle\eta|(a - \tilde{a}^\dagger) = \eta\langle\eta| \tag{10.31}$$

将式 (10.29) 的两边作用在态 $|I\rangle \equiv |\eta = 0\rangle$ 上, 并记 $|\rho\rangle \equiv \rho|I\rangle$, 我们得

$$\frac{\mathrm{d}}{\mathrm{d}t}|\rho\rangle = \kappa(2a\rho a^\dagger - a^\dagger a\rho - \rho a^\dagger a)|I\rangle \tag{10.32}$$

注意到

$$a|I\rangle = \tilde{a}^\dagger|I\rangle, \quad a^\dagger|I\rangle = \tilde{a}|I\rangle, \quad a^\dagger a|I\rangle = \tilde{a}^\dagger \tilde{a}|I\rangle \tag{10.33}$$

方程 (10.32) 变为

$$\frac{\mathrm{d}}{\mathrm{d}t}|\rho\rangle = \kappa(2a\tilde{a} - a^\dagger a - \tilde{a}^\dagger \tilde{a})|\rho\rangle \tag{10.34}$$

其形式解是

$$|\rho\rangle = \exp[\kappa t(2a\tilde{a} - a^\dagger a - \tilde{a}^\dagger \tilde{a})]|\rho_0\rangle \tag{10.35}$$

在式（10.35）中 $|\rho_0\rangle \equiv \rho_0|I\rangle$，$\rho_0$ 是初始密度算符. 将式（10.35）投影到热纠缠态表象 $\langle\eta|$，并利用对应关系式

$$\langle\eta|\tilde{a} = -\left(\frac{\partial}{\partial\eta} + \frac{\eta^*}{2}\right)\langle\eta|, \quad \langle\eta|a = \left(\frac{\partial}{\partial\eta^*} + \frac{\eta}{2}\right)\langle\eta|$$

$$\langle\eta|\tilde{a}^\dagger = \left(\frac{\partial}{\partial\eta^*} - \frac{\eta}{2}\right)\langle\eta|, \quad \langle\eta|a^\dagger = -\left(\frac{\partial}{\partial\eta} - \frac{\eta^*}{2}\right)\langle\eta| \tag{10.36}$$

和本征方程（10.36），得

$$\langle\eta|\rho\rangle = \exp\left[-\kappa t\eta^*\left(\frac{\partial}{\partial\eta^*} + \frac{\eta}{2}\right) - \kappa t\eta\left(\frac{\partial}{\partial\eta} + \frac{\eta^*}{2}\right)\right]\langle\eta|\rho_0\rangle \tag{10.37}$$

$$= \exp\left[-\kappa t\left(\eta\eta^* + \eta^*\frac{\partial}{\partial\eta^*} + \eta\frac{\partial}{\partial\eta}\right)\right]\langle\eta|\rho_0\rangle$$

由于 $\eta = re^{i\varphi}$，$r = |\eta|$，

$$\frac{\partial}{\partial\eta} = \frac{1}{2}e^{-i\varphi}\left(\frac{\partial}{\partial r} - \frac{i}{r}\frac{\partial}{\partial\varphi}\right), \quad \frac{\partial}{\partial\eta^*} = \frac{1}{2}e^{i\varphi}\left(\frac{\partial}{\partial r} + \frac{i}{r}\frac{\partial}{\partial\varphi}\right)$$

$$\eta^*\frac{\partial}{\partial\eta^*} + \eta\frac{\partial}{\partial\eta} = r\frac{\partial}{\partial r}, \quad \left[r\frac{\partial}{\partial r}, r^2\right] = 2r^2 \tag{10.38}$$

以及算符恒等式

$$e^{\lambda(A+\sigma B)} = e^{\lambda A}\exp[\sigma B(1 - e^{-\lambda\tau})/\tau] = \exp[\sigma B(e^{\lambda\tau} - 1)/\tau]e^{\lambda A} \tag{10.39}$$

注意上式成立的条件是 $[A, B] = \tau B$，可将式（10.37）改写为

$$\langle\eta|\rho\rangle = \exp\left[-\kappa t\left(r^2 + r\frac{\partial}{\partial r}\right)\right]\langle\eta|\rho_0\rangle$$

$$= e^{-r^2(1-e^{-2\kappa t})/2}\exp\left(-\kappa tr\frac{\partial}{\partial r}\right)\langle re^{i\varphi}|\rho_0\rangle$$

$$= e^{-V|\eta|^2/2}\langle\eta e^{-\kappa t}|\rho_0\rangle \tag{10.40}$$

这里 $V = 1 - e^{-2\kappa t}$. 利用完备性关系 $\int\frac{d^2\eta}{\pi}|\eta\rangle\langle\eta| = 1$ 以及式（10.40），我们可得

$$|\rho\rangle = \int\frac{d^2\eta}{\pi}|\eta\rangle\langle\eta|\rho\rangle = \int\frac{d^2\eta}{\pi}|\eta\rangle e^{-V|\eta|^2/2}\langle\eta e^{-\kappa t}|\rho_0\rangle$$

$$= \int\frac{d^2\eta}{\pi}$$

$$\times : \exp[-|\eta|^2 + \eta(a^\dagger - e^{-\kappa t}\tilde{a}) + \eta^*(ae^{-\kappa t} - \tilde{a}^\dagger) + a^\dagger\tilde{a}^\dagger + a\tilde{a} - a^\dagger a - \tilde{a}^\dagger\tilde{a}] : |\rho_0\rangle$$

$$= : \exp[(a^\dagger - e^{-\kappa t}\tilde{a})(ae^{-\kappa t} - \tilde{a}^\dagger) + a^\dagger\tilde{a}^\dagger + a\tilde{a} - a^\dagger a - \tilde{a}^\dagger\tilde{a}] : |\rho_0\rangle$$

$$
=: \exp[(1 - \mathrm{e}^{-2\kappa t})a\tilde{a} + (\mathrm{e}^{-\kappa t} - 1)(a^\dagger a + \tilde{a}^\dagger \tilde{a})] : |\rho_0\rangle
$$

$$
= \exp[-\kappa t(a^\dagger a + \tilde{a}^\dagger \tilde{a})] \exp[(1 - \mathrm{e}^{-2\kappa t})a\tilde{a}]|\rho_0\rangle
$$

$$
= \exp[-\kappa t(a^\dagger a + \tilde{a}^\dagger \tilde{a})] \sum_{n=0}^{\infty} \frac{V^n}{n!} a^n \tilde{a}^n \rho_0 |I\rangle
$$

$$
= \sum_{n=0}^{\infty} \frac{V^n}{n!} \mathrm{e}^{-\kappa t a^\dagger a} a^n \rho_0 a^{\dagger n} \mathrm{e}^{-\kappa t a^\dagger a} |I\rangle \tag{10.41}
$$

所以在耗散通道内密度算符的主方程的解为

$$
\rho(t) = \sum_{n=0}^{\infty} \frac{V^n}{n!} \mathrm{e}^{-\kappa t a^\dagger a} a^n \rho_0 a^{\dagger n} \mathrm{e}^{-\kappa t a^\dagger a} \tag{10.42}
$$

其中 $\rho_0$ 是系统初始的密度算符.

# 10.6　介观 LC 电路的热真空在耗散通道中的演化

本节讨论热真空 $|0(\beta)\rangle\langle 0(\beta)|$ 的耗散理论. 我们把热真空态作为主方程的初态, 在它自己的温度下计算出末态 $\rho(t)$. 由于 $|0(\beta)\rangle$ 涉及纠缠, 电路的耗散将影响其环境, 如 $\rho(t)$ 的表达式所示. 在本节中通过发展 Wigner 函数理论, 我们继续讨论 $\rho(t)$ 的量子涨落. 我们发现, 在耗散的热真空中, 电路的量子涨落会增加.

我们将 LC 电路的热真空态 $|0(\beta)\rangle\langle 0(\beta)|$ 记为 $\rho_0$, 并将它代入方程 (10.42), 结果为

$$
\rho(t) = \sum_{n=0}^{\infty} \frac{V^n}{n!} \mathrm{e}^{-\kappa t a^\dagger a} a^n |0(\beta)\rangle\langle 0(\beta)| a^{\dagger n} \mathrm{e}^{-\kappa t a^\dagger a} \tag{10.43}
$$

由于温度通过 $|0(\beta)\rangle$ 表现出来, 我们还研究了 $\rho(t)$ 中系统的耗散如何伴随温度变化而变化.

利用

$$
a^n |0(\beta)\rangle = \mathrm{sech}\,\theta \left[ a^n, \mathrm{e}^{a^\dagger \tilde{a}^\dagger \tanh \theta} \right] |0\tilde{0}\rangle = (\tilde{a}^\dagger \tanh \theta)^n |0(\beta)\rangle \tag{10.44}
$$

我们将 $\rho(t)$ 写为

$$
\rho(t) = \sum_{n=0}^{\infty} \frac{V^n \tanh^{2n}\theta}{n!} \mathrm{e}^{-\kappa t a^\dagger a} \tilde{a}^{\dagger n} |0(\beta)\rangle\langle 0(\beta)| \tilde{a}^n \mathrm{e}^{-\kappa t a^\dagger a}
$$

$$= \mathrm{sech}^2\theta \sum_{n=0}^{\infty} \frac{V^n \tanh^{2n}\theta}{n!} \mathrm{e}^{-\kappa t a^\dagger a} \tilde{a}^{\dagger n} \mathrm{e}^{a^\dagger \tilde{a}^\dagger \tanh\theta} |0\tilde{0}\rangle \langle 0\tilde{0}| \mathrm{e}^{a\tilde{a}\tanh\theta} \tilde{a}^n \mathrm{e}^{-\kappa t a^\dagger a} \tag{10.45}$$

再利用

$$\mathrm{e}^{-\kappa t a^\dagger a} a^\dagger \mathrm{e}^{\kappa t a^\dagger a} = \mathrm{e}^{-\kappa t} a^\dagger \tag{10.46}$$

可得 $t$ 时刻热真空态的耗散为

$$\rho(t) = \mathrm{sech}^2\theta \sum_{n=0}^{\infty} \frac{V^n \tanh^{2n}\theta}{n!} \tilde{a}^{\dagger n} \mathrm{e}^{\mathrm{e}^{-\kappa t} a^\dagger \tilde{a}^\dagger \tanh\theta} |0\tilde{0}\rangle \langle 0\tilde{0}| \mathrm{e}^{\mathrm{e}^{-\kappa t} a\tilde{a}\tanh\theta} \tilde{a}^n \tag{10.47}$$

此外,利用裸真空状态的正规乘积形式

$$|0\tilde{0}\rangle \langle 0\tilde{0}| =: \mathrm{e}^{-a^\dagger a - \tilde{a}^\dagger \tilde{a}}: \tag{10.48}$$

我们可以对等式(10.47)在正规排序下求和,并导出 $\rho(t)$ 的紧致形式:

$$\begin{aligned}
\rho(t) &= \mathrm{sech}^2\theta \sum_{n=0}^{\infty} \frac{V^n \tanh^{2n}\theta}{n!} \tilde{a}^{\dagger n} \mathrm{e}^{\mathrm{e}^{-\kappa t} a^\dagger \tilde{a}^\dagger \tanh\theta} : \mathrm{e}^{-a^\dagger a - \tilde{a}^\dagger \tilde{a}}: \mathrm{e}^{\mathrm{e}^{-\kappa t} a\tilde{a}\tanh\theta} \tilde{a}^n \\
&= \mathrm{sech}^2\theta \sum_{n=0}^{\infty} \frac{V^n \tanh^{2n}\theta}{n!} : \tilde{a}^{\dagger n} \tilde{a}^n \mathrm{e}^{\mathrm{e}^{-\kappa t}\tanh\theta(a^\dagger \tilde{a}^\dagger + a\tilde{a})} \mathrm{e}^{-a^\dagger a - \tilde{a}^\dagger \tilde{a}}: \\
&= \mathrm{sech}^2\theta : \exp\left[\tilde{a}^\dagger \tilde{a}\left(1 - \mathrm{e}^{-2\kappa t}\right)\tanh^2\theta + \mathrm{e}^{-\kappa t}\tanh\theta\left(a^\dagger \tilde{a}^\dagger + a\tilde{a}\right) - a^\dagger a - \tilde{a}^\dagger \tilde{a}\right]: \\
&= \mathrm{sech}^2\theta \mathrm{e}^{\mathrm{e}^{-\kappa t} a^\dagger \tilde{a}^\dagger \tanh\theta} |0\rangle \langle 0| \exp\left\{\tilde{a}^\dagger \tilde{a} \ln\left[\left(1 - \mathrm{e}^{-2\kappa t}\right)\tanh^2\theta\right]\right\} \mathrm{e}^{\mathrm{e}^{-\kappa t}\tanh\theta a\tilde{a}}
\end{aligned} \tag{10.49}$$

这表明, 当热压缩效应减小时, $\tanh\theta \to \mathrm{e}^{-\kappa t}\tanh\theta$, 环境处于 tilde 模式的一个混沌场中:

$$\exp\left\{\tilde{a}^\dagger \tilde{a} \ln\left[\left(1 - \mathrm{e}^{-2\kappa t}\right)\tanh^2\theta\right]\right\} \tag{10.50}$$

这是因为电路模式和环境模式是纠缠的,LC 量子电路的耗散必然影响环境.

当我们想要计算 $t$ 时刻介观 LC 电路耗散热真空中的物理可观测量时, 我们必须事先对 $\rho(t)$ 的 tilde 模式求部分迹,tilde 模式中的相干态表示

$$\int \frac{\mathrm{d}^2 z}{\pi} |\tilde{z}\rangle \langle \tilde{z}| = 1, \quad \tilde{a}|\tilde{z}\rangle = z|\tilde{z}\rangle \tag{10.51}$$

以及

$$|0\rangle \langle 0| =: \mathrm{e}^{-a^\dagger a}: \tag{10.52}$$

$$:\exp[(f-1)a^\dagger a]: = \exp\left(a^\dagger a \ln f\right) \tag{10.53}$$

我们有

$$
\begin{aligned}
\widetilde{\mathrm{tr}}\rho\left(t\right) &= \mathrm{sech}^2\theta\,\widetilde{\mathrm{tr}}\bigg[\iint\frac{\mathrm{d}^2z}{\pi}\left|\tilde{z}\right\rangle\left\langle\tilde{z}\right|\mathrm{e}^{\mathrm{e}^{-\kappa t}a^\dagger\tilde{a}^\dagger\tanh\theta}\left|0\right\rangle\left\langle0\right| \\
&\quad\times\exp\left\{\tilde{a}^\dagger\tilde{a}\ln\left[\left(1-\mathrm{e}^{-2\kappa t}\right)\tanh^2\theta\right]\right\}\mathrm{e}^{\mathrm{e}^{-\kappa t}\tanh\theta\, a\tilde{a}}\bigg] \\
&= \mathrm{sech}^2\theta\bigg[\iint\frac{\mathrm{d}^2z}{\pi}\left\langle\tilde{z}\right|\mathrm{e}^{\mathrm{e}^{-\kappa t}a^\dagger\tilde{a}^\dagger\tanh\theta}:\mathrm{e}^{-a^\dagger a} \\
&\quad\times\exp\left\{\tilde{a}^\dagger\tilde{a}\left[\left(1-\mathrm{e}^{-2\kappa t}\right)\tanh^2\theta-1\right]\right\}:\mathrm{e}^{\mathrm{e}^{-\kappa t}\tanh\theta\, a\tilde{a}}\bigg]\left|\tilde{z}\right\rangle \\
&= \mathrm{sech}^2\theta\int\frac{\mathrm{d}^2z}{\pi}:\exp\left\{\left|z\right|^2\left[\left(1-\mathrm{e}^{-2\kappa t}\right)\tanh^2\theta-1\right]\right. \\
&\quad\left.+\mathrm{e}^{-\kappa t}\tanh\theta\left(a^\dagger z^*+az\right)-a^\dagger a\right\}: \\
&= \frac{1}{1+\mathrm{e}^{-2\kappa t}\sinh^2\theta}:\exp\left\{\left[\frac{\mathrm{e}^{-2\kappa t}\tanh^2\theta}{1-\left(1-\mathrm{e}^{-2\kappa t}\right)\tanh^2\theta}-1\right]a^\dagger a\right\}: \\
&= \frac{1}{1+\mathrm{e}^{-2\kappa t}\sinh^2\theta}:\exp\left(\frac{-1}{1+\mathrm{e}^{-2\kappa t}\sinh^2\theta}a^\dagger a\right): \\
&= \frac{1}{1+\mathrm{e}^{-2\kappa t}\sinh^2\theta}\exp\left(a^\dagger a\ln\frac{\mathrm{e}^{-2\kappa t}\tanh^2\theta}{\mathrm{sech}^2\theta+\mathrm{e}^{-2\kappa t}\tanh^2\theta}\right)
\end{aligned}
\tag{10.54}
$$

通过求解

$$
\frac{\mathrm{e}^{-\kappa t}\tanh\theta}{\sqrt{\mathrm{sech}^2\theta+\mathrm{e}^{-2\kappa t}\tanh^2\theta}}=\tanh\theta'
\tag{10.55}
$$

得到

$$
\frac{1}{1+\mathrm{e}^{-2\kappa t}\sinh^2\theta}=\mathrm{sech}^2\theta'
\tag{10.56}
$$

从而有

$$
\widetilde{\mathrm{tr}}\rho\left(t\right)=\mathrm{sech}^2\theta'\exp(a^\dagger a\ln\tanh^2\theta')
\tag{10.57}
$$

这说明了量子力学介观电路处于混沌状态,但具有新的参数 $\theta'$.

类似于式(10.57),我们计算

$$
\widetilde{\mathrm{tr}}\rho\left(t\right)\equiv\left(1-\mathrm{e}^{-\frac{\hbar\omega}{kT'}}\right)\mathrm{e}^{-\frac{\hbar\omega}{kT'}a^\dagger a}
\tag{10.58}
$$

可见

$$
\ln\frac{\mathrm{e}^{-2\kappa t}\tanh^2\theta}{\mathrm{sech}^2\theta+\mathrm{e}^{-2\kappa t}\tanh^2\theta}=-\frac{\hbar\omega}{kT'}
\tag{10.59}
$$

介观电路现在处于温度 $T'$ 时,

$$
T'=-\frac{\hbar\omega}{k\ln\dfrac{\mathrm{e}^{-2\kappa t}\tanh^2\theta}{\mathrm{sech}^2\theta+\mathrm{e}^{-2\kappa t}\tanh^2\theta}}
\tag{10.60}
$$

$T'$ 依赖于 $\kappa$. 由于

$$\text{sech}^2\theta + \mathrm{e}^{-2\kappa t}\tanh^2\theta > \mathrm{e}^{-2\kappa t} \tag{10.61}$$

所以

$$\ln\frac{\mathrm{e}^{-2\kappa t}\tanh^2\theta}{\text{sech}^2\theta + \mathrm{e}^{-2\kappa t}\tanh^2\theta} < 0, \quad T' > 0 \tag{10.62}$$

进一步,由于

$$\tanh^2\theta > \frac{\mathrm{e}^{-2\kappa t}\tanh^2\theta}{\text{sech}^2\theta + \mathrm{e}^{-2\kappa t}\tanh^2\theta} \tag{10.63}$$

$$-\frac{1}{\ln\tanh^2\theta} > -\frac{1}{\ln\dfrac{\mathrm{e}^{-2\kappa t}\tanh^2\theta}{\text{sech}^2\theta + \mathrm{e}^{-2\kappa t}\tanh^2\theta}} = -\frac{1}{\ln\tanh^2\theta'} \tag{10.64}$$

考虑 $\ln\tanh^2\theta = -\dfrac{\hbar\omega}{kT}$,$T = -\dfrac{\hbar\omega}{k\ln\tanh^2\theta}$,得到

$$T > T' \tag{10.65}$$

说明在阻尼过程中,电路的温度降低.

# 10.7 LC 电路耗散热真空态的 Wigner 函数

现在我们用 Wigner 函数理论讨论介观 LC 电路耗散热真空中的量子涨落. 考虑 Wigner 算符形式

$$\Delta(\alpha) = \pi^{-1} : \exp\left[-2(a^\dagger - \alpha^*)(a - \alpha)\right] : \tag{10.66}$$

因为 $\rho(t)$ 的 Wigner 函数是 $W(\alpha, \alpha^*) = \text{Tr}\left[\Delta(\alpha)\rho(t)\right]$,其中 $\text{Tr} = \text{tr}\widetilde{\text{tr}}$,利用式(10.66)和相干态的完备性关系 $\int\dfrac{\mathrm{d}^2z}{\pi}|z\rangle\langle z| = 1$,我们有

$$
\begin{aligned}
W(\alpha, \alpha^*) &= \text{tr}\left[\Delta(\alpha)\widetilde{\text{tr}}\rho(t)\right]\\
&= \pi^{-1}\text{sech}^2\theta'\text{tr}\left[\int\frac{\mathrm{d}^2z}{\pi}|z\rangle\langle z| : \mathrm{e}^{-2(a^\dagger - \alpha^*)(a-\alpha)} : \mathrm{e}^{a^\dagger a\ln\tanh^2\theta'}\right]\\
&= \pi^{-1}\text{sech}^2\theta'\int\frac{\mathrm{d}^2z}{\pi}\langle z| : \mathrm{e}^{-2(a^\dagger - \alpha^*)(a-\alpha)} : \mathrm{e}^{a^\dagger a\ln\tanh^2\theta'}|z\rangle\\
&= \pi^{-1}\text{sech}^2\theta'\int\frac{\mathrm{d}^2z}{\pi}\langle z|\mathrm{e}^{-2(z^* - \alpha^*)(a-\alpha)} : \mathrm{e}^{-a^\dagger a\,\text{sech}^2\theta'} : |z\rangle
\end{aligned}
$$

$$= \pi^{-1}\mathrm{sech}^2\theta' \int \frac{\mathrm{d}^2 z}{\pi} \langle z| \mathrm{e}^{-2(z^*-\alpha^*)(a-\alpha)} \mathrm{e}^{-a^\dagger z\mathrm{sech}^2\theta'} |z\rangle$$

$$= \pi^{-1}\mathrm{sech}^2\theta' \int \frac{\mathrm{d}^2 z}{\pi} \langle z| \mathrm{e}^{2\alpha(z^*-\alpha^*)} \mathrm{e}^{-2(z^*-\alpha^*)a} \mathrm{e}^{-a^\dagger z\mathrm{sech}^2\theta'} |z\rangle$$

$$= \pi^{-1}\mathrm{sech}^2\theta' \mathrm{e}^{-2|\alpha|^2} \int \frac{\mathrm{d}^2 z}{\pi} \langle z| \mathrm{e}^{2\alpha z^*} \mathrm{e}^{-a^\dagger z\mathrm{sech}^2\theta'} \mathrm{e}^{-2(z^*-\alpha^*)a} \mathrm{e}^{2(z^*-\alpha^*)z\mathrm{sech}^2\theta'} |z\rangle$$

$$= \pi^{-1}\mathrm{sech}^2\theta' \mathrm{e}^{-2|\alpha|^2} \int \frac{\mathrm{d}^2 z}{\pi} \mathrm{e}^{-|z|^2(1+\tanh^2\theta')} \mathrm{e}^{2\alpha z^* + 2\alpha^* z\tanh^2\theta'}$$

$$= \pi^{-1} \frac{\mathrm{sech}^2\theta'}{1+\tanh^2\theta'} \exp\left(2|\alpha|^2 \frac{\tanh^2\theta'-1}{1+\tanh^2\theta'}\right) \tag{10.67}$$

或者

$$W(\alpha, \alpha^*) = \frac{1-\mathrm{e}^{-\hbar\omega/(kT')}}{\pi[1+\mathrm{e}^{-\hbar\omega/(kT')}]} \exp\left[-2|\alpha|^2 \frac{1-\mathrm{e}^{-\hbar\omega/(kT')}}{1+\mathrm{e}^{-\hbar\omega/(kT')}}\right] \tag{10.68}$$

由此可以进一步求终态的量子涨落.

# 10.8　RLC 电路对应的热真空态和熵

当电路中还有一个电阻 $R$ 时, RLC 电路中的经典电流满足以下二阶微分方程:

$$L\frac{\mathrm{d}^2 q}{\mathrm{d}t^2} + R\frac{\mathrm{d}q}{\mathrm{d}t} + \frac{q}{C} = 0$$

于是 $R$ 上的能量耗散是

$$R\frac{\mathrm{d}q}{\mathrm{d}t}q = \frac{1}{2}R\left(q\frac{\mathrm{d}q}{\mathrm{d}t} + \frac{\mathrm{d}q}{\mathrm{d}t}q\right)$$

当有外部电源起到补偿 Joule 热的作用时, 电路是稳定的, 在这种情况下, Hamilton 量是

$$\mathcal{H}_1 = \frac{1}{2L}p^2 + \frac{1}{2C}q^2 + \frac{R}{2L}(pq+qp)$$

在它被量子化后, 我们看到

$$\hat{\mathcal{H}}_1 = \omega a^\dagger a + \kappa^* a^{\dagger 2} + \kappa a^2 \quad (\hbar=1)$$

其中

$$\kappa = \frac{-\mathrm{i}R}{2L}$$

零点能量被忽略了. 现在我们考虑一个简并的参量放大器, Hamilton 量为

$$\mathcal{H} = \omega a^\dagger a + \kappa^* a^{\dagger 2} + \kappa a^2$$

它的归一化密度算符 $\rho$ 如下:

$$\rho\left(\mathrm{tre}^{-\beta\mathcal{H}}\right) = \mathrm{e}^{-\beta\mathcal{H}} = \mathrm{e}^{-\beta\left(\omega a^{\dagger}a + \kappa^{*}a^{\dagger 2} + \kappa a^{2}\right)} \tag{10.69}$$

考虑到 $\frac{1}{2}\left(a^{\dagger}a + \frac{1}{2}\right)$, $\frac{1}{2}a^{\dagger 2}$ 以及 $\frac{1}{2}a^{2}$ 属于 Lie 代数 $su(1,1)$,因此,我们可以导出算子的广义恒等式如下:

$$\exp\left(fa^{\dagger}a + ga^{\dagger 2} + ka^{2}\right) = \mathrm{e}^{-f/2}\exp\left(\frac{ga^{\dagger 2}}{\mathcal{D}\coth\mathcal{D} - f}\right)$$
$$\times \exp\left[\left(a^{\dagger}a + \frac{1}{2}\right)\ln\frac{\mathcal{D}\mathrm{sech}\mathcal{D}}{\mathcal{D} - f\tanh\mathcal{D}}\right]\exp\left(\frac{ka^{2}}{\mathcal{D}\coth\mathcal{D} - f}\right)$$

其中我们令 $\mathcal{D}^{2} = f^{2} - 4kg$. 于是对比方程（10.36）和方程（10.37）我们可以将方程（10.69）重写为

$$\left(\mathrm{tr}\,\mathrm{e}^{-\beta\mathcal{H}}\right)\rho = \sqrt{\lambda\mathrm{e}^{\beta\omega}}\exp\left(E^{*}a^{\dagger 2}\right)\exp\left(a^{\dagger}a\ln\lambda\right)\exp\left(Ea^{2}\right) \tag{10.70}$$

其中我们令

$$D^{2} = \omega^{2} - 4\left|\kappa\right|^{2}, \quad \lambda = \frac{D}{\omega\sinh\beta D + D\cosh\beta D}, \quad E = \frac{-\lambda}{D}\kappa\sinh\beta D \tag{10.71}$$

进一步,使用方程（10.70）和（10.71）,我们有

$$\left(\mathrm{tr}\,\mathrm{e}^{-\beta\mathcal{H}}\right)\rho = \sqrt{\lambda\mathrm{e}^{\beta\omega}}\exp\left(E^{*}a^{\dagger 2}\right) : \exp\left[\left(\lambda - 1\right)a^{\dagger}a\right] : \exp\left(Ea^{2}\right)$$
$$= \sqrt{\lambda\mathrm{e}^{\beta\omega}}\int\frac{\mathrm{d}^{2}z}{\pi}\mathrm{e}^{E^{*}a^{\dagger 2} + \sqrt{\lambda}z^{*}a^{\dagger}}\left|0\right\rangle\left\langle 0\right|\mathrm{e}^{Ea^{2} + \sqrt{\lambda}za}\left\langle\tilde{z}\,|\tilde{0}\rangle\langle\tilde{0}\,|\tilde{z}\right\rangle$$
$$= \sqrt{\lambda\mathrm{e}^{\beta\omega}}\int\frac{\mathrm{d}^{2}z}{\pi}\left\langle\tilde{z}\right|\mathrm{e}^{E^{*}a^{\dagger 2} + \sqrt{\lambda}z^{*}a^{\dagger}}\left|0\tilde{0}\right\rangle\left\langle 0\tilde{0}\right|\mathrm{e}^{Ea^{2} + \sqrt{\lambda}za}\left|\tilde{z}\right\rangle$$
$$= \sqrt{\lambda\mathrm{e}^{\beta\omega}}\,\widetilde{\mathrm{tr}}\left(\mathrm{e}^{E^{*}a^{\dagger 2} + \sqrt{\lambda}a^{\dagger}\tilde{a}^{\dagger}}\left|0\tilde{0}\right\rangle\left\langle 0\tilde{0}\right|\mathrm{e}^{Ea^{2} + \sqrt{\lambda}a\tilde{a}}\right)$$
$$\equiv \left(\mathrm{tr}\,\mathrm{e}^{-\beta\mathcal{H}}\right)\widetilde{\mathrm{tr}}\left[\left|\phi\left(\beta\right)\right\rangle\left\langle\phi\left(\beta\right)\right|\right]$$

这表明方程（10.69）中的 Hamilton 量在双 Fock 空间中的纯态是

$$\left|\phi\left(\beta\right)\right\rangle = \sqrt{\frac{\lambda^{1/2}\mathrm{e}^{\beta\omega/2}}{Z\left(\beta\right)}}\mathrm{e}^{E^{*}a^{\dagger 2} + \sqrt{\lambda}a^{\dagger}\tilde{a}^{\dagger}}\left|0\tilde{0}\right\rangle \tag{10.72}$$

其中配分函数

$$Z\left(\beta\right) = \mathrm{tr}\,\mathrm{e}^{-\beta\mathcal{H}} = \mathrm{tr}\left[\sqrt{\lambda\mathrm{e}^{\beta\omega}}\mathrm{e}^{E^{*}a^{\dagger 2}} : \mathrm{e}^{(\lambda - 1)a^{\dagger}a} : \mathrm{e}^{Ea^{2}}\right]$$

利用 $\int\frac{\mathrm{d}^{2}z}{\pi}\left|z\right\rangle\left\langle z\right| = 1$ 及积分公式

$$\int\frac{\mathrm{d}^{2}z}{\pi}\exp\left(\zeta\left|z\right|^{2} + \xi z + \eta z^{*} + fz^{2} + gz^{*2}\right) = \frac{1}{\sqrt{\zeta^{2} - 4fg}}\exp\left(\frac{-\zeta\xi\eta + \xi^{2}g + \eta^{2}f}{\zeta^{2} - 4fg}\right) \tag{10.73}$$

其收敛条件为

$$\mathrm{Re}\,(\zeta \pm f \pm g) < 0, \quad \mathrm{Re}\left(\frac{\zeta^2 - 4fg}{\zeta \pm f \pm g}\right) < 0$$

我们可以得到

$$Z(\beta) = \sqrt{\frac{\lambda \mathrm{e}^{\beta\omega}}{(1-\lambda)^2 - 4|E|^2}} = \frac{\mathrm{e}^{\beta\omega/2}}{2\sinh(\beta D/2)}$$

因此,方程(10.72)在双 Fock 空间中的归一化态由下式给出:

$$|\phi(\beta)\rangle = \sqrt{2\lambda^{1/2}\sinh(\beta D/2)}\,\mathrm{e}^{E^* a^{\dagger 2} + \sqrt{\lambda} a^\dagger \tilde{a}^\dagger}\,|0\tilde{0}\rangle \tag{10.74}$$

系统的内能是

$$\langle\mathcal{H}\rangle_{\mathrm{e}} = -\frac{\partial}{\partial\beta}\ln Z(\beta) = \frac{D\coth(\beta D/2) - \omega}{2} \tag{10.75}$$

这导致了熵的分布:

$$\begin{aligned}
S &= -k\,\mathrm{tr}\,(\rho\ln\rho) = \frac{1}{T}\langle\mathcal{H}\rangle_{\mathrm{e}} + k\ln Z(\beta)\\
&= \frac{D}{2T}\coth(\beta D/2) - k\ln[2\sinh(\beta D/2)]
\end{aligned} \tag{10.76}$$

特别地,当 $\kappa = 0$ 时,$D = \omega$,因此方程(10.74)只会退化为 $|0(\beta)\rangle$,其中 $\omega \to \hbar\omega$. 方程(10.75)和(10.76)分别变成 $\frac{\omega}{2}[\coth(\beta\omega/2) - 1]$ 和 $\frac{\omega}{2T}\coth(\beta\omega/2) - k\ln[2\sinh(\beta\omega/2)]$. 因此,借助 IWOP 技术,我们可以用部分迹方法来推导有限温度下光场的一些新密度算符的纯态表示.

## 10.9 RLC 电路的内能分布

作为方程(10.74)的应用,我们可以计算 Hamilton 量中每一项对能量的贡献. 基于上一节的思想,系统算符 $A$ 可以计算为 $\langle A\rangle_{\mathrm{e}} = \langle\phi(\beta)|\,A\,|\phi(\beta)\rangle$. 然后利用相干态的完备性关系和积分公式(10.73),并注意到 $\langle\phi(\beta)\,|\phi(\beta)\rangle = 1$,$(1-\lambda)^2 - 4|E|^2 = 4\lambda\sinh^2(\beta D/2)$,我们有

$$\begin{aligned}
\langle\omega a^\dagger a\rangle_{\mathrm{e}} &= \omega\langle\phi(\beta)|\,(aa^\dagger - 1)\,|\phi(\beta)\rangle\\
&= 2\omega\lambda^{1/2}\sinh(\beta D/2)\frac{\partial}{\partial\lambda}\int\frac{\mathrm{d}^2 z}{\pi}\mathrm{e}^{-(1-\lambda)|z|^2 + Ez^2 + E^* z^{*2}} - \omega\\
&= 2\omega\lambda^{1/2}\sinh(\beta D/2)\frac{\partial}{\partial\lambda}\frac{1}{\sqrt{(1-\lambda)^2 - 4|E|^2}} - \omega
\end{aligned}$$

$$= \frac{\omega}{2} \left[ \frac{\omega}{D} \coth(\beta D/2) - 1 \right] \tag{10.77}$$

$$\langle \kappa^* a^{\dagger 2} \rangle_e = 2\kappa^* \lambda^{1/2} \sinh(\beta D/2) \frac{\partial}{\partial E^*} \frac{1}{\sqrt{(1-\lambda)^2 - 4EE^*}}$$

$$= -\frac{|\kappa|^2}{D} \coth(\beta D/2)$$

以及 $\kappa = \frac{-\mathrm{i}R}{2L}, D^2 = \omega^2 - 4|\kappa|^2$,

$$\langle \kappa a^2 \rangle_e = -\frac{|\kappa|^2}{D} \coth(\beta D) = \frac{R^2}{4L^2 \sqrt{\omega^2 - R^2/L^2}} \coth(\beta D) \tag{10.78}$$

与第 4 章的结果

$$\frac{R}{2L} \langle (pq + qp) \rangle_e = -\frac{\hbar R^2}{2\omega L^2} \coth \frac{\hbar \omega \beta}{2}, \quad \omega = \omega_0 \sqrt{1 - R^2 C/L} \tag{10.79}$$

是一致的.

从方程（10.77）和（10.78）我们看到这两项（$\kappa^* a^{\dagger 2}$ 和 $\kappa a^2$）和预期的一样，对系统有同样的能量贡献.

# 10.10　RLC 电路密度矩阵在耗散通道中的演化规律

Louisell 研究了绝对零度下的量子涨落，不过没有考虑有限温度. 但是电路运行在热环境中，尤其是在电路中存在电阻时会产生 Joule 热，所以我们在文献中讨论了有限温度下单 LC 电路的量子涨落. 对于存在电阻 $R$ 时介观 RLC 电路的量子化，以往的处理都是把 RLC 电路看作阻尼振子，其量子化是采用 Heisenberg 方程讨论含时振子的产生算符和湮灭算符的演化. 本节将采取一个全新的观点和方法，我们考虑到电路实际上处在热环境中，就尝试用（约化了热库自由度）密度矩阵的振幅耗散主方程来研究介观 RLC 电路的量子衰减，即将电路看作一个 Hamilton 稳态系统（不显含时），而该系统对应的密度矩阵处在振幅耗散通道中（耗散系数为回路的品质因数）随着时间演化，这样做的优点是避免量子化含时系统时所遇到的困难，物理图像较清晰，计算结果能很好地反映回路因电阻存在随时间的能量损失. 采用纠缠态表象和有序算符内的积分技术我们首次求出该回路密度矩阵量子耗散的解析形式.

在 10.8 节中，我们已经将经典的 RLC 电路量子化，

$$\mathcal{H} = \omega a^\dagger a + \varkappa^* a^{\dagger 2} + \varkappa a^2$$

这里 $\varkappa$ 由电阻与电感的比决定

$$\varkappa = -\mathrm{i}\frac{R}{2L}$$

并且给出了量子化介观 RLC 电路的密度算符

$$\left(\mathrm{tr}\,\mathrm{e}^{-\beta\mathcal{H}}\right)\rho = \sqrt{\lambda \mathrm{e}^{\beta\omega}}\exp\left(E^* a^{\dagger 2}\right)\exp\left(a^\dagger a \ln\lambda\right)\exp\left(E a^2\right)$$

（它也可以不用 Lie 代数知识而直接由简单的算符代数推导出来），这里

$$\lambda = \frac{D}{\omega\sinh(\beta D) + D\cosh(\beta D)}, \quad E = \frac{-\lambda}{D}\varkappa\sinh(\beta D)$$
$$D^2 = \omega^2 - 4|\varkappa|^2$$

用 $\exp(a^\dagger a \ln\lambda) = :\exp[(\lambda-1)a^\dagger a]:$，这里 $: \ :$ 代表正规乘积，我们计算它的配分函数

$$\begin{aligned}
Z(\beta) &= \mathrm{tr}\,\mathrm{e}^{-\beta\mathcal{H}}\\
&= \sqrt{\lambda \mathrm{e}^{\beta\omega}}\,\mathrm{tr}\left[\exp(E^* a^{\dagger 2}):\exp[(\lambda-1)a^\dagger a]:\exp(E a^2)\right]
\end{aligned}$$

利用相干态 $|z\rangle = \exp(-|z|^2/2 + za^\dagger)|0\rangle$ 的完备性关系

$$\int\frac{\mathrm{d}^2 z}{\pi}|z\rangle\langle z| = \int\frac{\mathrm{d}^2 z}{\pi}:\mathrm{e}^{-|z|^2 + za^\dagger + z^* a - a^\dagger a}: = 1 \tag{10.80}$$

和积分公式

$$\int\frac{\mathrm{d}^2 z}{\pi}\exp(\zeta|z|^2 + \xi z + \eta z^* + f z^2 + g z^{*2}) = \frac{1}{\sqrt{\zeta^2 - 4fg}}\exp\left(\frac{-\zeta\xi\eta + \xi^2 g + \eta^2 f}{\zeta^2 - 4fg}\right) \tag{10.81}$$

我们得

$$\begin{aligned}
Z(\beta) &= \sqrt{\lambda \mathrm{e}^{\beta\omega}}\,\mathrm{tr}\left[\exp(E^* a^{\dagger 2}):\exp[(\lambda-1)a^\dagger a]:\exp(E a^2)\int\frac{\mathrm{d}^2 z}{\pi}|z\rangle\langle z|\right]\\
&= \sqrt{\lambda \mathrm{e}^{\beta\omega}}\int\frac{\mathrm{d}^2 z}{\pi}\langle z|\exp(E^* a^{\dagger 2}):\exp[(\lambda-1)a^\dagger a]:\exp(E a^2)|z\rangle\\
&= \sqrt{\lambda \mathrm{e}^{\beta\omega}}\int\frac{\mathrm{d}^2 z}{\pi}\exp[E^* z^{*2} + E z^2 + (\lambda-1)|z|^2]\\
&= \frac{\sqrt{\lambda \mathrm{e}^{\beta\omega}}}{\sqrt{(1-\lambda)^2 - 4|E|^2}} = \frac{\mathrm{e}^{\beta\omega/2}}{2\sinh(\beta D/2)} \tag{10.82}
\end{aligned}$$

介观电路中的量子纠缠、热真空和热力学性质
Quantum Entanglement, Thermal Vacuum, and Thermodynamic Properties in Mesoscopic Circuits

这里

$$\sqrt{(1-\lambda)^2 - 4|E|^2} = 2\sqrt{\lambda}\sinh(\beta D/2) \equiv A \tag{10.83}$$

上式的证明如下：

$$
\begin{aligned}
&\sqrt{(1-\lambda)^2 - 4|E|^2} \\
&= \sqrt{(1-\lambda)^2 - \frac{\lambda^2}{D^2}(\omega^2 - D^2)\sinh^2\beta D} \\
&= \sqrt{\lambda^2 \frac{D^2\cosh^2\beta D - \omega^2\sinh^2\beta D}{D^2} - 2\lambda + 1} \\
&= \sqrt{\frac{D\cosh\beta D - \omega\sinh\beta D}{\omega\sinh\beta D + D\cosh\beta D} - \frac{2D}{\omega\sinh\beta D + D\cosh\beta D} + 1} \\
&= \sqrt{\frac{2D\cosh\beta D - 1}{\omega\sinh\beta D + D\cosh\beta D}} = 2\sqrt{\lambda}\sinh(\beta D/2)
\end{aligned} \tag{10.84}
$$

所以我们有

$$Z(\beta) = \sqrt{\frac{\lambda e^{\beta\omega}}{(1-\lambda)^2 - 4|E|^2}} = \frac{e^{\beta\omega/2}}{2\sinh(\beta D/2)} \tag{10.85}$$

因此

$$
\begin{aligned}
\rho_0 &= \sqrt{\lambda e^{\beta\omega}}\exp(E^* a^{\dagger 2})\exp(a^\dagger a \ln\lambda)\exp(Ea^2) \Big/ \frac{e^{\beta\omega/2}}{2\sinh(\beta D/2)} \\
&= A\exp(E^* a^{\dagger 2})\exp(a^\dagger a \ln\lambda)\exp(Ea^2)
\end{aligned} \tag{10.86}
$$

这里 $\mathrm{tr}\rho_0 = 1$.

## 10.10.1　RLC 电路密度矩阵在耗散通道随时间演化的规律

将式（10.85）代入主方程的解，我们有

$$\rho(t) = A\sum_{n=0}^{\infty}\frac{T^n}{n!}e^{-\kappa t a^\dagger a}a^n\exp(E^* a^{\dagger 2})\exp(a^\dagger a \ln\lambda)\exp(Ea^2)a^{\dagger n}e^{-\kappa t a^\dagger a} \tag{10.87}$$

根据公式

$$
\begin{aligned}
\exp\left(a^\dagger a \ln B\right) f\left(a^\dagger\right)\exp\left(-a^\dagger a \ln B\right) &= f\left(Ba^\dagger\right) \\
\exp\left(a^\dagger a \ln B\right) f\left(a\right)\exp\left(-a^\dagger a \ln B\right) &= f\left(a/B\right)
\end{aligned} \tag{10.88}
$$

得

$$\rho(t) = A \sum_{n=0}^{\infty} \frac{T^n e^{2\kappa t n}}{n!} a^n \exp(E^* e^{-2\kappa t} a^{\dagger 2}) \exp[(\ln \lambda - 2\kappa t) a^\dagger a] \exp(E e^{-2\kappa t} a^2) a^{\dagger n} \tag{10.89}$$

这里

$$\begin{aligned}
\exp[(\ln \lambda - 2\kappa t) a^\dagger a] &= \, : \exp\left[\left(e^{\ln \lambda - 2\kappa t} - 1\right) a^\dagger a\right] : \\
&= \, : \exp\left[\left(\lambda e^{-2\kappa t} - 1\right) a^\dagger a\right] :
\end{aligned} \tag{10.90}$$

由于在 $a^n$ 和 $a^{\dagger n}$ 之间存在

$$\exp(E^* e^{-2\kappa t} a^{\dagger 2}) \exp[(\ln \lambda - 2\kappa t) a^\dagger a] \exp(E e^{-2\kappa t} a^2)$$

所以在对 $n$ 进行求和时遇到困难, 解决这个困难的方法是把该项转换成反正规排序的形式. 为此, 我们利用下式将算符化为其反正规排序的公式:

$$\rho = \int \frac{d^2 \beta}{\pi} : \langle -\beta | \rho | \beta \rangle \exp(|\beta|^2 + \beta^* a - \beta a^\dagger + a^\dagger a) : \tag{10.91}$$

这里 $|\beta\rangle$ 也是一个相干态, $a|\beta\rangle = \beta|\beta\rangle$, $\vdots \ \vdots$ 标记反正规序, 我们计算

$$\begin{aligned}
&\exp(E^* e^{-2\kappa t} a^{\dagger 2}) \exp[(\ln \lambda - 2\kappa t) a^\dagger a] \exp(E e^{-2\kappa t} a^2) \\
&= \int \frac{d^2 \beta}{\pi} : \langle -\beta | \exp(E^* e^{-2\kappa t} a^{\dagger 2}) : \exp\left[\left(\lambda e^{-2\kappa t} - 1\right) a^\dagger a\right] : \exp(E e^{-2\kappa t} a^2) | \beta \rangle \\
&\quad \times \exp(|\beta|^2 + \beta^* a - \beta a^\dagger + a^\dagger a) : \\
&= \int \frac{d^2 \beta}{\pi} : \exp(-\lambda e^{-2\kappa t} |\beta|^2 + \beta^* a - \beta a^\dagger + E e^{-2\kappa t} \beta^2 + E^* e^{-2\kappa t} \beta^{*2} + a^\dagger a) : \\
&= \frac{e^{2\kappa t}}{\sqrt{\lambda^2 - 4|E|^2}} : \exp\left(\frac{-\lambda a a^\dagger + E a^2 + E^* a^{\dagger 2}}{\lambda^2 - 4|E|^2} e^{2\kappa t} + a^\dagger a\right) : \tag{10.92}
\end{aligned}$$

将式 ( 10.92 ) 代入式 ( 10.89 ) 之后可以看出整个式子都是反正规排列的. 因为 $a$ 和 $a^\dagger$ 在 $\vdots \ \vdots$ 内是可对易的, 所以现在我们可以在 $\vdots \ \vdots$ 内对 $n$ 进行求和, 结果是

$$\begin{aligned}
\rho(t) &= \frac{A e^{2\kappa t}}{\sqrt{\lambda^2 - 4|E|^2}} : \sum_{n=0}^{\infty} \frac{(T e^{2\kappa t} a a^\dagger)^n}{n!} \exp\left(\frac{-\lambda a a^\dagger + E a^2 + E^* a^{\dagger 2}}{\lambda^2 - 4|E|^2} e^{2\kappa t} + a^\dagger a\right) : \\
&= \frac{A e^{2\kappa t}}{\sqrt{\lambda^2 - 4|E|^2}} : \exp(e^{2\kappa t} a a^\dagger) \exp\left(\frac{-\lambda a a^\dagger + E a^2 + E^* a^{\dagger 2}}{\lambda^2 - 4|E|^2} e^{2\kappa t}\right) : \\
&= A' : \exp\left[\frac{e^{2\kappa t}(\lambda^2 - 4|E|^2 - \lambda) a a^\dagger + E a^2 + E^* a^{\dagger 2}}{\lambda^2 - 4|E|^2}\right] : \tag{10.93}
\end{aligned}$$

这里

$$A' = \frac{A e^{2\kappa t}}{\sqrt{\lambda^2 - 4|E|^2}} \tag{10.94}$$

且我们已应用了 $T = 1 - \mathrm{e}^{-2\kappa t}$. 这就是在 $t$ 时刻的反正规排序的密度矩阵. 为了检验它的有效性, 我们利用在相干态表象中的 P-表示形式

$$\rho(t) = \int \frac{\mathrm{d}^2 z}{\pi} |z\rangle\langle z| P_t(z) \tag{10.95}$$

来计算式（10.95）中 $\rho(t)$ 的迹:

$$\begin{aligned}
\mathrm{tr}\rho(t) &= \int \frac{\mathrm{d}^2 z}{\pi}\langle z| P_t(z) |z\rangle = \int \frac{\mathrm{d}^2 z}{\pi} P_t(z) \\
&= A' \int \frac{\mathrm{d}^2 z}{\pi} \exp\left[\mathrm{e}^{2\kappa t}\frac{(\lambda^2 - 4|E|^2 - \lambda)|z|^2 + Ez^2 + E^* z^{*2}}{\lambda^2 - 4|E|^2}\right] \\
&= \frac{A\sqrt{\lambda^2 - 4|E|^2}}{\sqrt{(\lambda^2 - 4|E|^2 - \lambda)^2 - 4|E|^2}} \\
&= \frac{A}{\sqrt{(\lambda - 1)^2 - 4|E|^2}} = 1
\end{aligned} \tag{10.96}$$

即得到预期的结果.

## 10.10.2　电路能量的变化

现在我们利用式（10.95）、式（10.96）中 $\rho(t)$ 的反正规排列形式和它的 P-表示形式来计算 $t$ 时刻回路的能量, 我们有

$$\begin{aligned}
\mathrm{tr}\left[\rho(t) a^\dagger a\right] &= \mathrm{tr}\left[\iint \frac{\mathrm{d}^2 z}{\pi} P_t(z) |z\rangle\langle z| a^\dagger a\right] \\
&= \int \frac{\mathrm{d}^2 z}{\pi} P_t(z) |z|^2 \\
&= A' \int \frac{\mathrm{d}^2 z}{\pi} |z|^2 \exp\left(\mathrm{e}^{2\kappa t}|z|^2 + \frac{Ez^2 + E^* z^{*2} - \lambda|z|^2}{\lambda^2 - 4|E|^2}\mathrm{e}^{2\kappa t}\right) \\
&= A'\mathrm{e}^{-4\kappa t} \int \frac{\mathrm{d}^2 z}{\pi} |z|^2 \exp\left(|z|^2 + \frac{Ez^2 + E^* z^{*2} - \lambda|z|^2}{\lambda^2 - 4|E|^2}\right) \\
&= A'\mathrm{e}^{-4\kappa t} \frac{\partial}{\partial f} \int \frac{\mathrm{d}^2 z}{\pi} \exp\left(f|z|^2 + \frac{Ez^2 + E^* z^{*2} - \lambda|z|^2}{\lambda^2 - 4|E|^2}\right)_{f=1} \\
&= A'\mathrm{e}^{-4\kappa t} \frac{\partial}{\partial f} \int \frac{\mathrm{d}^2 z}{\pi} \exp\left\{\frac{Ez^2 + E^* z^{*2} + [f(\lambda^2 - 4|E|^2) - \lambda]|z|^2}{\lambda^2 - 4|E|^2}\right\}_{f=1} \\
&= A'\mathrm{e}^{-4\kappa t} \frac{\partial}{\partial f} \frac{\lambda^2 - 4|E|^2}{\sqrt{[f(\lambda^2 - 4|E|^2) - \lambda]^2 - 4|E|^2}}\Bigg|_{f=1}
\end{aligned}$$

$$\begin{aligned}
&= A'\mathrm{e}^{-4\kappa t}\sqrt{\lambda^2-4|E|^2}\frac{\partial}{\partial f}\left[\frac{1}{\sqrt{(\lambda f-1)^2-4|E|^2 f^2}}\right]_{f=1}\\
&= A'\mathrm{e}^{-4\kappa t}\frac{\sqrt{\lambda^2-4|E|^2}[4|E|^2-\lambda(\lambda-1)]}{[(\lambda-1)^2-4|E|^2]^{3/2}}\\
&= \mathrm{e}^{-2\kappa t}\frac{A[4|E|^2-\lambda(\lambda-1)]}{[(\lambda-1)^2-4|E|^2]^{3/2}}\\
&= \mathrm{e}^{-2\kappa t}\frac{4|E|^2-\lambda(\lambda-1)}{(\lambda-1)^2-4|E|^2}
\end{aligned}$$

(10.97)

在最后一步中,我们利用了 $A\equiv\sqrt{(1-\lambda)^2-4|E|^2}=2\sqrt{\lambda}\sinh(\beta D/2)$.

注意

$$\begin{aligned}
\mathrm{e}^{-2\kappa t}\frac{4|E|^2-\lambda(\lambda-1)}{(\lambda-1)^2-4|E|^2} &= \mathrm{e}^{-2\kappa t}\left[\frac{1-\lambda}{(\lambda-1)^2-4|E|^2}-1\right]\\
&= \mathrm{e}^{-2\kappa t}\left[\frac{1-\lambda}{4\lambda\sinh^2(\beta D/2)}-1\right]
\end{aligned}$$

(10.98)

然后将 $\lambda=\dfrac{D}{\omega\sinh\beta D+D\cosh\beta D}$ 代入上式,我们有

$$\mathrm{tr}\left[\rho(t)a^\dagger a\right]=\frac{\mathrm{e}^{-2\kappa t}}{2}\left[\frac{\omega}{D}\coth(\beta D/2)-1\right]$$

(10.99)

因为

$$\mathrm{tr}\left(\rho_0 a^\dagger a\right)=\frac{1}{2}\left[\frac{\omega}{D}\coth(\beta D/2)-1\right]$$

(10.100)

所以有

$$\mathrm{tr}\left[\rho(t)a^\dagger a\right]=\mathrm{e}^{-2\kappa t}\mathrm{tr}\left(\rho_0 a^\dagger a\right)=\mathrm{e}^{-Rt/(2L)}\mathrm{tr}\left(\rho_0 a^\dagger a\right)$$

(10.101)

由此可以看出回路能量按 $\mathrm{e}^{-Rt/(2L)}$ 随时间衰减.

我们已经采用了新的方法处理了介观 RLC 电路的振幅衰减,即先给出含衰减项但不显含时间 $t$ 的 Hamilton 量的密度矩阵,把它归一化,然后将它作为初始密度矩阵在衰减通道中演化,继而得到解析形式的 $t$ 时刻的密度算符,再根据系综平均求出相应的物理量的衰减. 这个方法可以推广到较为复杂的含耗散项的介观电路 Hamilton 系统,只要求出其相应的密度算符,就可以导出其力学量的衰减规律. 此方法还可以推广到多模 Hamilton 系统.

## 10.11 有限温度下多模密度算符对应的热真空态的求法

设多模 Hamilton 量

$$\mathcal{H} = \frac{1}{2} B \Gamma B^{\mathrm{T}}$$

其中

$$\Gamma = \begin{pmatrix} R & C \\ C^{\mathrm{T}} & D \end{pmatrix} = \Gamma^{\mathrm{T}}$$

$$B = \begin{pmatrix} A^{\dagger}, & A \end{pmatrix}, \quad A = \begin{pmatrix} a_1, & \cdots, & a_n \end{pmatrix}$$

$$B^{\mathrm{T}} = \begin{pmatrix} A^{\dagger\mathrm{T}} \\ A^{\mathrm{T}} \end{pmatrix}$$

$$\Pi = \begin{pmatrix} 0 & -I_n \\ I_n & 0 \end{pmatrix}$$

$I_n$ 是 $n \times n$ 单位矩阵. 设

$$\exp(\Gamma \Pi) = \begin{pmatrix} Q & L \\ N & P \end{pmatrix}$$

我们有

$$\exp(\mathcal{H}) = W$$
$$= \frac{1}{\sqrt{\det P}} : \exp\left[-\frac{1}{2} A^{\dagger} L P^{-1} A^{\dagger\mathrm{T}} + \frac{1}{2} A^{\dagger} \left(P^{\mathrm{T}-1} - I_n\right) A^{\mathrm{T}} + \frac{1}{2} A P^{-1} N A^{\mathrm{T}}\right] :$$
$$= \frac{1}{\sqrt{\det P}} \exp\left(-\frac{1}{2} A^{\dagger} L P^{-1} A^{\dagger\mathrm{T}}\right)$$
$$\times : \exp\left[\frac{1}{2} A^{\dagger} \left(P^{\mathrm{T}-1} - I_n\right) A^{\mathrm{T}}\right] : \exp\left(\frac{1}{2} A P^{-1} N A^{\mathrm{T}}\right)$$

进一步,由于

$$\mathcal{H}^{\dagger} = \mathcal{H}$$

故

$$(\exp \mathcal{H})^{\dagger} = \exp(\mathcal{H}), \quad P^{\dagger} = P, \quad L^{\dagger} = -N$$

Hermite 算符可以通过幺正算符对角化，

$$P = U \begin{pmatrix} p_1 & & \\ & \ddots & \\ & & p_n \end{pmatrix} U^\dagger = \left(\sqrt{P}\right)^\dagger \sqrt{P}$$

其中

$$\sqrt{P} = U \begin{pmatrix} \sqrt{p_1} & & \\ & \ddots & \\ & & \sqrt{p_n} \end{pmatrix} U^\dagger$$

$$P^{\mathrm{T}-1} = \left(\sqrt{P^{\mathrm{T}-1}}\right)^\dagger \sqrt{P^{\mathrm{T}-1}}$$

$$\sqrt{P^{\mathrm{T}-1}} = U^* \begin{pmatrix} \sqrt{1/p_1} & & \\ & \ddots & \\ & & \sqrt{1/p_n} \end{pmatrix} U^{\mathrm{T}}$$

我们有

$$
\begin{aligned}
\exp(\mathcal{H}) &= \frac{1}{\sqrt{\det P}} \exp\left(-\frac{1}{2} A^\dagger L P^{-1} A^{\dagger\mathrm{T}}\right) : \exp\left\{ A^\dagger \left[ \left(\sqrt{P^{\mathrm{T}-1}}\right)^\dagger \sqrt{P^{\mathrm{T}-1}} - I_n \right] A^{\mathrm{T}} \right\} : \\
&\quad \times \exp\left(\frac{1}{2} A P^{-1} N A^{\mathrm{T}}\right) \\
&= \frac{1}{\sqrt{\det P}} \exp\left(-\frac{1}{2} A^\dagger L P^{-1} A^{\dagger\mathrm{T}}\right) \\
&\quad \times \int \frac{\mathrm{d}^{2n} Z}{\pi^n} : \exp\left[ -|Z|^2 + A^\dagger \left(\sqrt{P^{\mathrm{T}-1}}\right)^\dagger Z^{*\mathrm{T}} + Z \sqrt{P^{\mathrm{T}-1}} A^{\mathrm{T}} - A^\dagger A^{\mathrm{T}} \right] : \\
&\quad \times \exp\left(\frac{1}{2} A P^{-1} N A^{\mathrm{T}}\right) \\
&= \frac{1}{\sqrt{\det P}} \exp\left(-\frac{1}{2} A^\dagger L P^{-1} A^{\dagger\mathrm{T}}\right) \\
&\quad \times \int \frac{\mathrm{d}^{2n} Z}{\pi^n} \left\langle \tilde{Z} \middle| \tilde{0} \right\rangle \left\langle \tilde{0} \middle| \tilde{Z} \right\rangle \exp\left[ A^\dagger \left(\sqrt{P^{\mathrm{T}-1}}\right)^\dagger Z^{*\mathrm{T}} \right] |0\rangle \langle 0| \exp\left( Z \sqrt{P^{\mathrm{T}-1}} A^{\mathrm{T}} \right) \\
&\quad \times \exp\left(\frac{1}{2} A P^{-1} N A^{\mathrm{T}}\right) \\
&= \frac{1}{\sqrt{\det P}} \exp\left(-\frac{1}{2} A^\dagger L P^{-1} A^{\dagger\mathrm{T}}\right) \\
&\quad \times \int \frac{\mathrm{d}^{2n} Z}{\pi^n} \left\langle \tilde{Z} \middle| \exp\left[ A^\dagger \left(\sqrt{P^{\mathrm{T}-1}}\right)^\dagger \tilde{A}^{\dagger\mathrm{T}} \right] |0\tilde{0}\rangle \langle 0\tilde{0}| \exp\left( \tilde{A} \sqrt{P^{\mathrm{T}-1}} A^{\mathrm{T}} \right) \middle| \tilde{Z} \right\rangle \\
&\quad \times \exp\left(\frac{1}{2} A P^{-1} N A^{\mathrm{T}}\right) \\
&= Z(\beta) \widetilde{\mathrm{tr}} \left( |\psi(\beta)\rangle \langle \psi(\beta)| \right)
\end{aligned}
$$

注意到 $L^\dagger = -N$，于是得到多模热真空态

$$|\psi(\beta)\rangle = \frac{1}{(\det P)^{1/4}\sqrt{Z(\beta)}} \exp\left[-\frac{1}{2}A^\dagger L P^{-1} A^{\dagger\mathrm{T}} + A^\dagger \left(\sqrt{P^{\mathrm{T}-1}}\right)^\dagger \tilde{A}^{\dagger\mathrm{T}}\right]|0\tilde{0}\rangle$$

**例 10.1**

$$-\beta\mathcal{H} = -\beta\omega a^\dagger a = -\frac{1}{2}\beta\omega\left(a^\dagger a + aa^\dagger\right) + \frac{1}{2}\beta\omega$$

$$\Gamma = -\beta\omega\begin{pmatrix} 0 & 1 \\ 1 & 0 \end{pmatrix}, \quad \Pi = \begin{pmatrix} 0 & -I_n \\ I_n & 0 \end{pmatrix}$$

$$\exp(\Gamma\Pi) = \begin{pmatrix} \mathrm{e}^{-\beta\omega} & 0 \\ 0 & \mathrm{e}^{\beta\omega} \end{pmatrix} = \begin{pmatrix} Q & L \\ N & P \end{pmatrix}$$

$$P = \mathrm{e}^{\beta\omega}, \quad Z(\beta) = \mathrm{tr}\,\mathrm{e}^{-\beta\mathcal{H}} = \frac{\mathrm{e}^{\frac{1}{2}\beta\omega}}{1 - \mathrm{e}^{-\beta\omega}}$$

$$|\psi(\beta)\rangle = \sqrt{1 - \mathrm{e}^{-\beta\omega}}\exp\left(a^\dagger\tilde{a}^\dagger\mathrm{e}^{-\frac{1}{2}\beta\omega}\right)|0\tilde{0}\rangle$$

**例 10.2**

$$-\beta\mathcal{H} = -\beta\omega a^\dagger a - \beta\kappa^* a^{\dagger 2} - \beta\kappa a^2$$
$$= -\frac{1}{2}\beta\left(\omega a^\dagger a + 2\kappa^* a^{\dagger 2} + 2\kappa a^2\right) + \frac{1}{2}\beta\omega$$

$$\Gamma = -\beta\begin{pmatrix} 2\kappa^* & \omega \\ \omega & 2\kappa \end{pmatrix}, \quad \Pi = \begin{pmatrix} 0 & -I_n \\ I_n & 0 \end{pmatrix}$$

$$\exp(\Gamma\Pi) = \begin{pmatrix} \cosh\beta D + \frac{\omega}{D}\sinh\beta D & -\frac{2\kappa^*}{D}\sinh\beta D \\ \frac{2\kappa}{D}\sinh\beta D & \cosh\beta D - \frac{\omega}{D}\sinh\beta D \end{pmatrix}$$
$$= \begin{pmatrix} Q & L \\ N & P \end{pmatrix}$$

$$D = \sqrt{\omega^2 - 4|\kappa|^2}, \quad P = \cosh\beta D - \frac{\omega}{D}\sinh\beta D$$

$$Z(\beta) = \mathrm{tr}\,\mathrm{e}^{-\beta\mathcal{H}} = \frac{\mathrm{e}^{\frac{1}{2}\beta\omega}}{2\sinh\beta D}\mathrm{e}^{\frac{1}{2}\beta\omega}$$

$$|\psi(\beta)\rangle = \sqrt{1 - \mathrm{e}^{-\beta\omega}}\exp\left(a^\dagger\tilde{a}^\dagger\mathrm{e}^{-\frac{1}{2}\beta\omega}\right)|0\tilde{0}\rangle$$

## 10.12　有限温度下耦合的介观双 LC 电路的温度效应

在第 7 章中我们已经指出耦合的介观双 LC 电路的基态是一个双模压缩态.

由于孤立的绝热系统是不存在的,耦合的介观双 LC 电路本身也会产生 Joule 热,所以系统实际上处在有限温度下. 本节我们讨论耦合的介观双 LC 电路的基态（双模压缩态）的温度效应.

在有限温度 $T$ 下, 对应双 LC 电路系统的热真空态是

$$|0\,(\beta)\rangle_1\,|0\,(\beta)\rangle_2 = \mathrm{sech}^2\theta \exp\left[\left(a^\dagger\tilde{a}^\dagger + b^\dagger\tilde{b}^\dagger\right)\tanh\theta\right]|0\tilde{0}\rangle_1\,|0\tilde{0}\rangle_2 \tag{10.102}$$

此式表达了 $a^\dagger$ 与 $\tilde{a}^\dagger$ (第一热模——实模)、$b^\dagger$ 与 $\tilde{b}^\dagger$ (第二热模——虚模) 的纠缠. 而两个耦合回路的相互作用由双模压缩算符 $\exp\left[f\left(a^\dagger b^\dagger - ab\right)\right]$ 表示,对系统实模 $a^\dagger$ 与 $b^\dagger$ 压缩,$f$ 是压缩参数,效果如何呢? 即我们先要了解双模压缩双模热真空态

$$|0\rangle_{f,\theta} \equiv \exp\left[f\left(a^\dagger b^\dagger - ab\right)\right]|0\,(\beta)\rangle_1\,|0\,(\beta)\rangle_2$$

的具体形式.

由于一个双模压缩态本身又是纠缠态,所以双模压缩算符起了使两个实模 $a^\dagger$ 与 $b^\dagger$ 之间的纠缠. 事实上,用双模压缩算符的变换性质

$$\begin{aligned}
\exp\left[\left(a^\dagger b^\dagger - ab\right)f\right]a^\dagger\exp\left[-\left(a^\dagger b^\dagger - ab\right)f\right] &= a^\dagger\cosh f - b\sinh f\\
\exp\left[\left(a^\dagger b^\dagger - ab\right)f\right]b^\dagger\exp\left[-\left(a^\dagger b^\dagger - ab\right)f\right] &= b^\dagger\cosh f - a\sinh f
\end{aligned} \tag{10.103}$$

以及

$$\begin{aligned}
\exp\left[f\left(a^\dagger b^\dagger - ab\right)\right] &= \mathrm{sech}f\exp\left(a^\dagger b^\dagger\tanh f\right)\exp\left[\left(a^\dagger a + b^\dagger b\right)\ln\mathrm{sech}f\right]\exp\left(ab\tanh f\right)\\
\exp\left[\left(a^\dagger b^\dagger - ab\right)f\right]|0\tilde{0}\rangle_1\,|0\tilde{0}\rangle_2 &= \mathrm{sech}f\exp\left(a^\dagger b^\dagger\tanh f\right)|0\tilde{0}\rangle_1\,|0\tilde{0}\rangle_2
\end{aligned}$$

我们得到双模压缩双模热真空态为

$$\begin{aligned}
|0\rangle_{f,\theta} &\equiv \mathrm{sech}^2\theta\exp\left[\left(a^\dagger b^\dagger - ab\right)f\right]\exp\left[\left(a^\dagger\tilde{a}^\dagger + b^\dagger\tilde{b}^\dagger\right)\tanh\theta\right]|0\tilde{0}\rangle_1\,|0\tilde{0}\rangle_2\\
&= \mathrm{sech}^2\theta\exp\left[\left(a^\dagger b^\dagger - ab\right)f\right]\exp\left[\left(a^\dagger\tilde{a}^\dagger + b^\dagger\tilde{b}^\dagger\right)\tanh\theta\right]\exp\left[-\left(a^\dagger b^\dagger - ab\right)f\right]
\end{aligned}$$

$$\times \exp \left[ \left( a^\dagger b^\dagger - ab \right) f \right] \left| 0\tilde{0} \right\rangle_1 \left| 0\tilde{0} \right\rangle_2$$
$$= \operatorname{sech} f \operatorname{sech}^2 \theta \exp \left[ \left( a^\dagger \cosh f - b \sinh f \right) \tilde{a}^\dagger \tanh \theta \right]$$
$$\times \exp \left[ \left( b^\dagger \cosh f - a \sinh f \right) \tilde{b}^\dagger \tanh \theta \right] \exp \left( a^\dagger b^\dagger \tanh f \right) \left| 0\tilde{0} \right\rangle_1 \left| 0\tilde{0} \right\rangle_2 \quad (10.104)$$

其中

$$\exp \left[ \left( a^\dagger \cosh f - b \sinh f \right) \tilde{a}^\dagger \tanh \theta \right] \exp \left[ \left( b^\dagger \cosh f - a \sinh f \right) \tilde{b}^\dagger \tanh \theta \right]$$
$$= \exp \left( a^\dagger \tilde{a}^\dagger \cosh f \tanh \theta \right) \exp \left( -b\tilde{a}^\dagger \sinh f \tanh \theta \right)$$
$$\times \exp \left( b^\dagger \tilde{b}^\dagger \cosh f \tanh \theta \right) \exp \left( -a\tilde{b}^\dagger \sinh f \tanh \theta \right) \quad (10.105)$$

令

$$A = -a\tilde{b}^\dagger \sinh f \tanh \theta, \ B = a^\dagger b^\dagger \tanh f$$

则有

$$[A, B] = -b^\dagger \tilde{b}^\dagger \tanh f \sinh f \tanh \theta$$
$$\left[ [A, B], A \right] = \left[ [A, B], B \right] = 0$$

根据算符恒等式

$$\mathrm{e}^A \mathrm{e}^B = \mathrm{e}^B \mathrm{e}^A \mathrm{e}^{[A, B]} = \mathrm{e}^B \mathrm{e}^{[A, B]} \mathrm{e}^A = \mathrm{e}^{B + [A, B]} \mathrm{e}^A$$

当 $\left[ [A, B], A \right] = \left[ [A, B], B \right] = 0$ 时,可直接导出

$$\exp \left( -a\tilde{b}^\dagger \sinh f \tanh \theta \right) \exp \left( a^\dagger b^\dagger \tanh f \right)$$
$$= \exp \left( a^\dagger b^\dagger \tanh f - b^\dagger \tilde{b}^\dagger \tanh f \sinh f \tanh \theta \right) \exp \left( -a\tilde{b}^\dagger \sinh f \tanh \theta \right)$$

再令

$$A' = -b\tilde{a}^\dagger \sinh f \tanh \theta$$
$$B' = b^\dagger \tilde{b}^\dagger \cosh f \tanh \theta + a^\dagger b^\dagger \tanh f - b^\dagger \tilde{b}^\dagger \tanh f \sinh f \tanh \theta$$
$$= b^\dagger \tilde{b}^\dagger \operatorname{sech} f \tanh \theta + a^\dagger b^\dagger \tanh f$$

可算得

$$[A', B'] = -\tilde{a}^\dagger \tilde{b}^\dagger \tanh f \tanh^2 \theta - a^\dagger \tilde{a}^\dagger \sinh f \tanh f \tanh \theta$$
$$\left[ [A', B'], A' \right] = \left[ [A', B'], B' \right] = 0$$

于是有

$$\exp \left( -b\tilde{a}^\dagger \sinh f \tanh \theta \right) \exp \left( b^\dagger \tilde{b}^\dagger \operatorname{sech} f \tanh \theta + a^\dagger b^\dagger \tanh f \right)$$

$$= \exp\left(b^\dagger\tilde{b}^\dagger\mathrm{sech}f\tanh\theta + a^\dagger b^\dagger\tanh f - \tilde{a}^\dagger\tilde{b}^\dagger\tanh f\tanh^2\theta \right.$$
$$\left. - a^\dagger\tilde{a}^\dagger\sinh f\tanh f\tanh\theta\right) \times \exp\left(-b\tilde{a}^\dagger\sinh f\tanh\theta\right)$$

最终得式（10.104）右边的算符为

$$\exp\left[\left(a^\dagger\cosh f - b\sinh f\right)\tilde{a}^\dagger\tanh\theta\right]\exp\left[\left(b^\dagger\cosh f - a\sinh f\right)\tilde{b}^\dagger\tanh\theta\right]$$
$$\times \exp\left(a^\dagger b^\dagger\tanh f\right)$$
$$= \exp\left[(a^\dagger\tilde{a}^\dagger + b^\dagger\tilde{b}^\dagger)\mathrm{sech}f\tanh\theta + a^\dagger b^\dagger\tanh f - \tilde{a}^\dagger\tilde{b}^\dagger\tanh f\tanh^2\theta\right]$$
$$\times \exp\left(-b\tilde{a}^\dagger\sinh f\tanh\theta\right)\exp\left(-a\tilde{b}^\dagger\sinh f\tanh\theta\right)$$

所以

$$|0\rangle_{f,\theta} = \mathrm{sech}f\,\mathrm{sech}^2\theta$$
$$\times \exp\left[a^\dagger b^\dagger\tanh f + (a^\dagger\tilde{a}^\dagger + b^\dagger\tilde{b}^\dagger)\tanh\theta\,\mathrm{sech}f - \tilde{a}^\dagger\tilde{b}^\dagger\tanh^2\theta\tanh f\right]$$
$$\times |0\tilde{0}\rangle_1|0\tilde{0}\rangle_2 \tag{10.106}$$

由此可见，当我们压缩 $a^\dagger$ 与 $b^\dagger$ 时，原先存在于 $\tilde{a}^\dagger$ 与 $a^\dagger$（$\tilde{b}^\dagger$ 与 $b^\dagger$）之间的纠缠减弱了，这可以从 $\mathrm{sech}f < 1$ 看出；另外，发生了 (虚构场) $\tilde{a}^\dagger$ 与 $\tilde{b}^\dagger$ 之间的纠缠，称之为纠缠交换. 由于 $\tanh^2\theta$ 的存在，此两虚构场之间纠缠的程度比实场 $a^\dagger$ 与 $b^\dagger$ 模的纠缠要弱.

## 10.13 有限温度下耦合的介观双 LC 电路的基态能量

本节计算有限温度下处于双模压缩真空态 $|0\rangle_{f,\theta}$ 的能量

$$_{f,\theta}\langle 0|\mathcal{H}|0\rangle_{f,\theta} = \omega\hbar_{f,\theta}\langle 0|\left(a^\dagger a + b^\dagger b + 1\right)|0\rangle_{f,\theta}$$

为此目的，先算 $|0\rangle_{f,\theta}$ 的 Wigner 函数. 用双模 Wigner 算符的相干态表象

$$\Delta\left(\alpha_1,\alpha_2\right) = \int\frac{\mathrm{d}^2z_1\mathrm{d}^2z_2}{\pi^4}|\alpha_1 + z_1,\alpha_2 + z_2\rangle\langle\alpha_1 - z_1,\alpha_2 - z_2|\mathrm{e}^{\alpha_1z_1^* - \alpha_1^*z_1}\mathrm{e}^{\alpha_2z_2^* - \alpha_2^*z_2}$$

相干态定义为

$$|z_1\rangle = \exp\left(-\frac{1}{2}|z_1|^2 + z_1a^\dagger\right)|0\rangle_1$$

再引入虚模相干态 $|\tilde{z}_1, \tilde{z}_2\rangle$:

$$\int \frac{\mathrm{d}^2 \tilde{z}_1 \mathrm{d}^2 \tilde{z}_2}{\pi^2} |\tilde{z}_1, \tilde{z}_2\rangle \langle \tilde{z}_1, \tilde{z}_2| = 1$$

由式（10.106）就有

$$
\begin{aligned}
{}_{f,\theta}\langle 0| \Delta(\alpha_1, \alpha_2) |0\rangle_{f,\theta} &= \operatorname{sech}^2 f \operatorname{sech}^4 \theta \langle 0, \tilde{0}; 0, \tilde{0}| \int \frac{\mathrm{d}^2 z_1 \mathrm{d}^2 z_2}{\pi^4} \int \frac{\mathrm{d}^2 \tilde{z}_1 \mathrm{d}^2 \tilde{z}_2}{\pi^2} \\
&\quad \times |\alpha_1 + z_1, \alpha_2 + z_2; \tilde{z}_1, \tilde{z}_2\rangle \langle \alpha_1 - z_1, \alpha_2 - z_2; \tilde{z}_1, \tilde{z}_2| \\
&\quad \times \mathrm{e}^{\alpha_1 z_1^* - \alpha_1^* z_1} \mathrm{e}^{\alpha_2 z_2^* - \alpha_2^* z_2} |0, \tilde{0}; 0, \tilde{0}\rangle \\
&\quad \times \exp\{[(\alpha_1^* - z_1^*)(\alpha_2^* - z_2^*) + (\alpha_1 + z_1)(\alpha_2 + z_2)] \tanh f \\
&\quad - (\tilde{z}_1^* \tilde{z}_2^* + \tilde{z}_1 \tilde{z}_2) \tanh^2 \theta \tanh f + [\tilde{z}_1 (\alpha_1 + z_1) + \tilde{z}_2 (\alpha_2 + z_2) \\
&\quad + \tilde{z}_1^* (\alpha_1^* - z_1^*) + \tilde{z}_2^* (\alpha_2^* - z_2^*)] \tanh \theta \operatorname{sech} f\} \\
&= \operatorname{sech}^2 f \operatorname{sech}^4 \theta \int \frac{\mathrm{d}^2 z_1 \mathrm{d}^2 z_2}{\pi^4} \\
&\quad \times \int \frac{\mathrm{d}^2 \tilde{z}_1 \mathrm{d}^2 \tilde{z}_2}{\pi^2} \exp(\alpha_1 z_1^* - \alpha_1^* z_1 + \alpha_2 z_2^* - \alpha_2^* z_2) \\
&\quad \times \exp(-|\alpha_1|^2 - |\alpha_2|^2 - |z_1|^2 - |z_2|^2 - |\tilde{z}_1|^2 - |\tilde{z}_2|^2) \\
&\quad \times \exp\{[(\alpha_1^* - z_1^*)(\alpha_2^* - z_2^*) + (\alpha_1 + z_1)(\alpha_2 + z_2)] \tanh f \\
&\quad - (\tilde{z}_1^* \tilde{z}_2^* + \tilde{z}_1 \tilde{z}_2) \tanh^2 \theta \tanh f + [\tilde{z}_1 (\alpha_1 + z_1) + \tilde{z}_2 (\alpha_2 + z_2) \\
&\quad + \tilde{z}_1^* (\alpha_1^* - z_1^*) + \tilde{z}_2^* (\alpha_2^* - z_2^*)] \tanh \theta \operatorname{sech} f\} \qquad (10.107)
\end{aligned}
$$

用积分公式

$$
\int \prod_i \frac{\mathrm{d}^2 Z_i}{\pi} \exp\left[ -\frac{1}{2} (Z, Z^*) \begin{pmatrix} F & C \\ C^{\mathrm{T}} & D \end{pmatrix} \begin{pmatrix} Z^{\mathrm{T}} \\ Z^{\mathrm{T}*} \end{pmatrix} + (\mu, \nu^*) \begin{pmatrix} Z^{\mathrm{T}} \\ Z^{*\mathrm{T}} \end{pmatrix} \right]
$$
$$
= \left[ \det \begin{pmatrix} C^{\mathrm{T}} & D \\ F & C \end{pmatrix} \right]^{-1/2} \exp\left[ \frac{1}{2} (\mu, \nu^*) \begin{pmatrix} F & C \\ C^{\mathrm{T}} & D \end{pmatrix}^{-1} \begin{pmatrix} \mu^{\mathrm{T}} \\ \nu^{*\mathrm{T}} \end{pmatrix} \right]
$$

以完成式（10.107）中的积分. 为此，令

$$
\begin{aligned}
Z &= (z_1, z_2, \tilde{z}_1, \tilde{z}_2) \\
\mu &= (\alpha_2 \tanh f - \alpha_1^*, \alpha_1 \tanh f - \alpha_2^*, \alpha_1 \tanh \theta \operatorname{sech} f, \alpha_2 \tanh \theta \operatorname{sech} f) \\
\nu^* &= (\alpha_1 - \alpha_2^* \tanh f, \alpha_2 - \alpha_1^* \tanh f, \alpha_1^* \tanh \theta \operatorname{sech} f, \alpha_2^* \tanh \theta \operatorname{sech} f) \\
F &= \begin{pmatrix} 0 & -\tanh f & -\tanh \theta \operatorname{sech} f & 0 \\ -\tanh f & 0 & 0 & -\tanh \theta \operatorname{sech} f \\ -\tanh \theta \operatorname{sech} f & 0 & 0 & \tanh^2 \theta \tanh f \\ 0 & -\tanh \theta \operatorname{sech} f & \tanh^2 \theta \tanh f & 0 \end{pmatrix} \\
C &= I_4
\end{aligned}
$$

$$D = \begin{pmatrix} 0 & -\tanh f & \tanh\theta\operatorname{sech} f & 0 \\ -\tanh f & 0 & 0 & \tanh\theta\operatorname{sech} f \\ \tanh\theta\operatorname{sech} f & 0 & 0 & \tanh^2\theta\tanh f \\ 0 & \tanh\theta\operatorname{sech} f & \tanh^2\theta\tanh f & 0 \end{pmatrix}$$

$$\begin{pmatrix} F & I_4 \\ I_4 & D \end{pmatrix}^{-1} = \begin{pmatrix} (F - D^{-1})^{-1} & (I_4 - DF)^{-1} \\ (I_4 - FD)^{-1} & (D - F^{-1})^{-1} \end{pmatrix}$$

通过直接的代数计算,得

$$\begin{aligned}
{}_{f,\theta}\langle 0|\,\Delta\left(\alpha_1,\alpha_2\right)|0\rangle_{f,\theta} &= \pi^{-2}\operatorname{sech}^2 2\theta \exp\Big\{ -2\operatorname{sech}2\theta\big[ \left(|\alpha_1|^2 + |\alpha_2|^2\right)\cosh 2f \\
&\quad - \left(\alpha_1\alpha_2 + \alpha_1^*\alpha_2^*\right)\sinh 2f\big]\Big\} \\
&= \pi^{-2}\operatorname{sech}^2 2\theta \exp\Big[ -2\operatorname{sech}2\theta\big( |\alpha_1\cosh f - \alpha_2^*\sinh f|^2 \\
&\quad + |\alpha_1^*\sinh f - \alpha_2\cosh f|^2\big)\Big]
\end{aligned}$$

再用 Weyl 量子化方案

$$\mathcal{H}\left(a^\dagger,a,b^\dagger,b\right) = 4\int \mathrm{d}^2\alpha_1 \mathrm{d}^2\alpha_2 h\left(\alpha_1,\alpha_2,\alpha_1^*,\alpha_2^*\right)\Delta\left(\alpha_1,\alpha_2\right)$$

就得

$$_{f,\theta}\langle 0|\,H\,|0\rangle_{f,\theta} = 4\int \mathrm{d}^2\alpha_1 \mathrm{d}^2\alpha_2 h\left(\alpha_1,\alpha_2,\alpha_1^*,\alpha_2^*\right)_{f,\theta}\langle 0|\,\Delta\left(\alpha_1,\alpha_2\right)|0\rangle_{f,\theta}$$

这里 $h\left(\alpha_1,\alpha_2,\alpha_1^*,\alpha_2^*\right)$ 是 $\mathcal{H} = a^\dagger a + b^\dagger b + 1$ 的 Weyl 对应,

$$h\left(\alpha_1,\alpha_2,\alpha_1^*,\alpha_2^*\right) = 4\pi^2\operatorname{tr}\left[\mathcal{H}\Delta\left(\alpha_1,\alpha_2\right)\right] = \alpha_1^*\alpha_1 + \alpha_2^*\alpha_2$$

从而有

$$\begin{aligned}
{}_{f,\theta}\langle 0|\left(a^\dagger a + b^\dagger b + 1\right)|0\rangle_{f,\theta} &= 4\int \mathrm{d}^2\alpha_1 \mathrm{d}^2\alpha_2 \left(\alpha_1^*\alpha_1 + \alpha_2^*\alpha_2\right)_{f,\theta}\langle 0|\,H\left(a^\dagger,a,b^\dagger,b\right)|0\rangle_{f,\theta} \\
&= \cosh 2\theta\cosh 2f
\end{aligned} \tag{10.108}$$

可见双模压缩的效果是能量值要乘上因子 $\cosh 2f\,(\geqslant 1)$,即能量增强,当无压缩时,$f = 0, \cosh 2f = 1$.

# 第 11 章

# 电路环境温变对热真空态的影响

## 11.1　环境升温时热真空态的变化、介观 LC 电路所处的量子态

由于系统和环境有能量的交换, 所以环境温度的变化也会影响电路的持续工作. 本节探求环境升温时热真空态的改变.

环境升温意味着增加 $s$ 个环境模的光子, 即对热真空态作用算符 $\tilde{a}^{\dagger s}$, 得到一个新的态矢量

$$|\psi(\beta)\rangle_s = C_s \tilde{a}^{\dagger s} e^{\tilde{a}^{\dagger} a^{\dagger} \sqrt{1-\gamma}} |0\tilde{0}\rangle \tag{11.1}$$

其中 $C_s$ 是待定的归一化常数, 下面要证明 $C_s = \sqrt{\gamma^{s+1}/s!}$. 实际上, 引入相干态

$\tilde{a}\,|z_1, z_2\rangle = z_2\,|z_1, z_2\rangle\,, a\,|z_1, z_2\rangle = z_1\,|z_1, z_2\rangle\,,$ 则

$$|z_1, z_2\rangle = \exp\left[\sum_{i=1}^{2}\left(-\frac{1}{2}\,|z_i|^2 + z_i a_i^\dagger\right)\right]|0\tilde{0}\rangle \tag{11.2}$$

其完备性用有序算符内的积分技术表示为

$$\int \frac{\mathrm{d}^2 z}{\pi}\,|z\rangle\,\langle z| = \int \frac{\mathrm{d}^2 z}{\pi}\,:\exp\left(-|z|^2 + za^\dagger + z^* a - a^\dagger a\right): = 1$$

我们求归一化的 $C_s$,

$$\begin{aligned}
_s\langle\psi(\beta)|\,\psi(\beta)\rangle_s &= |C_s|^2\,\langle 0\tilde{0}|\,\tilde{a}^s \mathrm{e}^{\tilde{a}a\sqrt{1-\gamma}}\int\frac{\mathrm{d}^2 z_1 \mathrm{d}^2 z_2}{\pi^2}\,|z_1, z_2\rangle\,\langle z_1, z_2|\,\tilde{a}^{\dagger s}\mathrm{e}^{\tilde{a}^\dagger a^\dagger \sqrt{1-\gamma}}\,|0\tilde{0}\rangle\\
&= |C_s|^2\int\frac{\mathrm{d}^2 z_1 \mathrm{d}^2 z_2}{\pi^2}\,|z_2|^{2s}\,\mathrm{e}^{z_1 z_2\sqrt{1-\gamma}+z_1^* z_2^*\sqrt{1-\gamma}-|z_2|^2-|z_1|^2}\\
&= |C_s|^2\int\frac{\mathrm{d}^2 z_2}{\pi}\,|z_2|^{2s}\,\mathrm{e}^{-\gamma|z_2|^2}\\
&= |C_s|^2\,\frac{s!}{\gamma^{s+1}} = 1
\end{aligned}$$

可见归一化的 $|\psi(\beta)\rangle_s$ 是

$$|\psi(\beta)\rangle_s = \sqrt{\frac{\gamma^{s+1}}{s!}}\,\tilde{a}^{\dagger s}\mathrm{e}^{\tilde{a}^\dagger a^\dagger e^{\lambda/2}}\,|\tilde{0}0\rangle\,, \quad \lambda = \ln(1-\gamma)$$

环境升温时热真空态 $|0(\beta)\rangle\,\langle 0(\beta)|$ 变为纯态 $|\psi(\beta)\rangle_{s\ s}\langle\psi(\beta)|$.

## 11.1.1　介观 LC 电路所处的量子态

为了了解相应的介观 LC 电路处于什么量子态,我们对 $|\psi(\beta)\rangle_{ss}\langle\psi(\beta)|$ 求 tilde 迹,即对其环境模求迹. 从式(11.1)和式(11.2)以及

$$\begin{aligned}
\tilde{a}^\dagger \mathrm{e}^{\tilde{a}^\dagger a^\dagger e^{\lambda/2}}\,|0\tilde{0}\rangle &= \mathrm{e}^{-\lambda/2}a\mathrm{e}^{\tilde{a}^\dagger a^\dagger e^{\lambda/2}}\,|0\tilde{0}\rangle\\
\tilde{a}^{\dagger s}\mathrm{e}^{\tilde{a}^\dagger a^\dagger e^{\lambda/2}}\,|\tilde{0}0\rangle &= \tilde{a}^{\dagger s-1}\mathrm{e}^{-\lambda/2}\left[a, \mathrm{e}^{\tilde{a}^\dagger a^\dagger e^{\lambda/2}}\right]|\tilde{0}0\rangle\\
&= \mathrm{e}^{-\lambda/2}a\tilde{a}^{\dagger s-1}\mathrm{e}^{\tilde{a}^\dagger a^\dagger e^{\lambda/2}}\,|\tilde{0}0\rangle\\
&= \mathrm{e}^{-\lambda s/2}a^s\mathrm{e}^{\tilde{a}^\dagger a^\dagger e^{\lambda/2}}\,|\tilde{0}0\rangle
\end{aligned}$$

可见

$$\widetilde{\mathrm{tr}}\,|\psi(\beta)\rangle_{ss}\langle\psi(\beta)| = \frac{\gamma^{s+1}}{s!}\widetilde{\mathrm{tr}}\left(\tilde{a}^{\dagger s}\mathrm{e}^{\tilde{a}^\dagger a^\dagger e^{\lambda/2}}\,|\tilde{0}0\rangle\,\langle\tilde{0}0|\,\mathrm{e}^{\tilde{a}a e^{\lambda/2}}\tilde{a}^s\right)$$

$$
= \frac{\gamma^{s+1}}{s!} \int \frac{\mathrm{d}^2 z_2}{\pi} \langle z_2 | \, \tilde{a}^{\dagger s} \mathrm{e}^{\tilde{a}^\dagger a^\dagger \mathrm{e}^{\lambda/2}} | 0\tilde{0} \rangle \langle 0\tilde{0} | \, \mathrm{e}^{\tilde{a} a \mathrm{e}^{\lambda/2}} \tilde{a}^s | z_2 \rangle
$$

$$
= \frac{\gamma^{s+1}}{s!} \int \frac{\mathrm{d}^2 z_2}{\pi} \langle z_2 | \, \mathrm{e}^{-\lambda s/2} a^s \mathrm{e}^{\tilde{a}^\dagger a^\dagger \mathrm{e}^{\lambda/2}} | 0\tilde{0} \rangle \langle 0\tilde{0} | \, \mathrm{e}^{\tilde{a} a \mathrm{e}^{\lambda/2}} a^{\dagger s} \mathrm{e}^{-\lambda s/2} | z_2 \rangle
$$

再由

$$
\langle \tilde{0} | \, z_2 \rangle = \mathrm{e}^{-|z_2|^2/2}, \quad |0\rangle \langle 0| \, = \, :\exp\left(-a^\dagger a\right): , \quad \mathrm{e}^{\lambda a^\dagger a} = :\exp\left[\left(\mathrm{e}^\lambda - 1\right) a^\dagger a\right]:
$$

和有序算符内的积分技术,可得

$$
\begin{aligned}
&\widetilde{\mathrm{tr}} \, |\psi(\beta)\rangle_{ss} \langle \psi(\beta)| \\
&= \frac{\gamma^{s+1} \mathrm{e}^{-\lambda s}}{s!} \int \frac{\mathrm{d}^2 z_2}{\pi} a^s \langle z_2 | \, \mathrm{e}^{\tilde{a}^\dagger a^\dagger \mathrm{e}^{\lambda/2}} | 0\tilde{0} \rangle \langle 0\tilde{0} | \, \mathrm{e}^{\tilde{a} a \mathrm{e}^{\lambda/2}} | z_2 \rangle a^{\dagger s} \\
&= \frac{\gamma^{s+1} \mathrm{e}^{-\lambda s}}{s!} a^s \int \frac{\mathrm{d}^2 z_2}{\pi} \langle z_2 | \, \mathrm{e}^{z_2^* a^\dagger \mathrm{e}^{\lambda/2}} | 0\tilde{0} \rangle \langle 0\tilde{0} | \, \mathrm{e}^{z_2 a \mathrm{e}^{\lambda/2}} | z_2 \rangle a^{\dagger s} \\
&= \frac{\gamma^{s+1} \mathrm{e}^{-\lambda s}}{s!} a^s \int \frac{\mathrm{d}^2 z}{\pi} :\exp(-|z|^2 + z^* a^\dagger \mathrm{e}^{\lambda/2} + z a \mathrm{e}^{\lambda/2} - a^\dagger a): a^{\dagger s} \\
&= \frac{\gamma^{s+1} \mathrm{e}^{-\lambda s}}{s!} a^s :\exp\left[\left(\mathrm{e}^\lambda - 1\right) a^\dagger a\right]: a^{\dagger s} \\
&= \frac{\gamma^{s+1}}{s!(1-\gamma)^s} a^s \mathrm{e}^{\lambda a^\dagger a} a^{\dagger s} = \frac{\gamma}{s! n_c^s} a^s \mathrm{e}^{\lambda a^\dagger a} a^{\dagger s}
\end{aligned}
$$

可见介观 LC 电路处于混合态 $\dfrac{\gamma}{s! n_c^s} a^s \mathrm{e}^{\lambda a^\dagger a} a^{\dagger s} \equiv \rho_s$.

进一步,由 $\lambda = \ln(1-\gamma)$ 和 $a|n\rangle = \sqrt{n} |n-1\rangle$ 可得

$$
\begin{aligned}
\rho_s &= \frac{\gamma^{s+1}}{s!(1-\gamma)^s} a^s \mathrm{e}^{\lambda a^\dagger a} \sum_{n=0}^{\infty} |n\rangle \langle n| \, a^{\dagger s} \\
&= \frac{\gamma^{s+1}}{s!(1-\gamma)^s} a^s \sum_{n=0}^{\infty} (1-\gamma)^n |n\rangle \langle n| \, a^{\dagger s} \\
&= \sum_{n=0}^{\infty} \mathrm{C}_{n+s}^s \gamma^{s+1} (1-\gamma)^n |n\rangle \langle n|
\end{aligned}
$$

这里 $\mathrm{C}_{n+s}^s \gamma^{s+1} (1-\gamma)^n$ $(0 < \gamma < 1, s \geqslant 0)$ 是负二项分布系数,所以当环境降温以后,原来的热真空态 $|0(\beta)\rangle \langle 0(\beta)|$ 演变为负二项式态.

由负二项式定理

$$
(1+x)^{-(s+1)} = \sum_{n=0}^{\infty} \frac{(n+s)!}{n! s!} (-x)^n
$$

可知

$$
\mathrm{tr}\rho_s = \gamma^{s+1} \sum_{n=0}^{\infty} \frac{(n+s)!}{n! s!} (1-\gamma)^n = 1 \tag{11.3}
$$

## 11.1.2 环境升温时介观 LC 电路的量子涨落

由热真空态（11.1）给出

$$a\,|\psi(\beta)\rangle_s = \sqrt{\frac{\gamma^{s+1}}{s!}}\sqrt{1-\gamma}\,\tilde{a}^{\dagger s+1}\mathrm{e}^{\tilde{a}^\dagger a^\dagger\sqrt{1-\gamma}}\,|\tilde{0}0\rangle = \sqrt{1-\gamma}\sqrt{\frac{s+1}{\gamma}}\,|\psi(\beta)\rangle_{s+1} \tag{11.4}$$

所以通过求纯态平均,立即可得光子数分布

$$_s\langle\psi(\beta)|\,a^\dagger a\,|\psi(\beta)\rangle_s = (1-\gamma)\frac{s+1}{\gamma}\,_{s+1}\langle\psi(\beta)|\,\psi(\beta)\rangle_{s+1}$$

$$= (1-\gamma)\frac{s+1}{\gamma} = (s+1)\,n_\mathrm{c}$$

又有

$$a^2\,|\psi(\beta)\rangle_s = \sqrt{\frac{\gamma^{s+1}}{s!}}(1-\gamma)\,\tilde{a}^{\dagger s+2}\mathrm{e}^{\tilde{a}^\dagger a^\dagger\sqrt{1-\gamma}}\,|\tilde{0}0\rangle$$

$$= \frac{(1-\gamma)}{\gamma}\sqrt{(s+1)(s+2)}\,|\psi(\beta)\rangle_{s+2}$$

和

$$_s\langle\psi(\beta)|\,a^{\dagger 2}a^2\,|\psi(\beta)\rangle_s = \frac{(1-\gamma)^2}{\gamma^2}(s+1)(s+2) = (s+1)(s+2)\,n_\mathrm{c}^2$$

所以环境升温过程中介观 LC 电路的量子涨落为

$$_s\langle\psi(\beta)|\,\left(a^\dagger a\right)^2\,|\psi(\beta)\rangle_s - \left[_s\langle\psi(\beta)|\,a^\dagger a\,|\psi(\beta)\rangle_s\right]^2 = (s+1)(n_\mathrm{c}+1)\,n_\mathrm{c}$$

本节首次用有序算符内的积分技术发现环境升温对介观 LC 电路的影响,原来的热真空态 $|0(\beta)\rangle\langle 0(\beta)|$ 演变为负二项式态.

## 11.2 环境降温时热真空态的变化、电路能量及量子涨落

若环境降温,热真空态会有什么改变呢? 本节探求这个量子态的变化,并分析其性质.

介观电路中的量子纠缠、热真空和热力学性质
Quantum Entanglement, Thermal Vacuum, and Thermodynamic Properties in Mesoscopic Circuits

由于系统和环境有能量的交换, 环境的发热不利于电路的持续工作, 相反, 环境降温可以保障电路工作得以顺利进行. 降温意味着减少 $l$ 个环境模的光子, 即对热真空态作用算符 $\tilde{a}^l$, 得到一个新的态矢量

$$
\begin{aligned}
\tilde{a}^l \left| 0(\beta) \right\rangle &= \tilde{a}^l S(\theta) \left| 0\tilde{0} \right\rangle = \tilde{a}^l \operatorname{sech}\theta \exp\left( a^\dagger \tilde{a}^\dagger \tanh\theta \right) \left| 0\tilde{0} \right\rangle \\
&= \left( a^\dagger \tanh\theta \right)^l \left| 0(\beta) \right\rangle = \left( a^\dagger \tanh\theta \right)^l S(\theta) \left| 0\tilde{0} \right\rangle \equiv \left| \psi \right\rangle_l
\end{aligned}
$$

为了归一化它, 引入相干态

$$
\left| z \right\rangle = \exp\left( -\frac{|z|^2}{2} + z a^\dagger \right) \left| 0 \right\rangle, \quad \left| \tilde{z}' \right\rangle = \exp\left( -\frac{|z'|^2}{2} + z' \tilde{a}^\dagger \right) \left| \tilde{0} \right\rangle \tag{11.5}
$$

其完备性关系是

$$
\int \frac{\mathrm{d}^2 z \mathrm{d}^2 z'}{\pi^2} \left| z, \tilde{z}' \right\rangle \left\langle z, \tilde{z}' \right| = 1 \tag{11.6}
$$

用积分公式

$$
\begin{aligned}
&\int \frac{\mathrm{d}^2 z}{\pi} \exp\left( \zeta |z|^2 + \xi z + \eta z^* \right) z^n z^{*m} \\
&= \mathrm{e}^{-\xi\eta/\zeta} \sum_{k=0}^{\min\{m,n\}} \frac{m! n! \xi^{m-k} \eta^{n-k}}{k! (m-k)! (n-k)! (-\zeta)^{m+n-k+1}}, \quad \operatorname{Re}(\zeta) < 0 \tag{11.7}
\end{aligned}
$$

利用

$$
\begin{aligned}
&\left\langle 0\tilde{0} \right| S^\dagger(\theta) a^l a^{\dagger l} S(\theta) \left| 0\tilde{0} \right\rangle \\
&= \operatorname{sech}^2\theta \left\langle 0\tilde{0} \right| \mathrm{e}^{a\tilde{a}\tanh\theta} a^l a^{\dagger l} \mathrm{e}^{a^\dagger \tilde{a}^\dagger \tanh\theta} \left| 0\tilde{0} \right\rangle \\
&= \operatorname{sech}^2\theta \left\langle 0\tilde{0} \right| \mathrm{e}^{a\tilde{a}\tanh\theta} a^l \int \frac{\mathrm{d}^2 z \mathrm{d}^2 z'}{\pi^2} \left| z, \tilde{z}' \right\rangle \left\langle z, \tilde{z}' \right| a^{\dagger l} \mathrm{e}^{a^\dagger \tilde{a}^\dagger \tanh\theta} \left| 0\tilde{0} \right\rangle \\
&= \operatorname{sech}^2\theta \int \frac{\mathrm{d}^2 z \mathrm{d}^2 z'}{\pi^2} |z'|^{2l} \mathrm{e}^{-|z|^2 - |z'|^2 + (z^* z'^* + z z') \tanh\lambda} \\
&= \operatorname{sech}^2\theta \int \frac{\mathrm{d}^2 z'}{\pi^2} |z'|^{2l} \mathrm{e}^{-|z'|^2 \operatorname{sech}^2\lambda} = l! \cosh^{2l}\theta \tag{11.8}
\end{aligned}
$$

故归一化的 $\left| \psi \right\rangle_l$ 是

$$
\left| \psi \right\rangle_l = \frac{\operatorname{sech}^l\theta}{\sqrt{l!}} a^{\dagger l} S(\theta) \left| 0\tilde{0} \right\rangle
$$

这里

$$
\begin{aligned}
\left| \psi \right\rangle_l &= \frac{\operatorname{sech}^{l+1}\theta}{\sqrt{l!}} a^{\dagger l} \mathrm{e}^{a^\dagger \tilde{a}^\dagger \tanh\theta} \left| 0\tilde{0} \right\rangle \\
&= \frac{\operatorname{sech}^{l+1}\theta}{\sqrt{l!}} a^{\dagger l} \sum_{n=0} \frac{\left( a^\dagger \tilde{a}^\dagger \tanh\theta \right)^n}{n!} \left| 0\tilde{0} \right\rangle \\
&= \sum_{n=0}^{\infty} \sqrt{\mathrm{C}_{n+l}^l \operatorname{sech}^{2l+2}\theta \left( 1 - \operatorname{sech}^2\theta \right)^n} \left| n+l, \tilde{n} \right\rangle
\end{aligned}
$$

令 $\mathrm{sech}^2\theta = \gamma$，然后采取以下形式：

$$|\psi\rangle_l = \sum_{n=0}^{\infty} \sqrt{C_{n+l}^l \gamma^{l+1}(1-\gamma)^n} |n+l, \tilde{n}\rangle \tag{11.9}$$

显然，$_l\langle\psi|\psi\rangle_l = 1$. 这里 $\sqrt{C_{n+l}^l \gamma^{l+1}(1-\gamma)^n}$ 是负二项分布的系数，所以环境降温以后，原来的热真空态 $|0(\beta)\rangle\langle0(\beta)|$ 演变为负二项式态

$$\rho_0 = \frac{\mathrm{sech}^{2l}\theta}{l!} a^{\dagger l} S(\theta) |0\tilde{0}\rangle\langle0\tilde{0}| S^{\dagger}(\theta) a^l \equiv |\psi\rangle_l{}_l\langle\psi| \tag{11.10}$$

由于 $a|n\rangle = \sqrt{n}|n-1\rangle$，所以

$$\tilde{a}|\psi\rangle_l = \sum_{n=0}^{\infty} \sqrt{C_{n+l}^l \gamma^{l+1}(1-\gamma)^n n} |n+l, \tilde{n}-1\rangle \tag{11.11}$$

$$= \sqrt{l+1} \sum_{n=0}^{\infty} \sqrt{C_{n+1+l}^{l+1} \gamma^{l+1}(1-\gamma)^{n+1}} |n+l+1, \tilde{n}\rangle$$

$$= \sqrt{(l+1)\frac{1-\gamma}{\gamma}} |\psi\rangle_{l+1}$$

或者

$$\tilde{a}|\psi\rangle_l = \sinh\theta\sqrt{l+1}|\psi\rangle_{l+1} \tag{11.12}$$

因此我们看到，湮灭一个 $\tilde{a}$ 模式光子会导致增加一个 $a$ 模式光子，以及 $|\psi\rangle_l \to |\psi\rangle_{l+1}$ 意味着量子纠缠. 另外，我们计算

$$a|\psi\rangle_l = \frac{\mathrm{sech}^l\theta}{\sqrt{l!}} aa^{\dagger l} S_2 |0,0\rangle$$

$$= \frac{\mathrm{sech}^{l+1}\theta}{\sqrt{l!}} \sum_{n=0}^{\infty} (\tanh\theta)^n (n+l) a^{\dagger n+l-1} \frac{\tilde{a}^{\dagger n}}{n!} |0,0\rangle$$

$$= a^{\dagger}\tanh\theta|\psi\rangle_l + \sqrt{l}\,\mathrm{sech}\,\theta|\psi\rangle_{l-1}$$

这意味着湮灭 $a$ 模式光子伴随着 $a$ 模式光子的产生. 将方程（11.12）改写为

$$(a\cosh\theta - \tilde{a}^{\dagger}\sinh\theta)|\psi\rangle_l = \sqrt{l}|\psi\rangle_{l-1} \tag{11.13}$$

可见 $b\cosh\theta - a^{\dagger}\sinh\theta \equiv b'$ 可以理解为 $|\psi\rangle_l \to |\psi\rangle_{l-1}$ 的新的湮灭算符，通过比较得 $a|n\rangle = \sqrt{n}|n-1\rangle$.

进一步，计算环境的部分迹，

$$\widetilde{\mathrm{tr}}|\psi\rangle_l{}_l\langle\psi| = \int \frac{\mathrm{d}^2 z_2}{\pi} \langle z_2| a^{\dagger l}\mathrm{e}^{\tilde{a}^{\dagger}a^{\dagger}\mathrm{e}^{\lambda/2}} |0\tilde{0}\rangle\langle0\tilde{0}| \mathrm{e}^{\tilde{a}ae^{\lambda/2}} a^l |z_2\rangle = a^{\dagger l}\mathrm{e}^{\lambda a^{\dagger}a} a^l$$

这是光子增混沌场. 由于

$$
\begin{aligned}
1 = \mathrm{tr}\rho_m &= C_m \mathrm{tr}\left(a^{\dagger m}\mathrm{e}^{-\lambda a^\dagger a}a^m\right) = C_m\mathrm{tr}\left[\int\frac{\mathrm{d}^2 z}{\pi}\,|z\rangle\langle z|\,a^{\dagger m}\mathrm{e}^{-\lambda a^\dagger a}a^m\right] \\
&= C_m\int\frac{\mathrm{d}^2 z}{\pi}\langle z|\,a^{\dagger m}:\exp\left[\left(\mathrm{e}^{-\lambda}-1\right)a^\dagger a\right]:a^m\,|z\rangle \\
&= \int\frac{\mathrm{d}^2 z}{\pi}z^{*m}z^m\exp\left[\left(\mathrm{e}^{-\lambda}-1\right)|z|^2\right] \\
&= C_m\left(-1\right)^{m+1}m!\left(\mathrm{e}^{-\lambda}-1\right)^{-1-m}
\end{aligned} \tag{11.14}
$$

即

$$
C_m = \frac{(-1)^{m+1}}{m!}\left(\mathrm{e}^{-\lambda}-1\right)^{1+m} \tag{11.15}
$$

所以 $m$ 光子增混沌光场的迹为 1 的密度算符是

$$
\rho_m = \frac{(-1)^{m+1}\left(\mathrm{e}^{-\lambda}-1\right)^{1+m}}{m!}a^{\dagger m}\mathrm{e}^{-\lambda a^\dagger a}a^m \tag{11.16}
$$

下面讨论处在负二项式态的电路能量及量子涨落.

由于介观 LC 电路的 Hamilton 量算符是 $\mathcal{H}=\omega\hbar\left(a^\dagger a+1/2\right)$, 要计算处于负二项式态的电路能量的量子涨落, 我们就要计算 $_l\langle\psi|\,a^\dagger a\,|\psi\rangle_l$,

$$
\sum_m |m\rangle_{aa}\langle m| = 1
$$

$\rho_0$ 中的 $a$ 模光子数是

$$
{}_l\langle\psi|\,a^\dagger a\,|\psi\rangle_l = {}_l\langle\psi|\sum_{m=0}^{\infty}m\,|m\rangle_{aa}\langle m|\,\psi\rangle_l
$$

其中

$$
\begin{aligned}
{}_a\langle m|\,\psi\rangle_l &= \sum_n\sqrt{\mathrm{C}_{n+l}^l\gamma^{l+1}\left(1-\gamma\right)^n}\,{}_a\langle m\,|n+l,\tilde{n}\rangle \\
&= \sum_n\sqrt{\mathrm{C}_{n+l}^l\gamma^{l+1}\left(1-\gamma\right)^n}\,|\tilde{n}\rangle\,\delta_{m,n+l}
\end{aligned}
$$

以及

$$
\begin{aligned}
{}_l\langle\psi|\,m\rangle_{aa}\langle m|\,\psi\rangle_l &= \sum_k\sum_n\sqrt{\mathrm{C}_{k+l}^l\gamma^{l+1}\left(1-\gamma\right)^k}\,{}_a\langle\tilde{k}|\tilde{n}\rangle_a \\
&\quad\times\delta_{m,k+l}\delta_{m,n+l}\sqrt{\mathrm{C}_{n+l}^l\gamma^{l+1}\left(1-\gamma\right)^n} \\
&= \sum_k\sum_n\sqrt{\mathrm{C}_{k+l}^l\gamma^{l+1}\left(1-\gamma\right)^k} \\
&\quad\times\delta_{nk}\delta_{m,k+l}\delta_{m,n+l}\sqrt{\mathrm{C}_{n+l}^l\gamma^{l+1}\left(1-\gamma\right)^n}
\end{aligned}
$$

$$= \sum_n \mathrm{C}_{n+l}^l \gamma^{l+1} (1-\gamma)^n \delta_{m,n+l}$$

然后由（$\mathrm{sech}^2\theta = \gamma$）

$$\sum_n n\mathrm{C}_{n+l}^l \gamma^{l+1} (1-\gamma)^n = \frac{l+1}{\gamma}(1-\gamma) = (l+1)\sinh^2\theta \tag{11.17}$$

以及

$$\begin{aligned}
_l\langle\psi| a^\dagger a |\psi\rangle_l &= \sum_{m=0} m \sum_n \mathrm{C}_{n+l}^l \gamma^{l+1} (1-\gamma)^n \delta_{m,n+l} \\
&= \sum_n (l+n) \mathrm{C}_{n+l}^l \gamma^{l+1} (1-\gamma)^n \\
&= l + \sum_n n\mathrm{C}_{n+l}^l \gamma^{l+1} (1-\gamma)^n = \frac{l+1}{\gamma} - 1
\end{aligned}$$

可见，$l$ 越大，即环境的降温越大，介观电路能量越大.

本节我们考察了在热库中的介观 LC 电路的量子效应，发现当热库的温度下降时，电路的基态从热真空态变为负二项式态. 我们还计算了处在负二项式态的电路能量.

第 12 章

# 有限温度下介观电路激发态的 **Wigner** 函数

## 12.1 相干热态表象中的热真空态和热 **Wigner** 算符

为了计算介观电路中热激发态的量子涨落,我们引入相干热态表象和热 Wigner 算符,并计算有限温度下热激发态 $S(\theta)|n,\tilde{n}\rangle$ 的 Wigner 函数. 其中 $S(\theta)$ 是热压缩算符,它把零温度真空变为热真空;$|n,\tilde{n}\rangle$ 是热数态. 然后,我们利用 Wigner 定理推导 $S(\theta)|n,\tilde{n}\rangle$ 的量子涨落,虽然以前的文献中已经计算了 $|0(\beta)\rangle$ 态的涨落,但据我们所知,热激发态的量子涨落没有在以前的文献中讨论过.

我们引入相干热态(或称为热纠缠态)

$$|\tau\rangle = \exp\left(-\frac{1}{2}|\tau|^2 + \tau a^\dagger - \tau^* \tilde{a}^\dagger + a^\dagger \tilde{a}^\dagger\right)|0,\tilde{0}\rangle \tag{12.1}$$

$|\tau\rangle$ 满足本征方程 $(a - \tilde{a}^\dagger)|\tau\rangle = \tau|\tau\rangle$, $(\tilde{a} - a^\dagger)|\tau\rangle = \tau^*|\tau\rangle$. $|\tau\rangle$ 的完备性和正交性关

系分别是

$$\int \frac{\mathrm{d}^2\tau}{\pi} |\tau\rangle \langle \tau| = 1, \quad \langle \tau'| \tau\rangle = \pi\delta(\tau - \tau')\delta(\tau^* - \tau'^*) \tag{12.2}$$

我们将 $|\tau\rangle$ 命名为热纠缠态. 利用 $|\tau\rangle$, 热压缩算符可简洁地表示为

$$S(\theta) = \int \frac{\mathrm{d}^2\tau}{\pi\mu} |\tau/\mu\rangle \langle \tau|, \quad \mu^2 = \frac{1 + \tanh\theta}{1 - \tanh\theta} \tag{12.3}$$

这自然会导致

$$S(\theta) |\tau\rangle = \frac{1}{\mu} |\tau/\mu\rangle \tag{12.4}$$

相干热态表象中的热真空态 $|0(\beta)\rangle$ 表示为

$$|0(\beta)\rangle = \int \frac{\mathrm{d}^2\tau}{\pi\mu} |\tau/\mu\rangle \langle \tau |0,\tilde{0}\rangle = \int \frac{\mathrm{d}^2\tau}{\pi\mu} |\tau/\mu\rangle \, \mathrm{e}^{-\frac{1}{2}|\tau|^2} \tag{12.5}$$

方程（12.5）为计算热数态 $S(\theta)|n,\tilde{n}\rangle$（有限温度下的数态）的 Wigner 函数带来了便利.

基于相干热态表示，我们引入热 Wigner 算符

$$\Delta_T(\sigma,\gamma) = \int \frac{\mathrm{d}^2\tau}{\pi^3} |\sigma - \tau\rangle \langle \sigma + \tau| \, \mathrm{e}^{\tau\gamma^* - \gamma\tau^*} \tag{12.6}$$

令 $\gamma = \alpha + \varepsilon^*$, $\sigma = \alpha - \varepsilon^*$, 利用有序算符内的积分技术我们对式（12.6）积分，得到

$$\Delta_T(\sigma,\gamma) = \pi^{-2} : \exp\left[-2(a^\dagger - \alpha^*)(a - \alpha) - 2(\tilde{a}^\dagger - \varepsilon^*)(\tilde{a} - \varepsilon)\right] : \tag{12.7}$$

比较式（12.6）和式（12.7），可见 $\Delta_T(\sigma,\gamma)$ 也包含了虚部，于是我们对 tilde 场求迹，表示为 $\widetilde{\mathrm{tr}}$. 用相干态在 tilde 模式中的表示法 $|\tilde{z}\rangle$, 我们有

$$2\widetilde{\mathrm{tr}}[\Delta_T(\sigma,\gamma)] = 2\widetilde{\mathrm{tr}}\left[\Delta_T(\sigma,\gamma) \int \frac{\mathrm{d}^2\tilde{z}}{\pi} |\tilde{z}\rangle \langle \tilde{z}|\right]$$

$$= \pi^{-2}2 \int \frac{\mathrm{d}^2\tilde{z}}{\pi} \langle \tilde{z}| : \exp\left[-2(a^\dagger - \alpha^*)(a - \alpha) - 2(\tilde{a}^\dagger - \varepsilon^*)(\tilde{a} - \varepsilon)\right] : |\tilde{z}\rangle$$

$$= \frac{1}{\pi} : \exp[-2(a^\dagger - \alpha^*)(a - \alpha)] : \tag{12.8}$$

然后利用式（12.6）和式（12.8）得到如下关系：

$$\Delta(\alpha,\alpha^*) = 2\widetilde{\mathrm{tr}}[\Delta_T(\sigma,\gamma)] = 2\int \mathrm{d}^2\varepsilon \, \Delta_T(\sigma,\gamma) \tag{12.9}$$

于是 Wigner 函数是

$$W(\alpha,\alpha^*) = 2\int \mathrm{d}^2\varepsilon \, W_T(\sigma,\gamma), \quad W_T(\sigma,\gamma) = \mathrm{Tr}[\rho\Delta_T(\sigma,\gamma)] \tag{12.10}$$

我们称 $W_T(\sigma,\gamma)$ 是热 Wigner 函数，它在 tilde 部分的迹导出了系统量子态的 Wigner 函数.

## 12.2 $T \neq 0$ 时介观 LC 电路激发态的 Wigner 函数

利用相干热态表达式, 我们计算了热激发态的 Wigner 函数. 我们将相干热态 $|\tau\rangle$ 扩展为

$$|\tau\rangle = \mathrm{e}^{-|\tau|^2/2} \sum_{s,t=0}^{\infty} \frac{(-1)^t \, \mathrm{H}_{s,t}(\tau,\tau^*)}{\sqrt{s!t!}} \, |s,\tilde{t}\rangle \tag{12.11}$$

其中 $|s,\tilde{t}\rangle = \dfrac{a^{\dagger s} \tilde{a}^{\dagger t}}{\sqrt{s!t!}} |0\tilde{0}\rangle$ 是双模数态, $\mathrm{H}_{s,t}(\tau,\tau^*)$ 是双变量 Hermite 多项式, 定义为

$$\mathrm{H}_{m,n}(\epsilon,\varepsilon) = \sum_{k=0}^{\min\{m,n\}} \frac{(-1)^k \, m!n! \epsilon^{m-k} \varepsilon^{n-k}}{k!(m-k)!(n-k)!} \tag{12.12}$$

其母函数为

$$\exp\left(-tt' + \epsilon t + \varepsilon t'\right) = \sum_{m,n=0}^{\infty} \frac{t^m t'^n}{m!n!} \mathrm{H}_{m,n}(\epsilon,\varepsilon) \tag{12.13}$$

或者

$$\mathrm{H}_{m,n}(\epsilon,\varepsilon) = \frac{\partial^{m+n}}{\partial t^m \partial t'^n} \exp\left(-tt' + \epsilon t + \varepsilon t'\right)\big|_{t=t'=0} \tag{12.14}$$

从方程 (12.11) 可知

$$\langle \tau \, | n,\tilde{n}\rangle = \mathrm{e}^{-|\tau|^2/2} \frac{(-1)^n \, \mathrm{H}_{n,n}(\tau,\tau^*)}{n!} \tag{12.15}$$

另外, 从方程 (12.2) $\sim$ (12.4) 易知

$$S^{-1}(\theta) \Delta_T(\sigma,\gamma) S(\theta) = \Delta_T\left(\mu\sigma, \frac{\gamma}{\mu}\right)$$

$$= \int \frac{\mathrm{d}^2\tau}{\pi^3} |\mu\sigma - \tau\rangle \langle \mu\sigma + \tau| \mathrm{e}^{(\tau\gamma^* - \gamma\tau^*)/\mu} \tag{12.16}$$

$$\tanh\theta = \frac{\mu^2 - 1}{\mu^2 + 1}$$

于是利用方程 (12.10) 和 (12.9) 以及积分公式

$$\int \frac{\mathrm{d}^2\beta}{\pi} \mathrm{e}^{\varsigma|\beta|^2 + \xi\beta + \eta\beta^*} = -\frac{1}{\varsigma} \mathrm{e}^{-\xi\eta/\varsigma} \quad (\mathrm{Re}\,\varsigma < 0) \tag{12.17}$$

我们可以计算热 Wigner 函数

$$W_T(\sigma,\gamma) = \langle n,\tilde{n}| \, S^{-1} \Delta_T(\sigma,\gamma) S \, |n,\tilde{n}\rangle$$

$$= \langle n, \tilde{n} | \, \Delta_T \left( \mu\sigma, \frac{\gamma}{\mu} \right) | n, \tilde{n} \rangle$$

$$= \langle n, \tilde{n} | \int \frac{\mathrm{d}^2\tau}{\pi^3} | \mu\sigma - \tau \rangle \langle \mu\sigma + \tau | \, \mathrm{e}^{(\tau\gamma^* - \gamma\tau^*)/\mu} | n, \tilde{n} \rangle \tag{12.18}$$

$$= \int \frac{\mathrm{d}^2\tau}{\pi^3} \mathrm{e}^{-(|\mu\sigma - \tau|^2 + |\mu\sigma + \tau|^2)/2} \frac{H_{n,n}(\mu\sigma - \tau, \mu\sigma^* - \tau^*)}{n! n!}$$
$$\times H_{n,n}(\mu\sigma + \tau, \mu\sigma^* + \tau^*) \, \mathrm{e}^{(\tau\gamma^* - \gamma\tau^*)/\mu}$$

$$= \frac{1}{n! n!} \int \frac{\mathrm{d}^2\tau}{\pi^3} \mathrm{e}^{-\mu^2|\sigma|^2 - |\tau|^2} \frac{\partial^{2n}}{\partial t^n \partial r^n}$$
$$\times \exp\left[ -tr + (\mu\sigma - \tau) t + (\mu\sigma^* - \tau^*) r \right]\big|_{t=r=0}$$
$$\times \frac{\partial^{2n}}{\partial t'^n \partial r'^n} \exp\left[ -t'r' + (\mu\sigma + \tau) t' + (\mu\sigma^* + \tau^*) r' \right]_{r'=t'=0} \mathrm{e}^{(\tau\gamma^* - \gamma\tau^*)/\mu}$$

$$= \frac{\exp\left( -\mu^2|\sigma|^2 - \frac{|\gamma|^2}{\mu^2} \right)}{\pi^2 n! n!} \frac{\partial^{2n}}{\partial t^n \partial r^n} \frac{\partial^{2n}}{\partial t'^n \partial r'^n} \exp(-rt - r't')$$
$$\times \exp\left[ r \left( \frac{1}{\mu}\gamma^* + \mu\sigma^* \right) + t \left( \frac{\gamma}{\mu} + \sigma\mu \right) \right.$$
$$\left. + t' \left( \mu\sigma^* - \frac{1}{\mu}\gamma^* \right) + r' \left( \sigma\mu - \frac{\gamma}{\mu} \right) \right]_{t'=r'=t=r=0} \tag{12.19}$$

利用双变量 Hermite 多项式的母函数（12.19），我们得到

$$W_T(\sigma, \gamma) = \frac{\exp\left( -\mu^2|\sigma|^2 - \frac{|\gamma|^2}{\mu^2} \right)}{\pi^2 n! n!} H_{n,n}\left( \frac{\gamma^*}{\mu} + \mu\sigma^*, \frac{\gamma}{\mu} + \sigma\mu \right)$$
$$\times H_{n,n}\left( \mu\sigma^* - \frac{\gamma^*}{\mu}, \sigma\mu - \frac{\gamma}{\mu} \right) \tag{12.20}$$

然后注意到 $H_{m,m}$ 和 Laguerre 多项式 $L_m$ 之间的关系

$$H_{m,m}(r, r^*) = m! \, (-1)^m \, L_m\left( |r|^2 \right) \tag{12.21}$$

我们可以进一步将方程（12.20）代入，

$$W_T(\sigma, \gamma) \equiv \langle n, \tilde{n} | \, S^{-1} \Delta_T(\sigma, \gamma) \, S \, | n, \tilde{n} \rangle$$
$$= \frac{\exp\left( -\mu^2|\sigma|^2 - \frac{|\gamma|^2}{\mu^2} \right)}{\pi^2} L_n\left( |\gamma/\mu + \sigma\mu|^2 \right) L_n\left( |\sigma\mu - \gamma/\mu|^2 \right) \tag{12.22}$$

从另一个角度来看，使用 $\gamma = \alpha + \varepsilon^*$，$\sigma = \alpha - \varepsilon^*$，我们得到

$$W_T(\sigma, \gamma) = \langle n, \tilde{n} | \, S^{-1} \Delta_T(\sigma, \gamma) \, S \, | n, \tilde{n} \rangle$$
$$= \langle n, \tilde{n} | \, \Delta_T(\mu\sigma, \gamma/\mu) \, | n, \tilde{n} \rangle$$

$$= \frac{\exp\left(-\mu^2|\sigma|^2 - \dfrac{|\gamma|^2}{\mu^2}\right)}{\pi^2 n! n!} \frac{\partial^{2n}}{\partial t^n \partial r^n} \frac{\partial^{2n}}{\partial t'^n \partial r'^n} \exp\left(-rt - r't'\right)$$

$$\times \exp\left[r\left(\frac{1}{\mu}\gamma^* + \mu\sigma^*\right) + t\left(\frac{\gamma}{\mu} + \sigma\mu\right)\right.$$

$$\left.+ t'\left(\mu\sigma^* - \frac{1}{\mu}\gamma^*\right) + r'\left(\sigma\mu - \frac{\gamma}{\mu}\right)\right]_{t'=r'=t=r=0} \tag{12.23}$$

根据方程（12.23）,我们得到 $S|n,\tilde{n}\rangle$ 的 Wigner 函数,

$$W(p,q) = 2\int \mathrm{d}^2\varepsilon\, W_T(\sigma,\gamma)$$

$$= \frac{1}{\pi n! n!}\operatorname{sech} 2\lambda \exp\left(-2|\alpha|^2 \operatorname{sech} 2\lambda\right)$$

$$\times \frac{\partial^{2n}}{\partial t^n \partial r^n}\frac{\partial^{2n}}{\partial t'^n \partial r'^n}\exp\left[-rt - r't'\right.$$

$$\left. + 2(r\alpha^* + t\alpha)\cosh\lambda + 2(t'\alpha^* + r'\alpha)\sinh\lambda\right]_{t'=r'=t=r=0}$$

$$= \frac{1}{\pi}\operatorname{sech} 2\lambda \exp\left(-2|\alpha|^2 \operatorname{sech} 2\lambda\right)$$

$$\times \mathrm{L}_n\left(4|\alpha|^2\cosh^2\lambda\right)\mathrm{L}_n\left(4|\alpha|^2\sinh^2\lambda\right) \tag{12.24}$$

其中我们令 $\mu = \mathrm{e}^\lambda$, $\operatorname{sech}\lambda = \dfrac{2\mu}{1+\mu^2}$, $\sinh\lambda = \dfrac{\mu^2-1}{2\mu}$. 于是方程（12.24）变为

$$W(p,q) = \frac{1 - \mathrm{e}^{-\beta\hbar\omega}}{\pi(1 + \mathrm{e}^{-\beta\hbar\omega})}\exp\left(-2\frac{1 - \mathrm{e}^{-\beta\hbar\omega}}{1 + \mathrm{e}^{-\beta\hbar\omega}}|\alpha|^2\right)$$

$$\times \mathrm{L}_n\left(\frac{4|\alpha|^2}{1 + \mathrm{e}^{-\beta\hbar\omega}}\right)\mathrm{L}_n\left(\frac{4|\alpha|^2\,\mathrm{e}^{-\beta\hbar\omega}}{1 + \mathrm{e}^{-\beta\hbar\omega}}\right) \tag{12.25}$$

当 $n=0$ 时,方程（12.25）退化为

$$W_T(\alpha)|_{n=0} = \frac{1 - \mathrm{e}^{-\beta\hbar\omega}}{\pi(1 + \mathrm{e}^{-\beta\hbar\omega})}\exp\left(-2|\alpha|^2\frac{1 - \mathrm{e}^{-\beta\hbar\omega}}{1 + \mathrm{e}^{-\beta\hbar\omega}}\right) \tag{12.26}$$

这正是热真空态 $|0(\beta)\rangle$ 的 Wigner 函数.

我们发现方程（12.26）中的热真空态的 Wigner 函数 $W_T(\alpha)$ 远远不同于方程（12.15）中的零温度下数态 $|n\rangle$ 的 Wigner 函数. 值得指出的是, 若 $T \to 0$, $\mathrm{e}^{-\beta\hbar\omega} \to \mathrm{e}^{-\beta\infty} \to 0$, 利用 $L_n(0) = 1$, 则有

$$W_{T\to 0}(\alpha) \to \frac{1}{\pi}\exp\left(-2|\alpha|^2\right)\mathrm{L}_n\left(4|\alpha|^2\right) \tag{12.27}$$

比较方程（12.27）和（12.15）,我们发现方程（12.27）中没有 $(-1)^n$,这反映了从零温度加热到某个有限温度,然后再冷却到零温度的过程是一个不可逆的过程.

## 12.3　处于态 $S\left|n,\tilde{n}\right\rangle$ 的电荷-电流量子涨落

对于热激发态系统,我们可以引入正交相位振幅:

$$
\begin{aligned}
q &= \left(a + a^{\dagger}\right)/\sqrt{2}, \quad p = \mathrm{i}\left(a^{\dagger} - a\right)/\sqrt{2} \\
\tilde{q} &= \left(\tilde{a} + \tilde{a}^{\dagger}\right)/\sqrt{2}, \quad \tilde{p} = \mathrm{i}\left(\tilde{a}^{\dagger} - \tilde{a}\right)/\sqrt{2}
\end{aligned}
\tag{12.28}
$$

注意到变换关系

$$
\begin{aligned}
S^{\dagger} a S\left(\theta\right) &= a\cosh\theta + \tilde{a}^{\dagger}\sinh\theta \\
S^{\dagger}\tilde{a}S\left(\theta\right) &= \tilde{a}\cosh\theta + a^{\dagger}\sinh\theta
\end{aligned}
\tag{12.29}
$$

可知

$$
S^{\dagger}\left(q - \tilde{q}\right)S = \frac{1}{\mu}\left(q - \tilde{q}\right), \quad S^{\dagger}\left(p + \tilde{p}\right)S = \frac{1}{\mu}\left(p + \tilde{p}\right)
\tag{12.30}
$$

因此 $q - \tilde{q}$ 和 $p + \tilde{p}$ 在热激发态 $S\left|n,\tilde{n}\right\rangle$ 下的涨落为

$$
\begin{aligned}
\left[\Delta\left(q - \tilde{q}\right)\right]^2 &= \left\langle n,\tilde{n}\right| S^{\dagger}\left(q - \tilde{q}\right)^2 S\left|n,\tilde{n}\right\rangle \\
&= \frac{1}{\mu^2}\left\langle n,\tilde{n}\right|\left(q - \tilde{q}\right)^2\left|n,\tilde{n}\right\rangle \\
&= \left(2n + 1\right)\frac{1 - \mathrm{e}^{-\hbar\omega/(2kT)}}{1 + \mathrm{e}^{-\hbar\omega/(2kT)}}
\end{aligned}
\tag{12.31}
$$

以及

$$
\left[\Delta\left(p + \tilde{p}\right)\right]^2 = \left(2n + 1\right)\frac{1 - \mathrm{e}^{-\hbar\omega/(2kT)}}{1 + \mathrm{e}^{-\hbar\omega/(2kT)}}
\tag{12.32}
$$

另外,注意到

$$
\begin{aligned}
\left\langle n,\tilde{n}\right| S^{\dagger} q\tilde{q}S\left|n,\tilde{n}\right\rangle &= \frac{1}{2}\left\langle n,\tilde{n}\right| S^{\dagger}\left(a + a^{\dagger}\right)\left(\tilde{a} + \tilde{a}^{\dagger}\right)S\left|n,\tilde{n}\right\rangle \\
&= \left(2n + 1\right)\frac{\mathrm{e}^{-\hbar\omega/(2kT)}}{1 - \mathrm{e}^{-\hbar\omega/(kT)}}
\end{aligned}
\tag{12.33}
$$

以及

$$
\left\langle n,\tilde{n}\right| S^{\dagger} p\tilde{p}S\left|n,\tilde{n}\right\rangle = -\left(2n + 1\right)\frac{\mathrm{e}^{-\hbar\omega/2(kT)}}{1 - \mathrm{e}^{-\hbar\omega/(kT)}}
\tag{12.34}
$$

从方程（12.33）和（12.34）可知

$$
\begin{aligned}
\left\langle n,\tilde{n}\right| S^{\dagger} q^2 S\left|n,\tilde{n}\right\rangle &= \left\langle n,\tilde{n}\right| S^{\dagger}\tilde{q}^2 S\left|n,\tilde{n}\right\rangle = \frac{2n + 1}{2}\frac{1 + \mathrm{e}^{-\omega\hbar/(Tk)}}{1 - \mathrm{e}^{-\omega\hbar/(Tk)}} \\
\left\langle n,\tilde{n}\right| S^{\dagger} p^2 S\left|n,\tilde{n}\right\rangle &= \frac{2n + 1}{2}\frac{1 + \mathrm{e}^{-\omega\hbar/(Tk)}}{1 - \mathrm{e}^{-\omega\hbar/(Tk)}}
\end{aligned}
\tag{12.35}
$$

因此

$$\Delta p \Delta q = \frac{2n+1}{2} \frac{1 + \mathrm{e}^{-\omega \hbar/(Tk)}}{1 - \mathrm{e}^{-\omega \hbar/(Tk)}} \tag{12.36}$$

这随着 $n$ 和 $T$ 的增加而增加. 特别是当 $|n,\tilde{n}\rangle = |0,\tilde{0}\rangle$ 时, $S|n,\tilde{n}\rangle$ 退化为 $|0(\beta)\rangle$, 方程（12.36）给出了热数态的涨落.

利用方程（12.35）我们有

$$\langle n,\tilde{n}| S^\dagger a^\dagger a S |n,\tilde{n}\rangle = n\cosh^2\theta + (1+n)\sinh^2\theta \tag{12.37}$$

$$\langle n,\tilde{n}| S^\dagger (a^\dagger a)^2 S |n,\tilde{n}\rangle = n^2\cosh^4\theta + (1+n)n\sinh^4\theta + (2n+1)^2\sinh^2\theta\cosh^2\theta$$

于是

$$\Delta(a^\dagger a) = \frac{\mathrm{e}^{-\frac{T}{2k}\omega\hbar}}{1 - \mathrm{e}^{-\frac{T}{k}\omega\hbar}} \sqrt{(1+n)\left(2n - \mathrm{e}^{-\frac{T}{k}\omega\hbar}\right) + 1} \tag{12.38}$$

不难看出, 当 $n$ 和 $T$ 增加时, 介观 LC 电路的激发数态的涨落变得更大.

总之, 在热场动力学的背景下, 利用热纠缠态表象中热 Wigner 算符的简洁表达式, 我们导出了热数态的 Wigner 函数. 这可能是处理热效应最简单的方法. 我们还发现, Wigner 函数形状的振荡频率随着温度 $T$ 和数量 $n$ 的增加而增加. 此外, 我们还计算了 $S|n,\tilde{n}\rangle$ 的正交振幅的量子涨落. 对于粒子数的涨落也可以得出类似的结论. 这表明随着 $T(\theta)$ 和 $n$ 的增加, 量子噪声变得更大.

# 12.4　若干介观 LC 电路热态的 Wigner 函数

从 $\langle \psi| \Delta_T(\sigma,\gamma) |\psi\rangle$ 出发, 计算热场动力学中热态的热 Wigner 函数十分方便. 让我们先用式（12.38）来计算

$$\begin{aligned}
\langle 0\tilde{0}| \Delta_T(\sigma,\gamma) |0\tilde{0}\rangle &= \langle 0\tilde{0}| \int \frac{\mathrm{d}^2\eta}{\pi^3} |\sigma - \eta\rangle \langle \sigma + \eta| \mathrm{e}^{\eta\gamma^* - \eta^*\gamma} |0\tilde{0}\rangle \\
&= \int \frac{\mathrm{d}^2\eta}{\pi^3} \exp\left(-|\sigma|^2 - |\eta|^2 + \eta\gamma^* - \eta^*\gamma\right) \\
&= \pi^{-2}\exp(-|\sigma|^2 - |\gamma|^2) \tag{12.39}
\end{aligned}$$

于是由式（12.37）～式（12.39）可知 $|0(\beta)\rangle$ 的热 Wigner 函数为

$$\begin{aligned}
\langle 0(\beta)| \Delta_T(\sigma,\gamma) |0(\beta)\rangle &= \langle 0\tilde{0}| S_\theta^\dagger(\mu) \Delta_T(\sigma,\gamma) S_\theta(\mu) |0\tilde{0}\rangle \\
&= \langle 0\tilde{0}| \Delta_T(\mu\sigma, \gamma/\mu) |0\tilde{0}\rangle \\
&= \pi^{-2}\exp(-|\mu\sigma|^2 - |\gamma/\mu|^2) \tag{12.40}
\end{aligned}$$

由于方程（12.40）对应的 Wigner 函数是（令 $(\gamma + \sigma)/2 = \alpha$, $\tau^* = (\gamma - \sigma)/2$）

$$
\begin{aligned}
\langle 0(\beta)| \, \Delta(\alpha) \, |0(\beta)\rangle &= 2\pi \mathrm{Tr} \, \langle 0(\beta)| \, \Delta_T(\sigma, \gamma) \, |0(\beta)\rangle \\
&= 2 \int \frac{\mathrm{d}^2 \tau}{\pi^2} \exp\left[ -|(\alpha - \tau^*)\mu|^2 - \frac{|\alpha + \tau^*|^2}{\mu^2} \right] \\
&= \frac{2\mu^2}{\pi(\mu^4 + 1)} \exp\left( -\frac{4\mu^2}{\mu^4 + 1} |\alpha|^2 \right)
\end{aligned} \tag{12.41}
$$

将 $\mu^2 = \dfrac{1 + \tanh\theta}{1 - \tanh\theta}$, $\tanh\theta = \exp\left( -\dfrac{\hbar\omega}{2kT} \right)$ 代入式（12.41），得到

$$
\begin{aligned}
\langle 0(\beta)| \, \Delta(\alpha) \, |0(\beta)\rangle &= \frac{1}{2\pi} \operatorname{sech} 2\theta \exp(-2|\alpha|^2 \operatorname{sech} 2\theta) \\
&= \frac{1 - \mathrm{e}^{-\omega\beta}}{\pi(1 + \mathrm{e}^{-\omega\beta})} \exp\left[ \frac{-(1 - \mathrm{e}^{-\omega\beta})}{1 + \mathrm{e}^{-\omega\beta}} (q^2 + p^2) \right]
\end{aligned} \tag{12.42}
$$

由于 $\alpha = (q + \mathrm{i}p)/\sqrt{2}$，正如热场动力学预测的那样，这个结果与用通常方法计算的 Wigner 函数非常一致，即 $\mathrm{Tr}\,[\Delta(\alpha)\rho_c]$，其中 $\rho_c$ 是混沌光场的密度矩阵（混合态）：

$$
\rho_c = (1 - \mathrm{e}^{-\omega\beta}) \sum_{n=0}^{\infty} \mathrm{e}^{-n\beta\omega} |n\rangle \langle n|, \quad |n\rangle = \frac{a^{\dagger n}}{\sqrt{n!}} |0\rangle \tag{12.43}
$$

这种形式与 Takahashi 和 Umezawa 的原始形式一致，即将非零温度 $T$ 下的系综平均值 $\mathrm{Tr}\,[\Delta(\alpha)\rho_c]$ 转换为纯态下的等效期望值 $\langle 0(\beta)| \, \Delta(\alpha) \, |0(\beta)\rangle$，其中 $\langle 0(\beta)| \, \Delta_T(\sigma, \gamma) \, |0(\beta)\rangle$ 上的 Tr 表示对虚数模式的迹，这类似于人们在研究量子光学理论时对热库变量的迹.

## 12.5 相应于给定的热 Winger 函数的波函数存在的条件

现在我们计算以下积分：

$$
\begin{aligned}
\Xi &\equiv \int \mathrm{d}^2 \gamma \, \Delta\left( \frac{\sigma + \sigma'}{2}, \gamma \right) \exp\left( \frac{\sigma - \sigma'}{2} \gamma^* - \frac{\sigma^* - \sigma'^*}{2} \gamma \right) \\
&= \int \mathrm{d}^2 \gamma : \exp\left\{ -\left[ \frac{\sigma + \sigma'}{2} - (a - \tilde{a}^\dagger) \right] \left[ \frac{\sigma^* + \sigma'^*}{2} - (a^\dagger - \tilde{a}) \right] \right. \\
&\quad - |\gamma|^2 + \gamma\left[ a^\dagger + \tilde{a} + \frac{1}{2}(\sigma'^* - \sigma^*) \right] \\
&\quad \left. + \gamma^*\left[ \tilde{a}^\dagger + a + \frac{1}{2}(\sigma - \sigma') \right] - (\tilde{a}^\dagger + a)(a^\dagger + \tilde{a}) \right\} :
\end{aligned}
$$

$$=:\exp[-|\sigma|^2 - |\sigma'|^2 - \sigma^*\tilde{a}^\dagger + a^\dagger\sigma + a\sigma'^* - \tilde{a}\sigma' - (a - \tilde{a}^\dagger)(a^\dagger - \tilde{a})]:$$
$$= |\sigma\rangle\langle\sigma'| \tag{12.44}$$

对于纠缠纯态 $|\Psi\rangle\langle\Psi|$,可知

$$\ln\left(\langle\Psi|\sigma\rangle\langle\sigma'|\Psi\rangle\right) = \ln\langle\Psi|\Xi|\Psi\rangle = \ln\Psi^*(\sigma') + \ln\Psi(\sigma) \tag{12.45}$$

于是

$$\frac{\partial^2}{\partial\sigma\partial\sigma'}\ln\langle\Psi|\Xi|\Psi\rangle = \frac{\partial}{\partial\sigma'}\left[\frac{1}{\Psi(\sigma)}\frac{\partial}{\partial\sigma}\Psi(\sigma)\right] = 0 \tag{12.46}$$

这是在给定的 Wigner 函数的热纠缠态表象中存在波函数的必要条件. 我们有

$$\int \mathrm{d}^2\sigma\Delta\left(\sigma, \frac{\gamma + \gamma'}{2}\right)\exp\left(\frac{\gamma' + \gamma}{2}\sigma^* - \sigma\frac{\gamma'^* + \gamma^*}{2}\right) = |\gamma\rangle\langle\gamma'| \tag{12.47}$$

进一步考虑

$$\int \mathrm{d}^2\gamma\Delta\left(\frac{\sigma + \sigma'}{2}, \gamma\right)\exp\left\{\frac{1}{2}\left[(\sigma + \sigma')\gamma^* - (\sigma^* + \sigma'^*)\gamma\right]\right\}$$
$$= \int \mathrm{d}^2\gamma :\exp\left\{-\left[\frac{\sigma + \sigma'}{2} - (a_1 - a_2^\dagger)\right]\left[\frac{\sigma^* + \sigma'^*}{2} - (a_1^\dagger - a_2)\right]\right.$$
$$- |\gamma|^2 + \gamma\left[a_1^\dagger + a_2 - \frac{1}{2}(\sigma'^* + \sigma^*)\right]$$
$$\left. + \gamma^*\left[a_2^\dagger + a_1 + \frac{1}{2}(\sigma + \sigma')\right] - (a_2^\dagger + a_1)(a_1^\dagger + a_2)\right\}:$$
$$= :\exp\left[-\frac{(\sigma^* + \sigma'^*)(\sigma + \sigma')}{2} - (\sigma^* + \sigma'^*)a_2^\dagger + a_1^\dagger(\sigma + \sigma') - (a_1 - a_2^\dagger)(a_1^\dagger - a_2)\right]:$$
$$= |\sigma + \sigma'\rangle\langle\sigma = 0| \tag{12.48}$$

于是

$$\langle\Psi|\sigma\rangle = \frac{1}{\langle\sigma = 0|\Psi\rangle}\int \mathrm{d}^2\gamma\langle\Psi|\Delta(\sigma/2, \gamma)|\Psi\rangle\exp\left[\frac{1}{2}(\sigma\gamma^* - \sigma^*\gamma)\right] \tag{12.49}$$

这表明了热纠缠态表象中的波函数是如何根据相应的 Wigner 函数推导出来的.

总之,我们发现了一种新的方法,即使用新引入的热 Wigner 算符,可以方便地计算热态的 Wigner 函数. 这种形式之所以有优势,是因为热算符本身在热纠缠态表象中有它的自然表象,而热 Wigner 算符也在这种表象中定义,并且在热变换下是"压缩"的. 这项工作丰富了量子统计的 Wigner 函数理论.

# 第 13 章

# 外界电磁场对介观 LC 电路的扩散

在本章中,我们考虑当介观 LC 电路沉浸在具有能量流密度的外部电磁场(EMF)中(由 Ponyting 矢量 $S = E \times H$ 描述),然后电磁场能量将流入电路,于是可以被认为是扩散过程. 因此在这种情况下,我们将探究介观 LC 电路的密度算符(和能量),在经历标准的量子扩散主方程后是如何随时间演化的. 扩散通道的主方程为

$$\frac{\mathrm{d}}{\mathrm{d}t}\rho = -\kappa \left(a^\dagger a\rho + \rho a a^\dagger - a\rho a^\dagger - a^\dagger \rho a\right)$$

其中 $\kappa$ 是由 EMF 确定的扩散速率,可通过将上式与 EMF 理论中的电荷密度 $\rho_e$ 的微分方程 $\frac{\partial \rho_e}{\partial t} = -\frac{\sigma}{\epsilon}\rho_e$ 进行比较来考虑. 这里 $\sigma$ 是电导率,$\epsilon$ 是介质的介电常数. 因此,扩散率 $\kappa$ 与 $\frac{\sigma}{\epsilon}$ 具有相同的维度(注意 $\frac{\partial \rho_e}{\partial t} = -\frac{\sigma}{\epsilon}\rho_e$ 可以直接从 $\rho_e = \epsilon\nabla \cdot E$, $J = \sigma E$ 以及 $\frac{\partial \rho_e}{\partial t} = -\nabla \cdot J$ 推导出来). 换句话说,$\kappa$ 由介质的行为决定.

## 13.1 从经典扩散到量子扩散主方程

扩散方程描述了由于每个光子的随机运动而导致的光子在空间中集体运动的行为. 经典的线性扩散方程是

$$\frac{\partial P(t)}{\partial t} = \kappa \nabla^2 P(t) \tag{13.1}$$

其中 $P(t)$ 是分布函数, $\kappa$ 是扩散系数. 在二维的情况下,

$$\nabla^2 = \frac{\partial^2}{\partial r^2} + \frac{1}{r}\frac{\partial}{\partial r} + \frac{1}{r^2}\frac{\partial^2}{\partial \varphi^2} \tag{13.2}$$

令 $z = r\mathrm{e}^{\mathrm{i}\varphi}$, 我们得到

$$\frac{\partial}{\partial z} = \frac{1}{2}\mathrm{e}^{-\mathrm{i}\varphi}\left(\frac{\partial}{\partial r} + \frac{1}{\mathrm{i}r}\frac{\partial}{\partial \varphi}\right), \quad \frac{\partial}{\partial z^*} = \frac{1}{2}\mathrm{e}^{\mathrm{i}\varphi}\left(\frac{\partial}{\partial r} - \frac{1}{\mathrm{i}r}\frac{\partial}{\partial \varphi}\right) \tag{13.3}$$

因此

$$\frac{1}{4}\left(\frac{\partial^2}{\partial r^2} + \frac{1}{r}\frac{\partial}{\partial r} + \frac{1}{r^2}\frac{\partial^2}{\partial \varphi^2}\right) = \frac{\partial^2}{\partial z^*\partial z} \tag{13.4}$$

经典的线性扩散方程可以用式（13.4）改写为

$$\frac{\partial P(z,t)}{\partial t} = \kappa\frac{\partial^2 P(z,t)}{\partial z\partial z^*} \tag{13.5}$$

我们将展示一种将量子扩散与经典扩散联系起来的简洁而优雅的方法.

首先, 相干态定义为

$$|z\rangle = \mathrm{e}^{-|z|^2/2+za^\dagger}|0\rangle, \quad a|z\rangle = z|z\rangle \tag{13.6}$$

并构成完备性关系

$$\int\frac{\mathrm{d}^2 z}{\pi}|z\rangle\langle z| = 1 \tag{13.7}$$

利用有序算符内的积分技术和真空态的正规排序形式

$$|0\rangle\langle 0| = :\mathrm{e}^{-a^\dagger a}: \tag{13.8}$$

我们将 $|z\rangle\langle z|$ 代入式（13.7）,

$$|z\rangle\langle z| = :\mathrm{e}^{-|z|^2+za^\dagger+z^*a-a^\dagger a}: \tag{13.9}$$

得到

$$\int \frac{\mathrm{d}^2 z}{\pi} |z\rangle\langle z| = \int \frac{\mathrm{d}^2 z}{\pi} : \mathrm{e}^{-|z|^2 + z a^\dagger + z^* a - a^\dagger a} := 1 \tag{13.10}$$

任意密度算符 $\rho(t)$ 都有所谓的相干态基础上的 P-表示

$$\rho(t) = \int \frac{\mathrm{d}^2 z}{\pi} P(z,t) |z\rangle\langle z| \tag{13.11}$$

其中 $P(z,t)$ 是经典函数,利用

$$\langle z' | z\rangle = \mathrm{e}^{-|z|^2/2 - |z'|^2/2 + z'^* z} \tag{13.12}$$

我们知道

$$\begin{aligned}
\langle -z' | \rho | z'\rangle &= \langle -z' | \int \frac{\mathrm{d}^2 z}{\pi} P(z,t) |z\rangle\langle z| \; z'\rangle \\
&= \mathrm{e}^{-|z'|^2} \int \frac{\mathrm{d}^2 z}{\pi} P(z) \mathrm{e}^{-|z|^2 - z'^* z + z^* z'}
\end{aligned} \tag{13.13}$$

因为 $z^* z' - z'^* z$ 是纯虚数,我们可以把这个方程看作 $P(z) \mathrm{e}^{-|z|^2}$ 的 Fourier 变换,它的反变换为

$$P(z) \mathrm{e}^{-|z|^2} = \int \frac{\mathrm{d}^2 z'}{\pi} \langle -z' | \rho | z'\rangle \mathrm{e}^{|z'|^2 + z'^* z - z^* z'} \tag{13.14}$$

通过对等式(13.14)的两边做微分,我们可以看到

$$\frac{\mathrm{d}\rho(t)}{\mathrm{d}t} = \int \frac{\mathrm{d}^2 z}{\pi} \frac{\partial P(z,t)}{\partial t} |z\rangle\langle z| \tag{13.15}$$

将式(13.5)代入式(13.15),得到

$$\frac{\mathrm{d}\rho(t)}{\mathrm{d}t} = \kappa \int \frac{\mathrm{d}^2 z}{\pi} \frac{\partial^2 P(z,t)}{\partial z \partial z^*} |z\rangle\langle z| \tag{13.16}$$

另外,利用式(13.8)和式(13.12)我们有

$$\begin{aligned}
a^\dagger |z\rangle\langle z| &= : a^\dagger \mathrm{e}^{-|z|^2 + z a^\dagger + z^* a - a^\dagger a} : \\
&= \left(z^* + \frac{\partial}{\partial z}\right) : \mathrm{e}^{-|z|^2 + z a^\dagger + z^* a - a^\dagger a} : \\
&= \left(z^* + \frac{\partial}{\partial z}\right) |z\rangle\langle z|
\end{aligned} \tag{13.17}$$

以及

$$|z\rangle\langle z| a = \left(z + \frac{\partial}{\partial z^*}\right) |z\rangle\langle z| \tag{13.18}$$

由此可见

$$-\frac{\partial^2}{\partial z \partial z^*} |z\rangle\langle z| = z \left(z^* + \frac{\partial}{\partial z}\right) |z\rangle\langle z| - \left(z^* + \frac{\partial}{\partial z}\right) \left(z + \frac{\partial}{\partial z^*}\right) |z\rangle\langle z|$$

$$- |z|^2 |z\rangle \langle z| + \left( z + \frac{\partial}{\partial z^*} \right) (z^* |z\rangle \langle z|)$$

$$= z a^\dagger |z\rangle \langle z| - \left( z^* + \frac{\partial}{\partial z} \right) |z\rangle \langle z| a - |z|^2 |z\rangle \langle z| + \left( z + \frac{\partial}{\partial z^*} \right) |z\rangle \langle z| a^\dagger$$

$$= a^\dagger a |z\rangle \langle z| - a^\dagger |z\rangle \langle z| a - a |z\rangle \langle z| a^\dagger + |z\rangle \langle z| a a^\dagger \tag{13.19}$$

将式（13.15）代入式（13.19），得到

$$\frac{\mathrm{d}\rho}{\mathrm{d}t} = -\kappa \int \frac{\mathrm{d}^2 z}{\pi} P(z,t)(a^\dagger a |z\rangle \langle z| - a^\dagger |z\rangle \langle z| a - a |z\rangle \langle z| a^\dagger + |z\rangle \langle z| a a^\dagger) \tag{13.20}$$

再一次使用式（13.14），我们发现方程（13.20）恰好是

$$\frac{\mathrm{d}\rho}{\mathrm{d}t} = -\kappa (a^\dagger a \rho - a^\dagger \rho a - a \rho a^\dagger + \rho a a^\dagger) \tag{13.21}$$

这正是量子扩散的主方程.

## 13.2　量子扩散主方程的解

为了解方程（13.21），我们引入纠缠态

$$|\eta\rangle = \exp \left( -\frac{1}{2} |\eta|^2 + \eta a^\dagger - \eta^* \tilde{a}^\dagger + a^\dagger \tilde{a}^\dagger \right) |0\tilde{0}\rangle \tag{13.22}$$

其中 $\tilde{a}^\dagger$ 是虚模的产生算符，$[\tilde{a}, \tilde{a}^\dagger] = 1$，$\tilde{a} |\tilde{0}\rangle = 0$，$|\eta\rangle$ 满足本征值方程

$$\langle \eta | (a^\dagger - \tilde{a}) = \eta^* \langle \eta |, \quad \langle \eta | (a - \tilde{a}^\dagger) = \eta \langle \eta | \tag{13.23}$$

并且 $|\eta\rangle$ 具有完备性关系

$$\int \frac{\mathrm{d}^2 \eta}{\pi} |\eta\rangle \langle \eta| = \int \frac{\mathrm{d}^2 \eta}{\pi} : \exp[-|\eta|^2 + \eta(a^\dagger - \tilde{a}) + \eta^*(a - \tilde{a}^\dagger) - a^\dagger a - \tilde{a}^\dagger \tilde{a}] :$$

$$= 1 \tag{13.24}$$

令 $|\eta = 0\rangle \equiv |I\rangle$，我们发现

$$a |I\rangle = \tilde{a}^\dagger |I\rangle, \quad a^\dagger |I\rangle = \tilde{a} |I\rangle, \quad (a^\dagger a)^n |I\rangle = (\tilde{a}^\dagger \tilde{a})^n |I\rangle \tag{13.25}$$

记 $|\rho\rangle = \rho |I\rangle$，从式（13.25）推导出

$$\frac{\mathrm{d}}{\mathrm{d}t} |\rho(t)\rangle = -\kappa (a^\dagger a \rho - a^\dagger \rho a - a \rho a^\dagger + \rho a a^\dagger) |I\rangle$$

$$= -\kappa(a^\dagger - \tilde{a})(a - \tilde{a}^\dagger)\,|\rho(t)\rangle \tag{13.26}$$

它的正解是

$$|\rho(t)\rangle = \exp[-\kappa t(a^\dagger - \tilde{a})(a - \tilde{a}^\dagger)]|\rho_0\rangle \tag{13.27}$$

可见

$$\langle\eta|\rho(t)\rangle = \langle\eta|\exp[-\kappa t(a^\dagger - \tilde{a})(a - \tilde{a}^\dagger)]|\rho_0\rangle = \mathrm{e}^{-\kappa t|\eta|^2}\langle\eta|\rho_0\rangle \tag{13.28}$$

然后利用式（13.24）和算符恒等式

$$:\exp[f(a^\dagger a + \tilde{a}^\dagger\tilde{a})]: = (f+1)^{a^\dagger a + \tilde{a}^\dagger\tilde{a}} \tag{13.29}$$

我们推导出

$$
\begin{aligned}
|\rho(t)\rangle &= \int \frac{\mathrm{d}^2\eta}{\pi} \mathrm{e}^{-\kappa t|\eta|^2}|\eta\rangle\langle\eta|\rho_0\rangle \\
&= \int \frac{\mathrm{d}^2\eta}{\pi} : \exp[-(1+\kappa t)|\eta|^2 + \eta(a^\dagger - \tilde{a}) + \eta^*(a - \tilde{a}^\dagger) \\
&\quad + a^\dagger\tilde{a}^\dagger + a\tilde{a} - a^\dagger a - \tilde{a}^\dagger\tilde{a}] : |\rho_0\rangle \\
&= \frac{1}{1+\kappa t} : \exp\left[\frac{\kappa t}{1+\kappa t}(a^\dagger\tilde{a}^\dagger + a\tilde{a} - a^\dagger a - \tilde{a}^\dagger\tilde{a})\right] : |\rho_0\rangle \\
&= \frac{1}{1+\kappa t} \exp\left(\frac{\kappa t}{1+\kappa t}a^\dagger\tilde{a}^\dagger\right)\left(\frac{1}{1+\kappa t}\right)^{a^\dagger a + \tilde{a}^\dagger\tilde{a}} \exp\left(\frac{\kappa t}{1+\kappa t}a\tilde{a}\right)|\rho_0\rangle \tag{13.30}
\end{aligned}
$$

因为 $\tilde{a}^n\rho_0 = \rho_0\tilde{a}^n$，$\tilde{a}|I\rangle = a^\dagger|I\rangle$，所以

$$\mathrm{e}^{\frac{\kappa t}{1+\kappa t}a\tilde{a}}|\rho_0\rangle = \sum_{n=0}^{\infty} \frac{1}{n!}\left(\frac{\kappa t}{1+\kappa t}a\right)^n \tilde{a}^n\rho_0|I\rangle = \sum_{n=0}^{\infty} \frac{1}{n!}\left(\frac{\kappa t}{1+\kappa t}a\right)^n \rho_0 a^{\dagger n}|I\rangle \tag{13.31}$$

于是方程 (13.30) 变成

$$
\begin{aligned}
|\rho(t)\rangle &= \mathrm{e}^{\frac{\kappa t}{1+\kappa t}a^\dagger\tilde{a}^\dagger}\left(\frac{1}{1+\kappa t}\right)^{a^\dagger a + 1} \sum_{n=0}^{\infty} \frac{1}{n!}\left(\frac{\kappa t}{1+\kappa t}a\right)^n \rho_0 a^{\dagger n}\left(\frac{1}{1+\kappa t}\right)^{a^\dagger a}|I\rangle \\
&= \sum_{m,n=0}^{\infty} \frac{1}{m!n!} \frac{(\kappa t)^{m+n}}{(\kappa t+1)^{m+n+1}} a^{\dagger m}\left(\frac{1}{1+\kappa t}\right)^{a^\dagger a} a^n \rho_0 a^{\dagger n}\left(\frac{1}{1+\kappa t}\right)^{a^\dagger a} a^m|I\rangle
\end{aligned}
\tag{13.32}
$$

因此 $\rho(t)$ 正是我们需要的解：

$$
\begin{aligned}
\rho(t) &= \sum_{m,n=0}^{\infty} \frac{1}{m!n!} \frac{(\kappa t)^{m+n}}{(\kappa t+1)^{m+n+1}} a^{\dagger m}\left(\frac{1}{1+\kappa t}\right)^{a^\dagger a} a^n \rho_0 a^{\dagger n}\left(\frac{1}{1+\kappa t}\right)^{a^\dagger a} a^m \\
&\equiv \sum_{m,n=0}^{\infty} M_{m,n}\rho_0 M_{m,n}^\dagger \tag{13.33}
\end{aligned}
$$

其中

$$M_{m,n} = \sqrt{\frac{1}{m!n!} \frac{(\kappa t)^{m+n}}{(\kappa t + 1)^{m+n+1}}} a^{\dagger m} \left(\frac{1}{1+\kappa t}\right)^{a^\dagger a} a^n \tag{13.34}$$

下面给出一个例子.

当初始密度算符为纯相干态 $\rho_0 = |z\rangle\langle z|$ 时,将它代入式 (13.33) ,导出

$$\rho(t) = \sum_{m,n=0}^{\infty} \frac{1}{m!n!} \frac{(\kappa t)^{m+n}}{(\kappa t + 1)^{m+n+1}} a^{\dagger m} \left(\frac{1}{1+\kappa t}\right)^{a^\dagger a} a^n |z\rangle\langle z| a^{\dagger n} \left(\frac{1}{1+\kappa t}\right)^{a^\dagger a} a^m$$

$$= \frac{1}{1+\kappa t} e^{\frac{z}{1+\kappa t} a^\dagger} e^{a^\dagger a \ln \frac{\kappa t}{1+\kappa t}} e^{\frac{z^*}{1+\kappa t} a} e^{-\frac{|z|^2}{1+\kappa t}} \tag{13.35}$$

则纯相干态变成混态. 另外,$|z\rangle\langle z|$ 的 P-表示是

$$P_0 = \delta(z^* - \alpha^*) \delta(z - \alpha) \tag{13.36}$$

经典扩散方程 $\frac{\partial P(z,t)}{\partial t} = \kappa \frac{\partial^2 P(z,t)}{\partial z \partial z^*}$ 的解为

$$P_t = \frac{1}{\kappa t} \exp\left[\frac{-1}{\kappa t}(z^* - \alpha^*)(z - \alpha)\right] \tag{13.37}$$

将它考虑为 $\rho_t$ 的 P-表示,我们知道它的反正规排序形式是

$$\rho_t = \frac{1}{\kappa t} : \exp\left[\frac{-1}{\kappa t}(z^* - a^\dagger)(z - a)\right] : \tag{13.38}$$

可以转换成以下形式:

$$\begin{aligned}
\rho_t &= \frac{1}{\kappa} : \exp\left[\frac{-1}{\kappa t}(z^* - a^\dagger)(z - a)\right] : \\
&= \frac{1}{\kappa} : \exp\left[\frac{-1}{\kappa t}(z^* - a^\dagger)(z - a)\right] : \int \frac{\mathrm{d}^2\alpha}{\pi} |\alpha\rangle\langle\alpha| \\
&= \int \frac{\mathrm{d}^2\alpha}{\pi} |\alpha\rangle\langle\alpha| \exp\left[\frac{-1}{\kappa t}(z^* - \alpha^*)(z - \alpha)\right] \\
&= \frac{1}{\kappa} \int \frac{\mathrm{d}^2\alpha}{\pi} : \exp\left[\frac{-1}{\kappa t}(z^* - \alpha^*)(z - \alpha) - |\alpha|^2 + \alpha a^\dagger + \alpha^* a - a^\dagger a\right] : \\
&= \frac{1}{1+\kappa t} e^{\frac{z}{1+\kappa t} a^\dagger} : e^{\left(\frac{\kappa t}{1+\kappa t} - 1\right) a^\dagger a} : e^{\frac{z^*}{1+\kappa t} a} e^{-\frac{|z|^2}{1+\kappa t}} \\
&= \frac{1}{1+\kappa t} e^{\frac{z}{1+\kappa t} a^\dagger} e^{a^\dagger a \ln \frac{\kappa t}{1+\kappa t}} e^{\frac{z^*}{1+\kappa t} a} e^{-\frac{|z|^2}{1+\kappa t}}
\end{aligned} \tag{13.39}$$

正好等于方程 (13.35). 因此,我们上面提出的从经典扩散方程到量子扩散主方程的方法是正确的.

## 13.3 介观 LC 电路的 $\rho_0$ 在外界电磁场中的扩散规律

现在我们来研究方程（13.39）中的 $\rho_0$ 在外部电磁场中的时间演化. 将 $\rho_0$ 代入等式（13.35），得

$$
\rho(t) = \gamma \sum_{m,n=0}^{\infty} \frac{1}{m!n!} \frac{(\kappa t)^{m+n}}{(\kappa t + 1)^{m+n+1}}
$$
$$
\times a^{\dagger m} \left( \frac{1}{1 + \kappa t} \right)^{a^{\dagger}a} a^n e^{a^{\dagger}a \ln(1-\gamma)} a^{\dagger n} \left( \frac{1}{1 + \kappa t} \right)^{a^{\dagger}a} a^m \tag{13.40}
$$

其中我们首先考虑对 $n$ 的求和，使用

$$
\left( \frac{1}{1 + \kappa t} \right)^{a^{\dagger}a} = e^{-a^{\dagger}a \ln(1+\kappa t)}, \quad e^{f a^{\dagger}a} a e^{-f a^{\dagger}a} = a e^{-f} \tag{13.41}
$$

我们有

$$
\sum_{n=0}^{\infty} \frac{1}{n!} \frac{(\kappa t)^n}{(\kappa t + 1)^n} e^{-a^{\dagger}a \ln(1+\kappa t)} a^n e^{a^{\dagger}a \ln(1-\gamma)} a^{\dagger n} e^{-a^{\dagger}a \ln(1+\kappa t)}
$$
$$
= \sum_{n=0}^{\infty} \frac{(\kappa t)^n (1 + \kappa t)^n}{n!} a^n \exp\left\{ a^{\dagger}a \ln\left[ (1-\gamma)/(1+\kappa t)^2 \right] \right\} a^{\dagger n} \tag{13.42}
$$

首先引入相干态表示 $\int \frac{\mathrm{d}^2 z}{\pi} |z\rangle \langle z| = 1$，$|z\rangle = e^{-|z|^2/2} e^{z a^{\dagger}} |0\rangle$，然后利用 IWOP 技术，我们可导出下面的算符恒等式：

$$
a^n e^{g a^{\dagger}a} a^{\dagger n} = \int \frac{\mathrm{d}^2 z}{\pi} a^n e^{g a^{\dagger}a} |z\rangle \langle z| a^{\dagger n}
$$
$$
= \int \frac{\mathrm{d}^2 z}{\pi} e^{-|z|^2/2} a^n e^{g a^{\dagger}a} e^{z a^{\dagger}} e^{-g a^{\dagger}a} |0\rangle \langle z| z^{*n}
$$
$$
= \int \frac{\mathrm{d}^2 z}{\pi} e^{-|z|^2/2} a^n e^{z a^{\dagger} e^g} |0\rangle \langle z| z^{*n}
$$
$$
= \int \frac{\mathrm{d}^2 z}{\pi} (z e^g)^n z^{*n} : e^{-|z|^2 + z a^{\dagger} e^g + z^* a - a^{\dagger}a} :
$$
$$
= e^{gn} : \sum_{l=0} e^{(e^g - 1) a^{\dagger}a} \frac{(n!)^2 \left( a^{\dagger}a e^g \right)^{n-l}}{l! \left[ (n-l)! \right]^2} :
$$
$$
= n! e^{gn} : e^{(e^g - 1) a^{\dagger}a} L_s \left( -a^{\dagger}a e^g \right) : \tag{13.43}
$$

其中我们使用了 $|0\rangle\langle 0| =\,:\mathrm{e}^{-a^\dagger a}:$，以及 Laguerre 多项式的定义

$$\mathrm{L}_s\left(x\right)=\sum_{l=0}^{s}\frac{\left(-x\right)^l n!}{\left(l!\right)^2\left(n-l\right)!}\tag{13.44}$$

由此可见

$$a^n\mathrm{e}^{a^\dagger a[\ln(1-\gamma)-2\ln(1+\kappa t)]}a^{\dagger n}$$
$$=n!\mathrm{e}^{n\ln[(1-\gamma)/(1+\kappa t)^2]}:\mathrm{e}^{[(1-\gamma)/(1+\kappa t)^2-1]a^\dagger a}\mathrm{L}_n\left(a^\dagger a\frac{\gamma-1}{\left(1+\kappa t\right)^2}\right):\tag{13.45}$$

将式（13.42）代入式（13.45），可得

$$\sum_{n=0}^{\infty}\left(\kappa t+1\right)^n\left(\kappa t\right)^n\mathrm{e}^{n\ln[(1-\gamma)/(1+\kappa t)^2]}:\mathrm{e}^{[(1-\gamma)/(1+\kappa t)^2-1]a^\dagger a}\mathrm{L}_n\left(a^\dagger a\frac{\gamma-1}{\left(1+\kappa t\right)^2}\right):$$
$$=\sum_{n=0}^{\infty}\frac{\left[\kappa t\left(1-\gamma\right)\right]^n}{\left(\kappa t+1\right)^n}:\mathrm{e}^{[(1-\gamma)/(1+\kappa t)^2-1]a^\dagger a}\mathrm{L}_n\left(a^\dagger a\frac{\gamma-1}{\left(1+\kappa t\right)^2}\right):\tag{13.46}$$

然后利用 Laguerre 多项式的母函数公式

$$\sum_{n=0}^{\infty}\left(-\lambda\right)^n\mathrm{L}_n\left(z\right)=\left(1+\lambda\right)^{-1}\mathrm{e}^{\frac{\lambda z}{1+\lambda}}\tag{13.47}$$

我们得到方程（13.46）为

$$\frac{\kappa t+1}{1+\kappa t\gamma}:\mathrm{e}^{a^\dagger a\frac{\kappa t(1-\gamma)^2}{(1+\kappa t\gamma)(1+\kappa t)^2}}\mathrm{e}^{[(1-\gamma)/(1+\kappa t)^2-1]a^\dagger a}:$$
$$=\frac{\kappa t+1}{1+\kappa t\gamma}:\mathrm{e}^{\left[\frac{1-\gamma}{(t\kappa+1)(t\kappa\gamma+1)}-1\right]a^\dagger a}:\tag{13.48}$$

将式（13.48）代入式（13.40）中的 $\rho\left(t\right)$，使用有序算符内的求和技术，对 $m$ 进行求和，我们得到

$$\rho\left(t\right)=\frac{\gamma\left(\kappa t+1\right)}{1+\kappa t\gamma}\sum_{m=0}^{\infty}\frac{\left(\kappa t\right)^m}{m!\left(\kappa t+1\right)^{m+1}}:a^{\dagger m}\mathrm{e}^{\left[\frac{1-\gamma}{(t\kappa+1)(t\kappa\gamma+1)}-1\right]a^\dagger a}a^m:$$
$$=\frac{\gamma}{1+\kappa t\gamma}:\mathrm{e}^{-\frac{\gamma}{\kappa t\gamma+1}a^\dagger a}:\tag{13.49}$$

比较最初方程中的 $\rho_0=\gamma:\mathrm{e}^{-\gamma a^\dagger a}:$，我们发现在扩散过程中有

$$\gamma\rightarrow\frac{\gamma}{1+\kappa t\gamma}\equiv\gamma'\tag{13.50}$$

显然，有

$$\mathrm{tr}\rho\left(t\right)=\frac{\gamma}{1+\kappa t\gamma}\mathrm{tr}\left(:\mathrm{e}^{-\frac{\gamma}{\kappa t\gamma+1}a^\dagger a}:\int\frac{\mathrm{d}^2 z}{\pi}|z\rangle\langle z|\right)$$

$$= \frac{\gamma}{1 + \kappa t \gamma} \int \frac{\mathrm{d}^2 z}{\pi} \mathrm{e}^{-\frac{\gamma}{t \kappa \gamma + 1} |z|^2} = 1 \tag{13.51}$$

使用方程（13.51）和（13.50），我们计算 $t$ 时刻的 LC 电路的能量. 由于浸入到外部电磁场，所以

$$\mathrm{tr}\left[\rho\left(t\right)\mathcal{H}\right] = \omega \mathrm{tr}\left[\rho\left(t\right)\left(a^\dagger a + \frac{1}{2}\right)\right] = \omega\left(\frac{1}{\gamma'} - \frac{1}{2}\right) = \omega\left(\frac{1}{\gamma} + \kappa t - \frac{1}{2}\right)$$
$$= \omega \frac{1 + \mathrm{e}^{-\beta\omega\hbar}}{2\left(1 - \mathrm{e}^{-\beta\omega\hbar}\right)} + \omega\kappa t$$

它表示能量增加 $\omega\kappa t$，这里 $\kappa$ 可以理解为电磁场能量流的扩散率.

此外，通过在时刻 $t$ 引入 LC 振荡器的等效频率

$$\gamma' = 1 - \mathrm{e}^{-\beta\omega'\hbar}$$

可得

$$\omega' = \frac{1}{\beta\hbar}\ln\frac{1}{1 - \gamma'} = \frac{1}{\beta\hbar}\ln\frac{1}{1 - \dfrac{\gamma}{1 + \kappa t \gamma}} = \frac{1}{\beta\hbar}\ln\frac{1 + \kappa t \gamma}{1 + \kappa t \gamma - \gamma}$$

我们可以推导出熵的时间演化

$$-k\mathrm{tr}\left[\rho\left(t\right)\ln\rho\left(t\right)\right] = -k\left[\ln\left(1 - \mathrm{e}^{-\beta\omega'\hbar}\right) + \frac{\beta\omega'\mathrm{e}^{-\beta\omega'\hbar}}{\mathrm{e}^{-\beta\omega'\hbar} - 1}\right]$$

综上所述，我们首次研究了由于电磁场的能量流引起的电磁场中介观 LC 电路的能量变化，我们认为这是由扩散通道的主方程支配的扩散过程，其扩散速率由 EMF 的能量流决定. 利用纠缠态表示和有序算符内的积分技术，我们成功地导出了能量变化公式.